教育部职业教育与成人教育司推荐教材
计算机应用专业教学用书

程序设计基础——Visual Basic 6.0 案例教程

第2版

主　编　刘宝山　李丕瑾
副主编　乌兰图雅
参　编　戴　瑞　夏玉芹　肖英君　郑长亮

机 械 工 业 出 版 社

本书以工作过程为导向，以任务驱动为引领。全书共 11 章，每章以若干个“任务”为导引，展开“任务情境”描述、“任务分析”理解、“任务实施”设计、“知识提炼”归纳。每章后还设计有“本章小结”，对技术要点进行归纳和总结；设计有“实战强化”，提供给学生有针对性的任务进行模仿设计，对所学技能进行巩固提高。

本书可作为职业教育计算机专业的教材，也适合对 Visual Basic 编程感兴趣的读者使用。

本教程配有电子教案和程序源代码，供教师和学生使用，可从机械工业出版社教材服务网 www.cmpedu.com 免费注册后登录下载，或联系编辑（liangwei18@gmail.com）索取。

图书在版编目（CIP）数据

程序设计基础—— Visual Basic 6.0 案例教程/刘宝山，李丕瑾主编．—2 版．—北京：机械工业出版社，2009.3

教育部职业教育与成人教育司推荐教材．计算机应用专业教学用书

ISBN 978-7-111-26659-4

Ⅰ．程… Ⅱ．①刘… ②李… Ⅲ．Basic 语言—程序设计—高等学校：技术学校—教材 Ⅳ．TP312

中国版本图书馆 CIP 数据核字（2009）第 042239 号

机械工业出版社（北京市百万庄大街 22 号 邮政编码 100037）

策划编辑：孔熹峻 梁 伟 责任编辑：梁 伟

责任校对：刘怡丹 封面设计：姚 毅

责任印制：李 妍

中国农业出版社印刷厂印刷

2009 年 5 月第 2 版第 1 次印刷

184mm×260mm・14.5 印张・328 千字

0 001—3 000 册

标准书号：ISBN 978－7－111－26659－4

定价：28.00 元

前　言 Preface

Visual Basic 6.0 作为一种可视化程序设计有效的工具，因其设计平台条理清晰，简单易学，设计手段多样，功能强大，一直是众多程序设计初学者首选的学习语言和计算机爱好者走进面向对象程序设计殿堂的捷径。然而，多数现行的 Visual Basic 教材在传统的学科式教学体系的影响下，强调知识的理论性，体系的完整性，归纳的条理性，已很难适应我国职业教育迅猛发展状况的需求。我国职业教育经过多年的探索，基本确立了以工作过程为导向的教学模式，这一模式为职业教育就业为导向，培养技能型人才奠定了职业教育课程体系开发的理论基础。因此编写一本以工作过程为导向，以任务驱动为特点的《程序设计基础—— Visual Basic 6.0 案例教程》是计算机专业职业教育迫切的需求。

本书力求从程序设计实际岗位工作工程中分解出具体的工作项目，提炼出教学情景下典型的工作任务，以任务为驱动，指导读者完成项目设计，掌握相关技能，学习必要的知识，体会真实工作岗位的特点。

本书不仅重视 Visual Basic 6.0 语言本身实现在工作过程为导向的职业教育模式下各种程序设计技术的描述，而且重视职业教育学生的特点，强调任务描述的直接客观，程序设计的简单明了，知识总结的归纳概括，技能培养的模式规范。

本书分 11 章，每章以若干个“任务”为导引，展开“任务情境”描述、“任务分析”理解、“任务实施”设计、“知识提炼”归纳。每章后还设计有“本章小结”，对技术要点进行归纳和总结；设计有“实战强化”，提供给学生有针对性的任务进行模仿设计，对所学技能进行巩固提高。

本书由刘宝山、李丕瑾任主编，乌兰图雅任副主编。参与编写的还有戴瑞、夏玉芹、肖英君、郑长亮。

为方便教学，本书配套有电子教案及每个任务设计的源代码。

本书的出版是多位作者多年从事计算机教学工作的结晶。之所以能把经验和智慧奉献给大家，不仅有编者本人的努力，而且蕴含着编者同事的支持和家人的一份辛劳。

由于编者水平有限，书中难免出现疏漏和错误之处，恳请广大读者批评指正。

编　者

目　录 Contents

第1章

概　　述

Visual Basic 特点

Visual Basic 综合运用了 Basic 语言和新的可视化设计工具。Visual Basic 通过图形对象（包括窗体、控件、菜单等）来设计应用程序。图形对象的建立和使用都十分简单，只需要为数不多的几行程序就可以控制这些图形对象。

Visual Basic 是采用事件驱动编程机制的计算机语言之一。事件驱动是一种适用于图形用户界面（GUI）的编程方式。传统的编程是面向过程、按规定顺序进行的，程序设计人员总是要关心什么时候发生什么事情。对于现代的计算机应用来说，必须根据用户的需求安排程序的执行，而这实际上就是事件驱动程序所要解决的问题。

用事件驱动方式设计程序时，程序员不必给出按精确次序执行的每个步骤，只是编写响应用户动作的程序。例如选择命令，移动鼠标，用鼠标单击某个图标等。与传统的面向过程的语言不同，在用 Visual Basic 设计应用程序时，要编写的不是大量的程序代码，而是由若干个微小程序组成的应用程序，这些微小程序都由用户启动的事件来激发，从而大大降低了编程的难度和工作量，提高了程序的开发效率。

Visual Basic 的主要特点有：

① 可视化编程。

② 事件驱动的编程机制。

③ 面向对象的设计方法。

④ 结构化的程序设计语言。

⑤ 强大的数据库管理功能。

⑥ 友好的帮助系统。

工作领域

Visual Basic 是一种可视化的、面向对象和驱动方式的结构化高级程序设计语言，可用于开发 Windows 环境下的各类应用程序。Visual Basic 的集成开发环境（IDE）是开发 Visual Basic 应用程序的开发设计平台，熟练掌握 Visual Basic 集成开发环境是开发应用程序的基础。

技能目标

通过本章内容的学习和实践，读者能够掌握 Visual Basic 开发环境的常用工具；初步掌握创建 Visual Basic 应用程序的步骤并能够创建简单的 Visual Basic 应用程序。

1.1 任务1 “欢迎进入 Visual Basic 世界！”

通过一个简单的 Visual Basic 应用程序的创建，介绍 Visual Basic 的集成开发环境中的工程资源管理器、窗体设计器、工具箱和属性窗口的使用。

1.1.1 任务情境

Visual Basic 的集成开发环境主要包括工程资源管理器、窗体设计器、工具箱和属性窗口，熟练地使用 Visual Basic 的集成开发环境是开发 Visual Basic 应用程序的基础。本任务通过一个简单的 Visual Basic 应用程序的创建，介绍 Visual Basic 的集成开发环境。

创建 Visual Basic 应用程序有 3 个主要步骤。

① 创建应用程序界面。

② 设置属性。

③ 编写代码。

为了说明这一实现过程，这里创建一个简单应用程序。该应用程序由一个文本框和一个命令按钮组成，单击命令按钮，文本框中会出现“欢迎进入 Visual Basic 世界！”消息，如图 1-1 所示。

图 1-1 第一个 Visual Basic 程序

1.1.2 任务分析

完成一个 Visual Basic 应用程序的设计，首先分析问题，确定程序要完成什么任务，然后按下面的步骤创建应用程序。

① 新建工程。创建一个应用程序首先要打开一个新的工程。

② 建立可视用户界面，添加控件。

③ 设置窗体和控件的属性。

④ 编写事件驱动代码。

⑤ 保存文件。

⑥ 程序运行与调试。再次保存修改后的程序。

⑦ 将程序编译成可执行文件（.exe）。

其中步骤②、③、④是创建应用程序的主要步骤，这些步骤都是在 Visual Basic 的集成开发环境中进行。本任务的重点就是通过创建一个简单的 Visual Basic 应用程序，认识 Visual Basic 的集成开发环境，掌握 Visual Basic 的集成开发环境的使用，同时学习创建 Visual Basic 应用程序的一般步骤。

1.1.3 任务实施

1．新建工程

从“开始”菜单启动 Visual Basic 6.0，如图 1-2 所示。

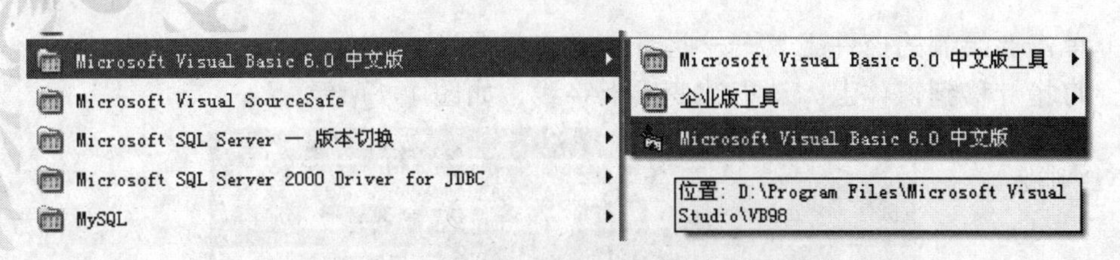

图 1-2 Microsoft Visual Basic 6.0 中文版启动选项

启动 Visual Basic 后，在默认情况下，会弹出“新建工程”对话框，如图 1-3 所示。

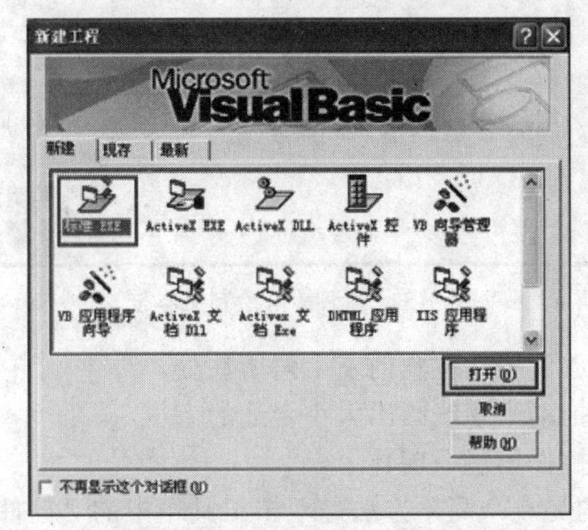

图 1-3 “新建工程”对话框

选择“标准 EXE”后，单击“打开”按钮，即可创建一个新的 Visual Basic 工程，并进入 Visual Basic 的集成开发环境，如图 1-4 所示。

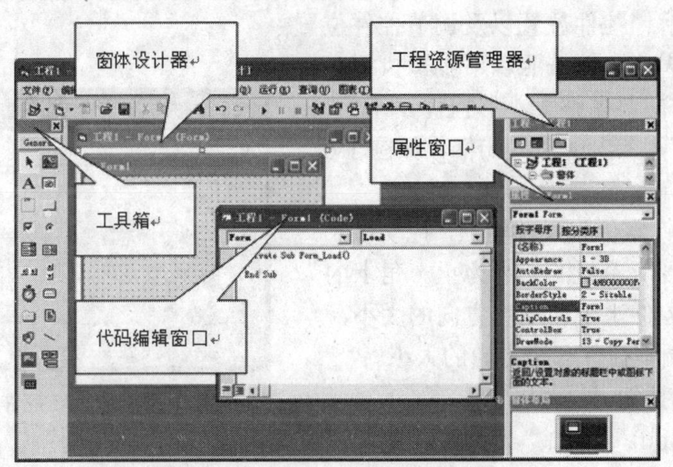

图 1-4 Visual Basic 的集成开发环境

2. 创建应用程序界面

建造 Visual Basic 应用程序的第一步是创建窗体，这些窗体将是应用程序界面的基础。然后在创建的窗体上添加构成界面对象的控件。对于第一个应用程序，需要使用工具箱中的两个控件：按钮和文本框。

（1）用工具箱绘制控件

1）单击要绘制的控件工具——此时是“文本框”。

2）将指针移到窗体上。该指针变成十字线，如图 1-5 所示。

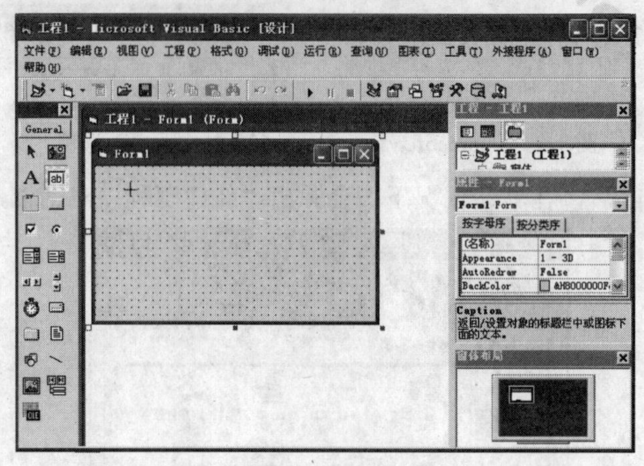

图 1-5　用工具箱绘制文本框

3）将十字线放在要放置控件位置的左上角所在处。

4）按下鼠标左键，拖动十字线画出大小合适的方框。

5）释放鼠标按钮，控件出现在窗体上。

在窗体上添加控件的另一个简单方法是双击工具箱中的“控件”按钮。这样会在窗体中央创建一个尺寸为默认值的控件，然后再将该控件移到窗体中的其他位置。

（2）调整控件大小、移动和锁定控件　当选中控件时，出现在控件四周的小矩形框称作尺寸句柄，下一步可用这些尺寸句柄调节控件的大小，也可用鼠标、键盘和菜单命令移动控件、锁定和解锁控件位置以及调节控件位置。

调整控件的大小，请按照以下步骤执行。

1）用鼠标单击要调整大小的控件。

2）选定的控件上出现尺寸句柄，如图 1-6 所示。

3）将鼠标指针定位到尺寸柄上，拖动该尺寸柄直到控件达到所希望的大小为止。角上的尺寸柄可以调整控件水平和垂直方向的大小，而边上的尺寸柄调整控件一个方向的大小。

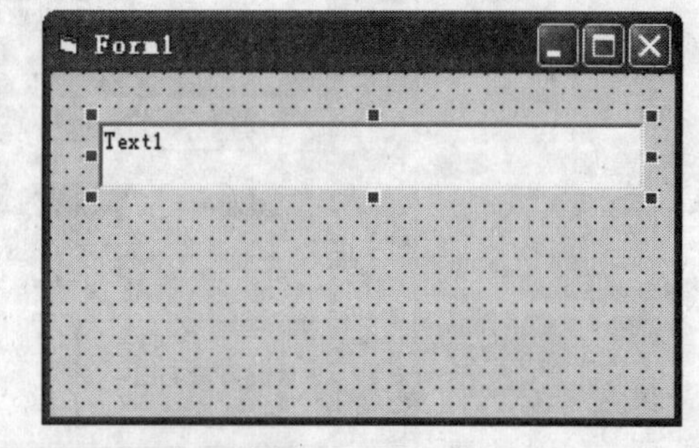

图 1-6　选中控件后，在控件四周出现尺寸句柄

4）释放鼠标按钮。

也可以用“Shift”键加“光标移动键”调整选定控件的尺寸。

要移动控件，请用鼠标把窗体上的控件拖动到一新位置。

要精确定位，可以在选定控件后，用“Ctrl”键加“光标移动键”，每次移动控件一个网格单元。如果该网格关闭，则控件每次移动一个像素。

要锁定所有控件位置，请从“格式”菜单，选取“锁定控件”选项。选取后，窗体的控件处在“锁定”状态，不能被移动。本操作只锁住选定窗体上的全部控件，不影响其他窗体上的控件。这是一个切换命令，因此也可用来解锁控件位置。要调节锁定控件的位置，请按住“Ctrl”键，再用合适的“光标移动键”可“微调”已获焦点的控件的位置。

通过以上步骤，在窗体上分别添加文本框和命令按钮，生成了“欢迎进入 Visual Basic 世界！”应用程序的界面，如图 1-7 所示。

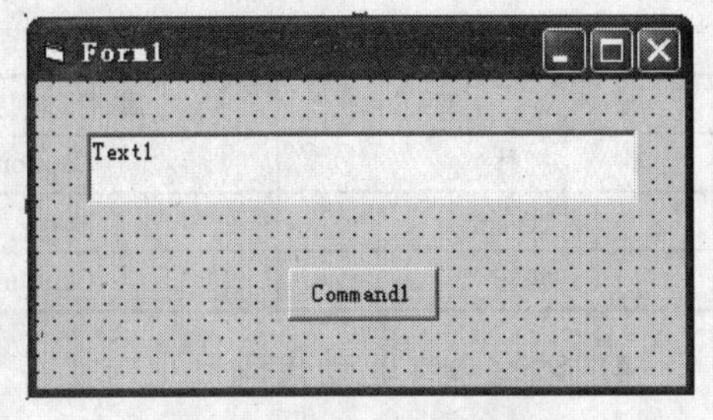

图 1-7　应用程序的界面

3．设置窗体和控件的属性

下一步是给创建的对象设置属性。属性窗口给出了设置所有的窗体对象属性的简便方法。在“视图”菜单中选择“属性窗口”命令，单击工具栏上的“属性窗口”按钮或右击控件对象，在弹出的上下文菜单中，都可以打开属性窗口，如图 1-8 所示。

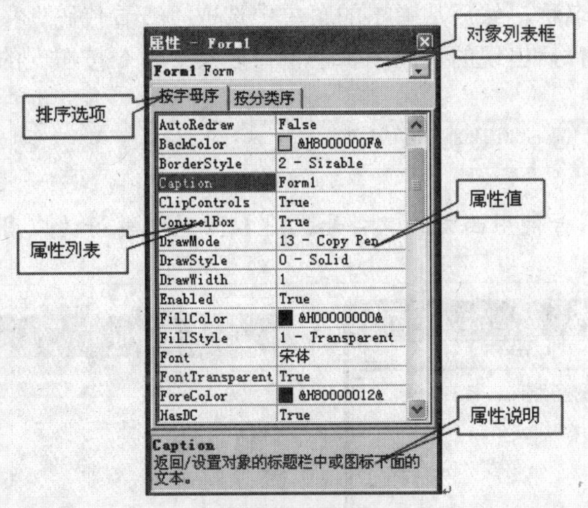

图 1-8　属性窗口

属性窗口包含如下的元素。

对象框：显示可设置属性的对象名字。单击对象框右边的箭头，显示当前窗体的对象列表。

排序：从按字母顺序排列的属性列表中进行选取，或从按逻辑（诸如与外观、字体或位置有关的）分类页的层次结构视图中进行选取。

属性列表：左列显示所选对象的全部属性，右列可以编辑和查看设置值。

属性说明：对选中的属性概念、作用进行说明。

要在“属性窗口”中设置属性，请按照以下步骤执行。

1）从“视图”菜单中，选取“属性”，或在工具栏中单击“属性”按钮。“属性”窗口显示所选窗体或控件的属性设置值。

2）从属性列表中，选定属性名。

3）在右列中输入或选定新的属性设置值。

列举的属性有预定义的设置值清单。单击设置框右边的向下的箭头，可以显示这个清单，或者双击列表项，可以循环显示此清单。

以“欢迎进入 Visual Basic 世界！”为例，现在要改变 3 种属性的设置值，而其他属性则采用默认值，见表 1-1。

表 1-1　在属性窗口中设置属性

对　象	属性名称	属性值
窗体	Caption	我的第一个 Visual Basic 程序
文本框	Text	空
按钮	Caption	确认

4．编写事件驱动代码

代码编辑器窗口是编写应用程序的 Visual Basic 代码的地方。代码由语句、常数和声明部分组成。使用代码编辑器窗口，可以快速查看和编辑应用程序代码的任何部分。

双击要编写代码的窗体或控件就可以打开代码窗口，或在“工程管理器”窗口中，右击选定窗体或模块的名称，然后从弹出的菜单中选取“查看代码”按钮。图 1-9 显示了在双击“命令按钮”控件后出现的代码编辑器窗口以及“命令按钮”的单击事件。在该单击事件中添加如下代码。

```
Text1. Text="欢迎进入 Visual Basic 世界！"
```

注意

代码中的双引号使用西文的双引号。图 1-10 为创建好的应用程序界面。

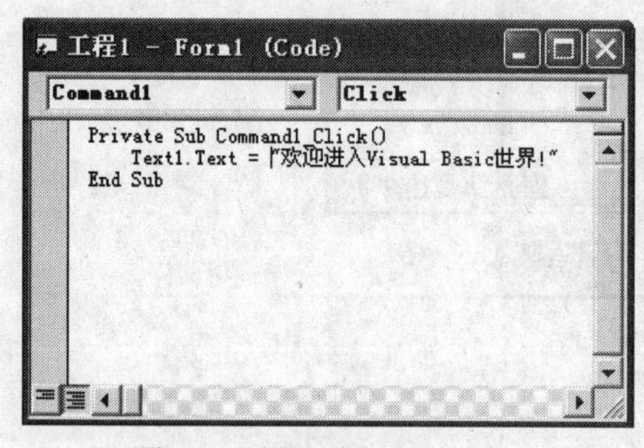

图 1-9　代码编辑器窗口

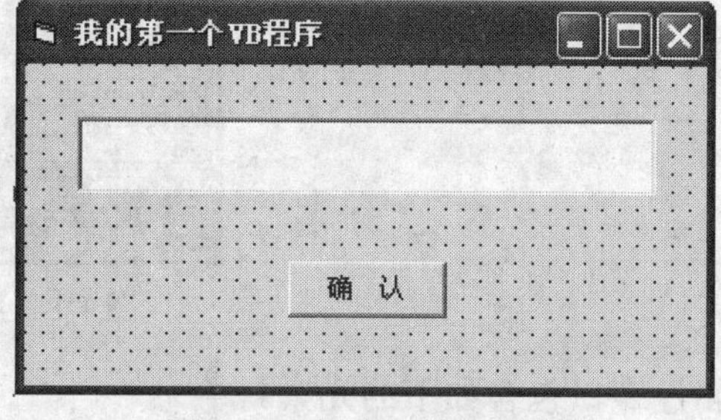

图 1-10　创建好的应用程序

5．保存应用程序

选择“文件”菜单中的“保存工程”选项，即可对 Visual Basic 应用程序的文件进行保存。对于简单的应用程序，一般保存的是窗体文件和工程文件，文件的扩展名分别是：“frm”和“vbp”，第一次保存时，系统会弹出“保存”对话框，以便对保存文件的位置和文件名进行选择和修改。

6．运行应用程序

为了运行应用程序，可以从“运行”菜单中选择“启动”选项，或者单击工具栏中的“启动”按钮，或按“F5”键。运行时单击窗体上的“确认”按钮，文本框中就会显示“欢迎进入 Visual Basic 世界！”

关于应用程序的调试和编译在后续章节将介绍。

1.1.4　知识提炼

Visual Basic 特点：

Visual Basic 是一种可视化的、面向对象和驱动方式的结构化高级程序设计语言，可用于开发 Windows 环境下的各类应用程序。

（1）可视化编程 Visual Basic 提供了可视化设计工具，把 Windows 界面设计的复杂性“封装”起来，开发人员不必为界面设计而编写大量程序代码。只需要按设计要求的屏幕布局，用系统提供的工具，在屏幕上画出各种“部件”，即图形对象，并设置这些图形对象的属性。Visual Basic 自动产生界面设计代码，程序设计人员只需要编写实现程序功能的那部分代码，从而可以大大提高程序设计的效率。

（2）面向对象的程序设计 Visual Basic 应用面向对象的程序设计方法（OOP），把程序和数据封装起来作为一个对象，并为每个对象赋予应有的属性，使对象成为实在的东西。在设计对象时，不必编写建立和描述每个对象的程序代码，而是用可视化方式显示在界面上，自动生成对象的程序代码并封装起来。

（3）结构化程序设计语言

（4）事件驱动编程机制 Visual Basic 通过事件来执行对象的操作。一个对象可能会产生多个事件，每个事件都可以通过一段程序来响应。例如，命令按钮是一个对象，当用户单击该按钮时，将产生一个“单击”（Click）事件，而在产生该事件时将执行一段程序，用来实现指定的操作。在用 Visual Basic 设计大型应用软件时，不必建立具有明显开始和结束的程序，而是编写若干个微小的子程序，即过程。这些过程分别面向不同的对象，由用户操作引发某个事件来驱动完成某种特定的功能，或者由事件驱动程序调用通用过程来执行指定的操作，这样可以方便编程人员，提高效率。

（5）访问数据库 Visual Basic 系统具有很强的数据库管理功能。利用数据控件和数据库管理窗口，可以直接建立或处理 Microsoft Access 格式的数据库，并提供了强大的数据存储和检索功能。同时，Visual Basic 还能直接编辑和访问其他外部数据库，如 Btrieve、dBASE、FoxPro、Paradox 等，这些数据库格式都可以用 Visual Basic 编辑和处理。

Visual Basic 提供开放式数据连接（Open Database Connectivity），即 ODBC 功能，可通过直接访问或建立连接的方式使用并操作后台大型网络数据库，如 SQL Server、Oracle 等。在应用程序中，可以使用结构化查询语言 SQL 数据标准，直接访问服务器上的数据库，并提供了简单的面向对象的库操作指令和多用户数据库访问的加锁机制和网络数据库的 SQL 的编程技术，为单机上运行的数据库提供了 SQL 网络接口，以便在分布式环境中快速而有效地实现客户/服务器（client/server）方案。

（6）对象的链接与嵌入（OLE）

（7）动态链接库（DLL） 对创建应用程序主要步骤的再说明。

1）新建工程。新建工程，就是新建一个窗体，用户界面由对象，即窗体和控件组成。所有的控件都放在窗体上，每个窗体最多可容纳 255 个控件。程序中的所有信息都要通过窗体显示出来，应用程序中要用到哪些控件，就在窗体上建立相应的控件。程序运行后，将在屏幕上显示由窗体和控件组成的用户界面。

要建立新的窗体，可用“工程”→“添加窗体”命令。

2）设计应用程序界面。在窗体上按应用程序要求将控件调整到适当大小，放置到相应的位置上。

3）设置窗体和控件的属性。在设计时设置窗体和控件的属性，是通过“属性窗口”进行的。

为了使界面设计清晰而有条理，通常在设计前将界面中所需要的对象及其属性画成一个表格，然后按照这个表来设计界面。

另外，窗体的大小及每个控件的位置、大小属性均可根据需要任意调整，同时可改变标题及输出字体的属性。

4）编写事件驱动代码。由于 Visual Basic 应用程序采用事件驱动编程机制，因此大部分程序都是针对窗体中各个控件所能支持的方法或事件编写的，这样的程序称为事件处理过程。

每个事件对应一个事件处理过程。

为了指明某个对象的操作，必须在方法或属性前加上对象名，中间用句点（.）隔开，例如 Text1. Text。如果不指出对象名，则针对当前窗体进行操作。

在输入完一行代码并按回车键后，Visual Basic 应用程序能自动进行语法检查。如果语句正确，则自动以不同的颜色显示代码的不同部分，并在运算符后加上空格。

语法检查等功能可通过代码编辑器的选项来设置。执行“工具”→“选项”→“编辑器”，在弹出的对话框中进行设置。

5）保存工程。Visual Basic 应用程序结构：

工程文件（.Vbp）：包含了一个应用程序的所有文件，由若干窗体和模块组成。

窗体文件（.frm）：控件及属性、事件过程和自定义过程。

标准模块文件（.bas）：包含不与具体的窗体或控件相关联的代码，如全局变量声明，自定义函数或子程序过程。

类模块的文件（.cls）：可以看成是没有界面的控件，每个类模块定义了一个类，可以在窗体模块中定义类的对象，调用类模块中的过程。

资源文件（.res）。

ActiveX 控件的文件（.ocx）。

保存文件的步骤：

① 保存窗体文件。

② 保存标准模块文件。

③ 保存类模块文件。

④ 保存工程文件。

也可执行“文件”→“工程另存为”，直接保存工程文件。此时会自动将与该工程相关的各类文件一起保存。

当要装入程序时，只需装入工程文件，就可以自动把与该工程有关的其他文件装入内存，可执行“文件”→“打开工程”。

6）程序的运行和调试。

① 解释运行：解释运行需要操作系统有 Visual Basic 环境，应用程序不能独立运行。当程序装入内存后，可通过“运行”→“启动”来实现。如果想退出程序，可单击结束程序按钮。

② 生成可执行文件：要使程序能在 Windows 环境下独立运行，必须建立可执行文件，即.EXE 文件。执行“文件”→“生成.EXE”，输入文件名后确定。

7）应用程序运行的操作序列。

① 启动应用程序，加载和显示窗体。

② 窗体或窗体上的控件接收事件，事件可由用户引发，也可由系统引发，还可以通过代码间接引发。

③ 如果相应的事件过程中存在代码，则执行该代码。

④ 应用程序等待下一次事件。

Visual Basic 程序框架：

Visual Basic 语言是一种模块化的语言，并且也是一种面向对象的开发工具。在 Visual Basic 的工程中主要有 4 种项目类型，分别是：窗体、多文档窗体、模块、类模块。

窗体：是一种容器，在其中可以包含许多控件。在窗体文件中，每个控件也都有一个对应的事件过程集，这些事件所对应的过程集是从属于窗体文件的。

多文档窗体：多文档窗体文件和窗体文件是程序的界面接口，也就是说通过这两种文件类型来建立应用程序的用户界面。每个窗体文件和多文档窗体文件都包含许多事件过程，在这里可以编写响应特定事件而执行的代码。除了事件过程，窗体模块还可包含通用过程，它是一种局部公用的过程，也就是说，只有在窗体中的所有事件过程才可以调用这些通用过程代码。

模块：文件相当于用户的程序库，用户可以先将常用的函数和过程在模块文件中定义为公用代码，再在窗体文件和多窗体文件的事件代码中调用此公用代码，这样就可以节省许多重复的代码，同时也使用户的程序模块化，有利于程序的维护。

类模块：文件相当于用户自定义的对象库，在类模块文件中用户可以编写自定义对象，为自定义对象定义属性、事件以及添加方法。类模块在一定程度上与普通控件有一些类似，例如它们都有自己的属性，可以响应的事件，可以执行的方法等。但是普通的控件或者窗体都是有其图形界面的，而类模块是没有的。

从上面的阐述中可以看出，Visual Basic 的程序结构是一种完全的模块化的程序结构。在 Visual Basic 程序中，最小的程序模块是过程或者函数，这些过程或者函数从属于不同的窗体文件、多文档窗体文件、模块文件和类模块文件。这些文件之间是相对独立的，它们都可以独立运行。

1.2 任务 2 学习使用 Visual Basic 帮助系统

MSDN Library 是 Visual Studio 6.0 的帮助系统，是学习 Visual Basic 和使用 Visual Basic 进行程序设计的重要参考资料。

1.2.1 任务情境

首先启动 Visual Basic 6.0，新建一工程。按下“F1”功能键，弹出 MSDN 工作界面。从 MSDN 工作界面的左边“目录”选项卡中，按照如图 1-11 所示的路径选择“CommandButton 控件”。右边是用户查询的结果，图 1-11 所示的内容是对“命令按钮”

对象的详细描述，涉及到控件对象的语法说明、属性、方法和事件的链接。

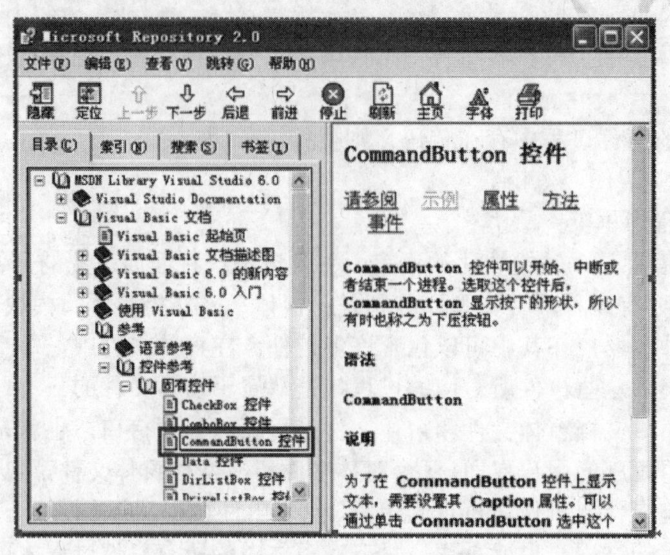

图 1-11 “CommandButton 控件”

1）阅读“CommandButton 控件”的说明。按照说明设置 CommandButton 控件的 Default 和 Cancel 属性，验证“Enter”键和“Esc”键的作用。

2）单击“属性”链接，MSDN 工作界面右边就是对选中对象属性的描述。选中“MousePointer”属性，阅读该属性的语法，了解属性的设置值。新建一个工程，运行属性“MousePointer”的“示例”代码，单击窗体，观察鼠标指针的形状。

3）仿照上一步，单击“方法”链接，阅读理解“Move”方法的语法和说明；单击“事件”链接，阅读“Click”事件的语法和说明。创建一工程，在窗体上添加一个命令按钮，在代码窗口的 Form_Click () 事件中添加调用 Button 控件 Move 方法的代码，按下“F5”功能键运行应用程序，单击窗体，观察“命令按钮”的移动。

4）将上一步窗体中的命令按钮移除，但保留代码，然后按下“F5”功能键运行应用程序。这时系统会弹出一个“实时错误提示”对话框，如图 1-12 所示。按下“F1”键，打开 MSDN 窗口，了解关于程序的实时错误的类型和解决实时错误的方法。

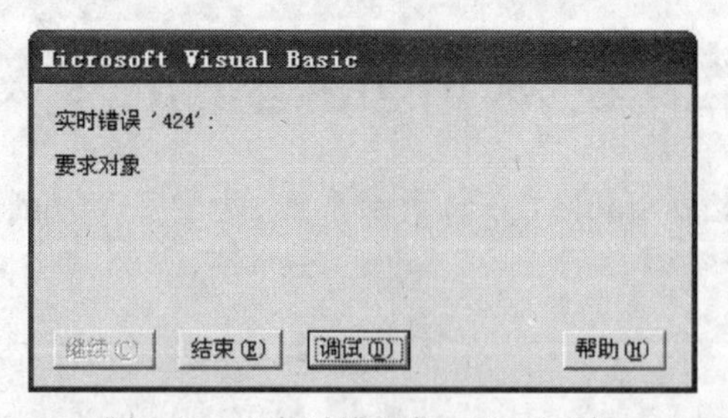

图 1-12 “实时错误提示”对话框

5）在如图 1-13 所示的 Visual Basic 安装路径下，有许多 Visual Basic 示例。打开文件夹 Picclip 中的 Redtop.vbp 工程，按下“F5”功能键，运行该程序，并阅读“infoform.frm”窗体的代码。

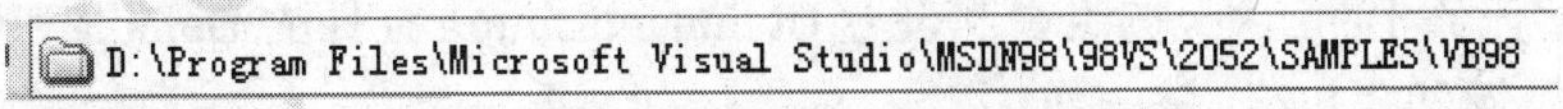

D:\Program Files\Microsoft Visual Studio\MSDN98\98VS\2052\SAMPLES\VB98

图 1-13 Visual Basic 示例的路径

1.2.2 任务分析

MSDN 技术资源库是为使用微软工具、产品和技术的开发人员提供的精华资源。它包含丰富的技术编程信息，包括示例代码、文档、技术文章和参考指南。学习 Visual Basic 6.0 程序设计，重在实践。在编程学习的实践中，可能遇到各种各样的难题和疑惑，MSDN 技术资源库就是答疑解惑的好帮手、好工具。学习和使用 MSDN 技术资源库的途径有：

1）在 Visual Basic 的集成开发环境中，按下“F1”键，打开 MSDN 窗口，通过“目录”或“搜索”选项卡，查询所需的信息。

2）在“窗体设计器”中选择要了解的对象，或在“代码编辑窗口”中将光标置于要了解的关键字、方法名、函数名、属性名等字符串之上，然后按下“F1”键，通过上下文打开 MSDN 窗口，查询所需的信息。

3）在运行时，出现“实时错误提示”对话框后，按下“F1”键，打开 MSDN 窗口，了解关于程序的实时错误的类型和解决实时错误的方法。

也可以通过下面网址进入 MSDN 主页（中国-简体中文）网站，寻求在线帮助。MSDN 网址为 http://msdn.microsoft.com/zh-cn/library/2x7h1hfk(VS.80).asp。

1.2.3 任务实施

1）新建一个工程。

2）按下 F1 键，打开 MSDN。按照图 1-14 所示的路径打开“CommandButton 控件”的主题，如图 1-15 所示。

① 阅读图 1-15 所示的“CommandButton 控件”的说明。

图 1-14 “CommandButton 控件”

图 1-15 “CommandButton 控件”的说明

打开本章任务 1 的工程，按照说明设置 CommandButton 控件的 Default 和 Cancel 属性，验证“Enter”键和“Esc”键的作用。

② 单击“属性”链接，MSDN 工作界面右边就是对选中对象属性的描述。如果属性主题有多个，则会弹出一个对话框由用户选择需要查询的主题。图 1-16 所示的就是“命令按钮”的属性主题，选中“MousePointer 属性”，阅读该属性的语法，了解属性的设置值，如图 1-17 所示。

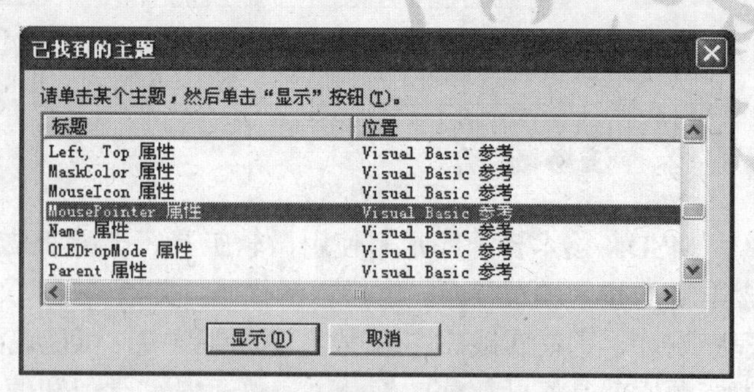

图 1-16 “命令按钮”的属性主题

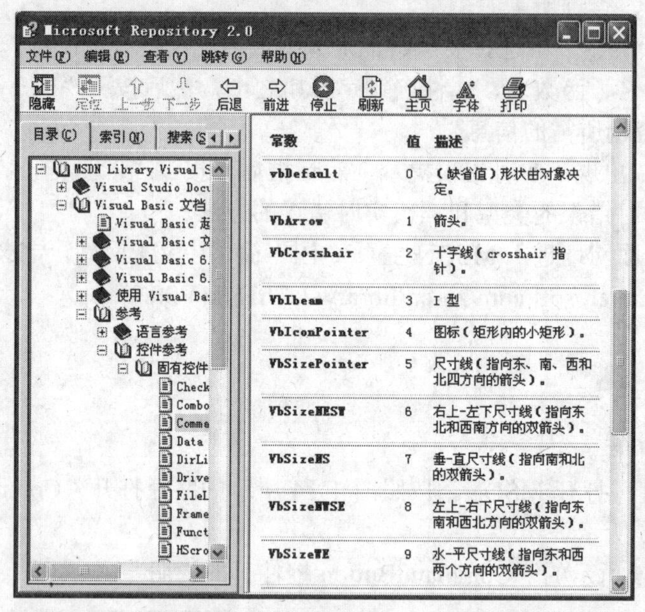

图 1-17 “命令按钮”的属性“MousePointer”的设置值

阅读理解属性“MousePointer”的“示例”代码，新建一个工程，在代码窗口添加如下代码，按下“F5”功能键运行应用程序，单击窗体，观察鼠标指针的形状。

```
Private Sub Form_Click ()
   Dim I                                   ' 声明变量。
                                           ' 将鼠标指针改变为沙漏标。
   Screen. MousePointer = vbHourglass    '
                                           ' 设置随机的颜色和在窗体上画圆。
   For I = 0 To ScaleWidth Step 50
      ForeColor = RGB (Rnd * 255, Rnd * 255, Rnd * 255)
      Circle (I, ScaleHeight * Rnd), 400
   Next
End Sub
```

③ 仿照上一步，单击“方法”链接，阅读理解“Move”方法的语法和说明；单击“事件”链接，阅读“Click”事件的语法和说明。创建一工程，在窗体上添加一个命令按钮，在代码窗口添加如下代码，按下“F5”功能键运行应用程序，单击窗体，观察“命令按钮”的移动，如图 1-18 所示。

```
Private Sub Form_Click ()
   Command1. Move Command1. Left + 150, Command1. Top + 100
End Sub
```

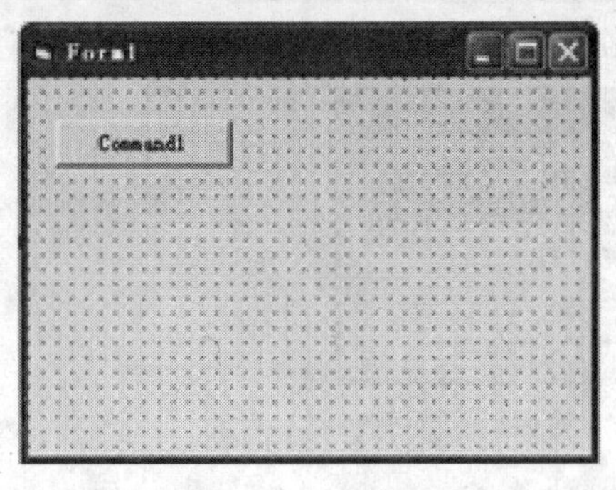

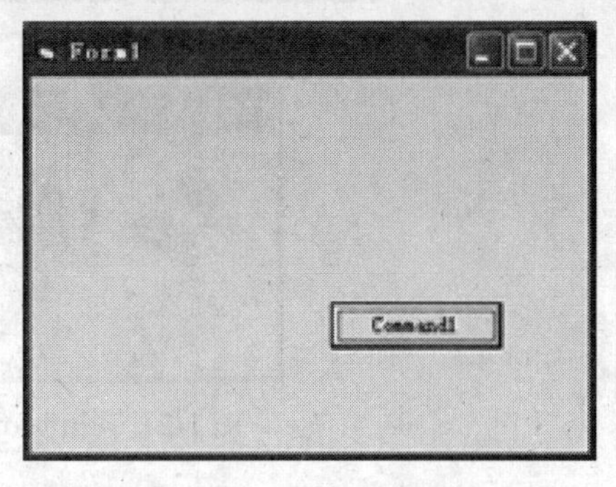

图 1-18　设计时的窗体和运行效果

④ 将上一步窗体中的命令按钮移除，但保留代码，然后按下“F5”功能键运行应用程序。这时系统会弹出一个如图 1-12 所示的“实时错误提示”对话框。提示错误类型为：“424”，提示信息为：“需要对象”。按下“F1”键，打开如图 1-19 所示的 MSDN 窗口，了解关于程序的实时错误的类型和解决实时错误的方法。

⑤ 选择“文件”→“打开工程”，从\Program Files\Microsoft Visual Studio\MSDN98\98VS\2052\SAMPLES\VB98\Picclip 位置打开工程“RedTop.vbp”。然后从“工程资源管理器”打开“infoform”窗体，如图 1-20 所示。按下“F5”功能键运行程序，单击“信息”按钮，运行“infoform”窗体程序，图 1-21 为“infoform”窗体运行效果。然后结束“infoform”窗体程序的运行，打开代码窗口阅读理解“infoform”窗体的代码。

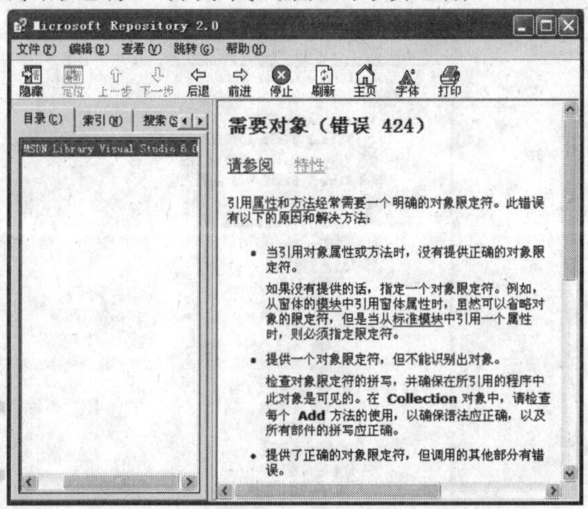

图 1-19　“需要对象”实时错误主题

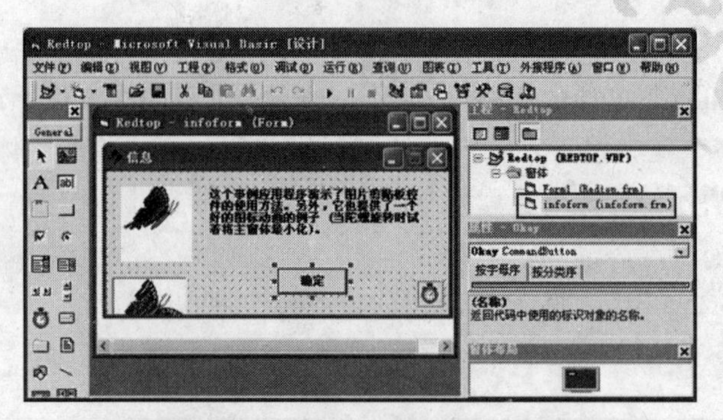

图 1-20　打开 RedTop.vbp 工程

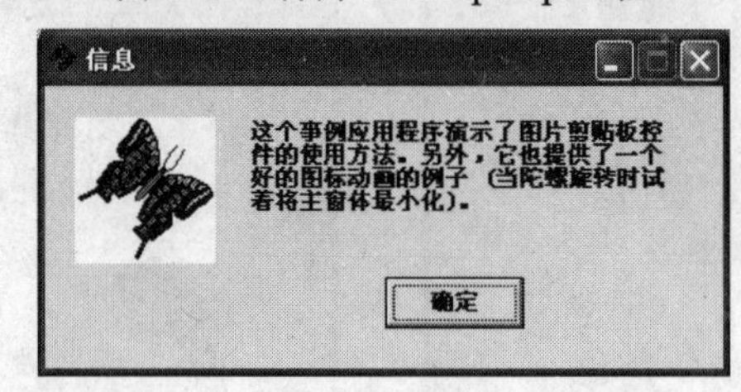

图 1-21　“infoform”窗体运行效果

1.2.4　知识提炼

MSDN 技术资源库有“目录”、“索引”、“搜索”和“书签”4 个选项卡，给用户提供了多种使用 MSDN 技术资源库的手段。

1）“目录”选项卡以树形结构列出 MSDN 技术资源库的全部内容。查询方法主要以浏览为主，当知道查询主题的范围和名称时，可以提高查询的效率。初学者主要学习理解其中“参考”分类的“语言参考”部分。“语言参考”部分按照主题的属性分为 9 个分类，如图 1-22 所示。其中每一分类的主题又按照首字母排序进行分类。如果需要查询 Caption 属性，则查询的路径是：“参考”→“语言参考”→“属性”→“C”→“Caption 属性”。“参考”分类中的“控件参考”属于“对象”分类的子集，单独列出有助于加快查询速度。

图 1-22　MSDN 技术资源库的“语言参考”部分

2）“索引”选项卡通过索引表查找相关内容，用户只要输入查询的关键字，相关的内容就会出现在索引表中，如图 1-23 所示。双击要查询的主题，就会打开主题界面。

3）“搜索”选项卡用于查找出现在任何主题中的单词和短语，包括主题的标题，它是查询的一个重要手段。用户只要输入查询的单词或短语，单击“列出主题”按钮，下面的列表框就会列出查询到的主题，给出查询到的主题总数，主题在树形目录中的位置，按照查询单词在主题中出现次数的排序，如图 1-24 所示。双击要查询的主题，就会打开主题界面，在主题界面里，查询单词会高亮显示。

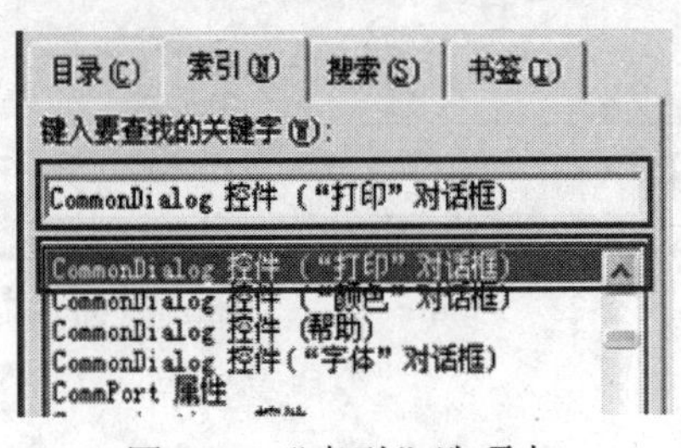

图 1-23 “索引”选项卡

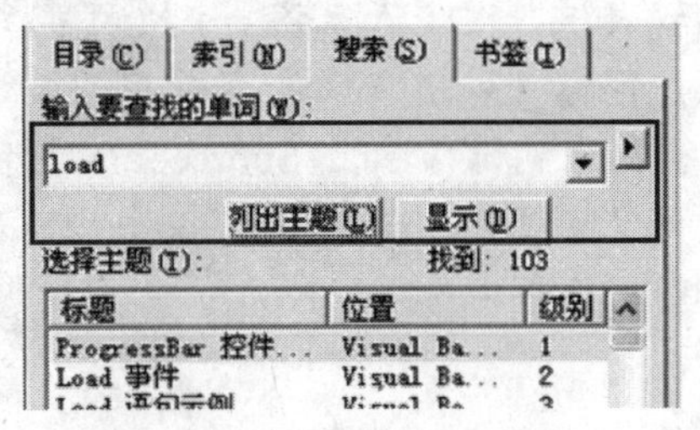

图 1-24 “搜索”选项卡

4）“书签”选项卡是创建书签的列表。“书签”是一个定位标记，方便用户对常用的、重要的或访问过的主题进行标记，以便以后快速查询。“书签”在使用前需要定义。

MSDN 技术资源库的使用方法除了直接打开之外，还可以在程序设计时，用“帮助”的办法使用 MSDN 技术资源库。在程序设计时，用户可以在窗体设计器中选中需要了解的控件对象，按下“F1”功能键，在弹出 MSDN 技术资源库的同时，主题界面会显示与该控件对象相关的主题；或者在代码编辑窗口，将光标放在需要了解的关键字、方法名、函数名上面，按下“F1”功能键，主题界面也会显示与该单词相关的主题。在运行程序时，弹出“实时错误提示”对话框时，按下“F1”功能键，获取关于“实时错误”的帮助。

MSDN 技术资源库的“语言参考”主题分为 9 个大类，包括：“对象”、“属性”、“函数”、“方法”、“事件”、“语句”、“关键字”、“常数”和“运算符”。

1）“对象”主题包括系统对象和控件对象两类，对象主题界面有对象的说明和一些主题链接。当打开链接时，如果多于一个主题，会弹出主题对话框，供用户选择。对象的“属性”、“方法”和“事件”等主题链接是全面学习对象的主要资料，通过对象的“示例”主题链接，可以更好地理解对象的使用。如果某个对象没有某些链接，则该链接显示为不可用状态。

2）“属性”主题主要包括语法说明、“示例”链接和“应用于”链接。“应用于”链接会链接到包含该属性的对象主题上。有些属性可能是许多对象都具有的属性，如“Caption”属性，这样的属性在打开“应用于”链接时，也会弹出主题对话框。

3）“方法”和“函数”主题都包含语法和功能的说明，是编程的重要助手和参考资料。二者的主要区别之一是方法和对象相关联，函数（内部函数）是公用的功能模块，与对象无关。

4）“事件”主题包括事件的语法、触发的说明，特别是事件触发是应用事件机制进行编程的关键。事件也是和对象相关联。

其他主题，用户可以在应用中逐步了解和掌握，这里不再赘述。

日积月累　源代码控制对话框

在打开或关闭 Visual Basic 工程时，有时会弹出一个如图 1-25 所示的“Source Code Control”对话框，即“源代码控制”对话框。这说明你的机器上安装了 Visual SourceSafe。这个工具是用来管理源程序的，如果你是和其他人组成一个开发组开发软件，这个工具比较有用。对个人来说，这个工具作用不大，但你可以用它来保存所有修改过的版本。如果觉得 Visual SourceSafe 没什么用，可以卸载它，或者在“Source Code Control”对话框中选择“No”。

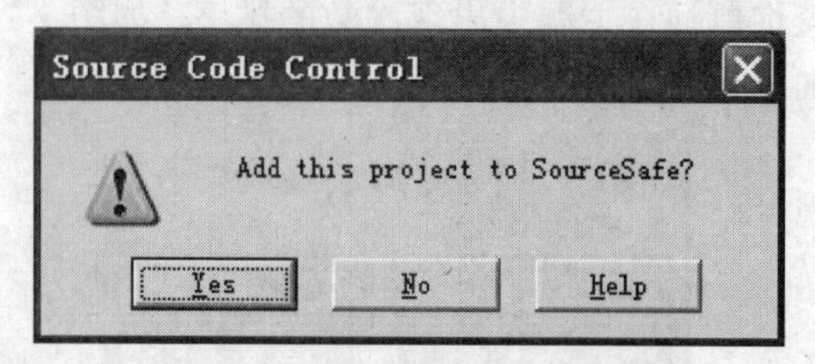

图 1-25 “Source Code Control”对话框

本 章 小 结

本章通过一个简单的任务对 Visual Basic 6.0 的集成开发环境进行了详细的介绍，可以使读者掌握 Visual Basic 应用程序的一般开发过程。并且详细地介绍了 MSDN 技术资源库的内容和使用方法，为读者提供了一个学习 Visual Basic 6.0 编程的途径。

实 战 强 化

新建一个工程，打开 MSDN 技术资源库，查询 BackColor、ForColor 属性，阅读 BackColor、ForColor 属性的主题，然后打开“示例”链接，按照说明添加“PictureBox”控件和“Timer”控件，按下“F5”功能键运行程序。

提示　“PictureBox”控件和“Timer”控件在“工具箱”的位置如图 1-26 所示，添加控件后的窗体如图 1-27 所示。

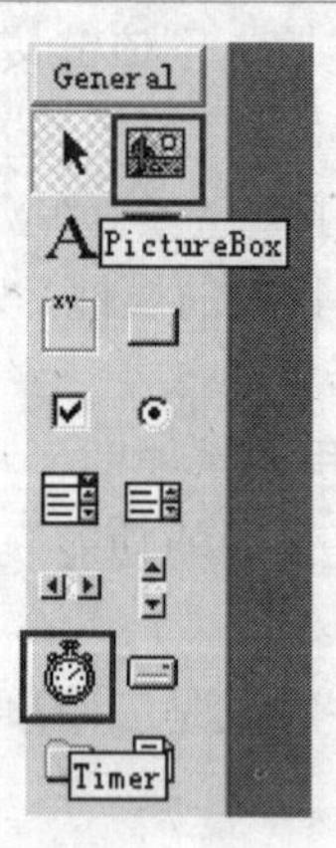

图 1-26　控件在工具箱上的位置

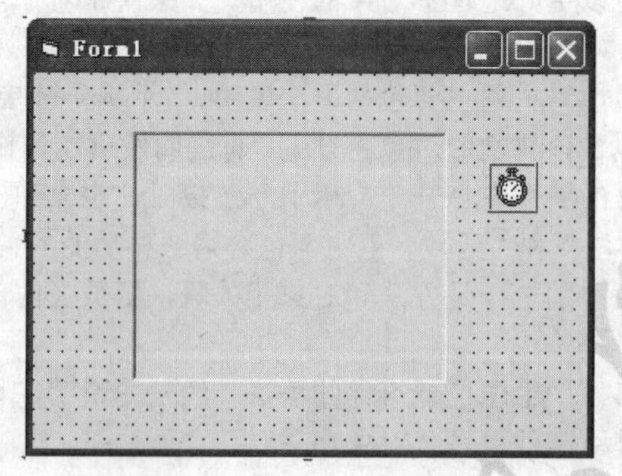

图 1-27　添加控件后的窗体

第 2 章

面向对象程序设计基础

Visual Basic 特点

Visual Basic 支持面向对象程序设计。用户可以使用可视化的编程环境，采用面向对象程序设计方法，定义对象，通过对象的属性、方法和事件的定义，完成应用系统程序的设计。

工 作 领 域

现实世界中的任何事物都可以看成是对象。对象都具有属性和行为，属性描述对象的特征和状态，行为表现或改变特征和状态。对象之间通过消息相互作用。任何对象都归属于某类事物，都是某类事物的实例。

在 Visual Basic 6.0 中，对象是属性数据和方法的封装，能够响应事件。属性数据描述对象的状态；方法表征对象的行为，用于表现和改变对象的状态。事件响应使对象知道在什么情况下调用方法和操作。窗体和控件是 Visual Basic 6.0 中最常用的一类对象，熟悉和掌握窗体及控件的使用，是学习 Visual Basic 6.0 的关键。

技 能 目 标

通过本章内容的学习和实践，能够掌握 Visual Basic 面向对象程序设计的基本步骤和方法，掌握属性、方法和事件编程的基本要领；获得窗体编程的技能，熟悉窗体的基本属性、方法和事件；能够使用属性窗口和代码窗口进行程序设计；为学习 Visual Basic 面向对象程序设计打下基础。

2.1 任务 1 设计“快乐学习 Visual Basic”屏幕文字输出

在窗体对象的 Load、Click 事件中，利用窗体对象的 Print 方法，完成屏幕文字输出设计。

2.1.1 任务情境

编写 Visual Basic 程序首先要创建一个良好的可视化界面，而每个程序界面是由窗体（Form）和一些必要的控件元素（Control）构成的。由于 Visual Basic 属于面向对象编程，所以一般将窗体与控件都称为对象。

创建一个简单应用程序，该应用程序仅由一个窗体构成。窗体启动后，窗体背景为蓝色，字体颜色为黄色，屏幕显示“快乐学习 Visual Basic！”信息，如图 2-1 所示。单击窗体，窗体背景变为黄色，字体颜色变为红色，如图 2-2 所示，双击窗体，退出程序。

图 2-1　窗体启动后屏幕显示的信息

图 2-2　单击窗体后屏幕显示的信息

2.1.2 任务分析

Visual Basic 编程基本上是围绕着对象的属性、方法和事件进行的。分析出一个任务的对象有哪些，需要设置和改变的属性是什么，以及什么时机进行这些操作，对于完成设计工作是非常重要的。

任务 1 的对象只有一个：窗体。窗体的属性有许多，本任务是窗体的文本输出，涉及的属性非常简单，只是关于窗体文字的字体属性、前景和背景的颜色属性。只要在属性窗口设置窗体的初始状态，在适当的事件响应中调用窗体的方法改变窗体的属性即可。

具体的思路如下。

1）在窗体的 Load 事件中设置输出字符串的属性，即窗体的 ForeColor 属性和 Font 属性。

2）由于 Load 事件是在窗体被装载时发生的，无法执行屏幕输出的操作，故在窗体的 Activate 事件中调用 Print 方法将字符串输出到屏幕上。

3）在 Click 事件中首先调用 Cls 方法清除屏幕上的显示内容，然后重新设置窗体的 ForeColor 属性和 Font 属性，最后调用 Print 方法将字符串输出到屏幕上。

4）在 DblClick 事件中执行 UnLoad 语句，卸载窗体。也可以使用 End 语句，End 语句提供了一种强迫中止程序的方法。

2.1.3 任务实施

1）新建一个工程。

2）在属性窗口中设置窗体的属性，见表 2-1。

表 2-1 在属性窗口中设置窗体属性

属 性 名 称	属 性 值
名称	Frm
BackColor	&H00FF0000&
Caption	我的窗体
Font	字体：宋体，字形：常规，字号：三号

3）右击窗体，选择“查看代码”，弹出代码窗口，如图 2-3 所示。在编写代码时，如果输入对象名后，再输入圆点运算符“.”，则会弹出一个与该对象相关的“属性和方法列表”，供用户选择，如图 2-4 所示。

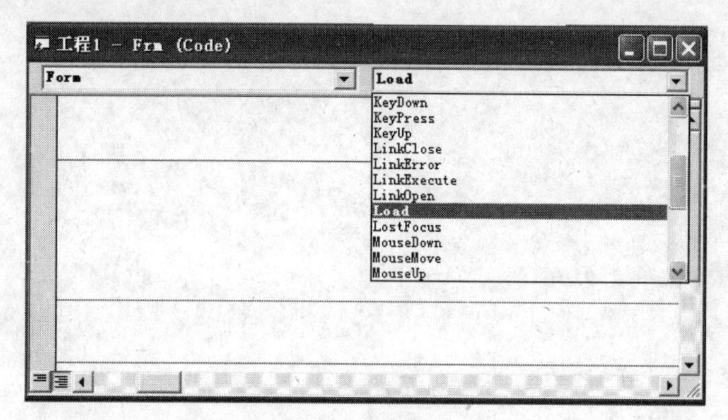

图 2-3 代码窗口

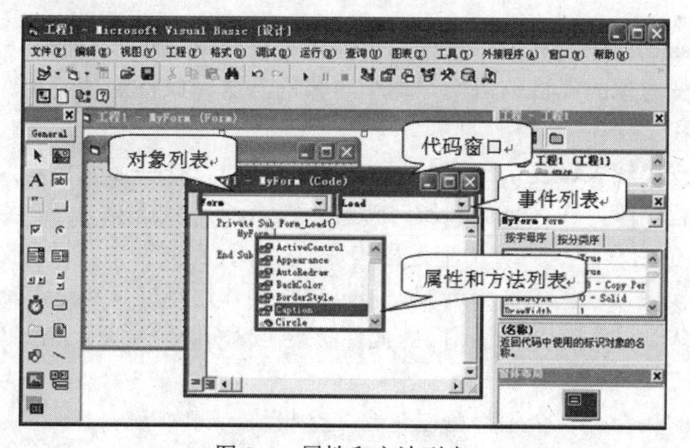

图 2-4 属性和方法列表

4）在 Form 对象（见代码窗口的左面下拉列表框）的 Activate、Click、DblClick 和 Load 事件（见代码窗口的右面下拉列表框）中输入如下代码。

```
'单引号后面的文字为程序的注释部分，不会被执行，可以增强程序的可读性。
Private Sub Form_Activate ()                     '窗体激活事件
    Frm. Print                                   'Print 方法无参数时输出一空行
    Frm. Print Tab (5); "快乐学习 Visual Basic ！"  'Tab (n) 跳过 n 个字符的位置再输出字符串
End Sub
```

```
Private Sub Form_Click ()                              '窗体单击事件
  Frm. Cls                                             '清除窗体原有文字
  Frm. BackColor = RGB (0, 255, 0)                     'RGB (0, 255, 0) 表示红色和蓝色的分值
                                                       为 0，结果为黄色
  Frm. ForeColor = RGB (255, 0, 0)
  Frm. FontName = "隶书"
  Frm. Print   Chr (13); Tab (5); "快乐学习 Visual Basic ！"   'Chr (13) 表示先换行再输出
End Sub

Private Sub Form_DblClick ()                           '窗体双击事件
    Unload Frm                                         '卸载窗体 Frm
End Sub

Private Sub Form_Load ()                               '窗体载入事件
    Frm. ForeColor = RGB (0, 255, 0)
End Sub
```

5）运行程序。

2.1.4 知识提炼

在 Visual Basic 程序设计中，基本的设计机制就是：为对象事件编写事件过程，在事件响应中填写改变对象的属性的语句，调用对象的方法完成特定功能。

过程、模块和工程：

在设计一个规模较大、复杂程度较高的应用程序时，往往需要按功能将程序分解成若干个相对独立的程序段，在 Visual Basic 中这些程序段称为过程。

Visual Basic 应用程序是由若干个过程构成，并保存在文件中，每个文件的内容称为一个模块，即一个模块可以包含多个过程。根据模块的作用不同，Visual Basic 有 3 类模块：窗体模块、标准模块和类模块；用不同的文件扩展名区分，分别是：.Frm（窗体模块）、.Bas（标准模块）和.Cls（类模块）。

工程是模块的集合，一个工程可以包含多个模块。

窗体对象是 Visual Basic 应用程序的基本构造模块，是运行应用程序时，与用户交互操作的实际窗口。窗体有自己的属性、事件和方法，它通过响应事件，控制自己的外观和行为。

设计窗体的第一步是设置它的属性。这可以在设计时在属性窗口中完成，或者运行时由代码来实现。在代码中，设置属性的格式是：

对象名.属性名=属性值

如：Frm. FontName="隶书"。

窗体的常用属性包括：

名称：是窗体的标识名，代码中称它为 Name。

BackColor：设置窗体背景颜色。颜色的值通常有常数和 RGB 两种格式。常数格式包括：黑色：vbBlack，红色：vbRed，绿色：vbGreen 等；RGB 格式为：RGB（Red，Green，Blue）；Red，Green，Blue 分别代表红、绿、蓝 3 种颜色分量的整数，范围都是 0～255。

ForeColor：设置窗体的文本颜色。

Font：设置窗体的文本字体格式。

BorderStyle：设置窗体的边框风格。

需注意的是，属性值为 1-Fixed Single 与 3-Fixed Dialog 时，窗体外观相同，但功能却不同。

当属性为 1-Fixed Single 时，MaxButton 与 MinButton 这两个属性可以起作用。MaxButton 为 True 时窗体上有了最大化按钮。MinButton 为 True 时最小化按钮也有效了。

而当属性为 3-Fixed Dialog 时，MaxButton 与 MinButton 属性不起作用。此时 MaxButton 与 MinButton 为 True，但最大化、最小化按钮均为出现。

Caption：设置窗体标题栏上的文字。

Enabled：决定运行时窗体是否响应用户事件。

Height、Width：设置窗体的高度和宽度。

Left、Top：设置程序运行时窗体相对于屏幕的水平位置和垂直位置。

Visible：设置程序运行时窗体是否可见。当 Visible 为 False 时，窗体是不可见的。将值改为 True，运行时窗体就是可见的了。

WindowsState：设置程序运行中窗体的最小化、最大化和原形这 3 种状态。

Icon：设置窗体标题栏上的图标。

Picture：给窗体配上漂亮的位图。

最后要说明的是：窗体的 Name 和 Caption 属性，虽然默认值相同，都是 Form1，但实际意义却不一样。Caption 指的是窗体标题栏上的文字。Name 指这个窗体的对象名，是系统用来识别对象的，编程时需要用它来指代各对象。

对窗体对象属性的控制是通过响应事件进行的，在 Visual Basic 中事件的调用形式是：

```
Private Sub 对象名_事件名
    （事件响应代码）
End Sub
```

尽管 Visual Basic 中的对象自动识别预定义的事件集，但要判定它们是否响应具体事件以及如何响应具体事件则是编程的责任了。代码部分（即事件过程）与每个事件对应。想让控件响应事件时，就把代码写入这个事件的事件过程之中。

对象所识别的事件类型多种多样，但多数类型为大多数控件所共有。例如，大多数对象都能识别 Click 事件——如果单击窗体，则执行窗体的单击事件过程中的代码；如果单击命令按钮，则执行命令按钮的 Click 事件过程中的代码。每个情况中的实际代码几乎完全不一样。

以下是事件驱动应用程序中的典型事件序列。

1）启动应用程序，装载和显示窗体。

2）窗体（或窗体上的控件）接收事件。事件可由用户引发（例如，键盘操作或单击控件）；可由系统引发（例如定时器事件）；也可由代码间接引发（例如，当代码装载窗体时的 Load 事件）。

3）如果在相应的事件过程中存在代码，就执行代码。

4）应用程序等待下一次事件。

窗体常用的事件如下。

Load 事件：窗体最主要的事件，用来在启动程序时对属性和变量进行初始化。这个事件发生在窗体被装入内存时，且发生在窗体显示之前。在窗体显示之前，Visual Basic 会首先执行事件响应中的代码，然后将窗体显示在屏幕上。

UnLoad（卸载）事件：它的作用是从内存中清除一个窗体。卸载后如果要重新装入窗体，那么新装入的窗体上的所有控件都需要重新初始化。

Click 事件、Dblclick 事件：这两个事件在单击或双击窗体时发生。注意单击窗体中的控件时，窗体的 Click 事件并不会发生。

Activate（活动事件）与 Deactivate（非活动事件）：显示单个窗体时，Load 事件后发生 Activate 事件。显示多个窗体时，可以从一个窗体切换到另一个窗体。每次激活一个窗体时，发生 Activate 事件，而前一个窗体发生 Deactivate 事件。

Resize 事件：在窗体被改变大小时会触发此事件。

方法指的是控制对象动作行为的方式。它是对象本身内含的函数或过程，一些对象有一些特定的方法。在 Visual Basic 中方法的调用形式是：

```
对象名．方法名
```

窗体的常用方法如下。

Hide 方法：用以隐藏窗体对象，但不能使其卸载。隐藏窗体时，它就从屏幕上被删除，并将其 Visible 属性设置为 False。用户将无法访问隐藏窗体上的控件。

Print 方法：在窗口中显示文本。

格式：

```
对象名.Print[outputlist]
```

outputlist 参数（见表 2-2）具有以下语法：

{Spc (n) | Tab (n)} expression charpos

表 2-2　outputlist 参数

部　分	描　述
Spc (n)	可选的。用来在输出中插入空白字符，这里，n 为要插入的空白字符数
Tab (n)	可选的。用来将插入点定位在绝对列号上，这里，n 为列号。使用无参数的 Tab (n) 将插入点定位在下一个打印区的起始位置
expression	可选。要打印的数值表达式或字符串表达式
Charpos	可选。指定下个字符的插入点。使用分号（;）直接将插入点定位在上一个被显示的字符之后。使用 Tab (n) 将插入点定位在绝对列号上。使用无参数的 Tab 将插入点定位在下一个打印区的起始位置。如果省略 charpos，则在下一行打印下一字符

注意

输出换行时可以使用无参数的 Print 语句，也可以在 Print 中加入参数 Chr (13)，Chr (13) 表示换行的字符。

Show 方法：用以显示窗体对象。

Cls 方法：清除运行时窗体所生成的图形和文本。Cls 将清除图形和打印语句在运行时所产生的文本和图形，而设计时在窗体中使用 Picture 属性设置的背景位图和放置的控件不受 Cls 影响。如果激活 Cls 之前将 AutoRedraw 属性设置为 False，调用时将该属性设置为 True，则放置在窗体中的图形和文本也不受影响。这就是说，通过对正在处理的对象的 AutoRedraw 属性进行操作，可以保持窗体中的图形和文本。

窗体对象更多的属性、方法和事件可以在安装了 MSDN 后，选取 Form 关键字，按下“F1”键获得帮助。图 2-5 所示为关键字 Form 的 MSDN 帮助。从中可以全面了解 Visual Basic 中对象的属性、方法和事件，还可以通过示例学习对象的属性、方法和事件使用方法。

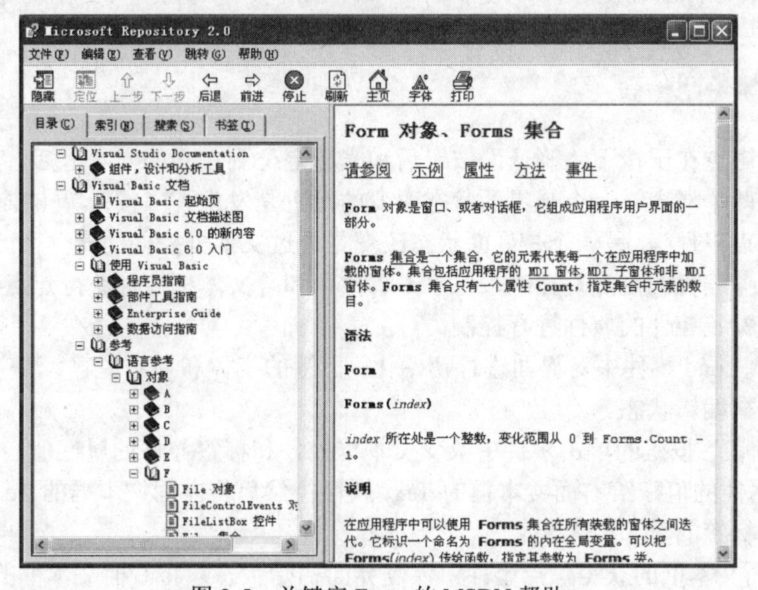

图 2-5 关键字 Form 的 MSDN 帮助

2.2 任务 2 简单的文字复制

响应 Visual Basic 按钮控件的 Click 事件，完成对标签控件、文本框控件的属性设置和改变。

2.2.1 任务情境

为了更好地掌握面向对象的程序设计方法，这里演示一个文字复制程序。其中涉及 Visual Basic 中最常用的对象：窗体、标签、文本框和按钮。界面初始状态如图 2-6 所示。首先在左面文本框输入文字，如图 2-7 所示；然后按下“确认”按钮，这时左面文本框的文字已复制到右面的文本框，如图 2-8 所示；当

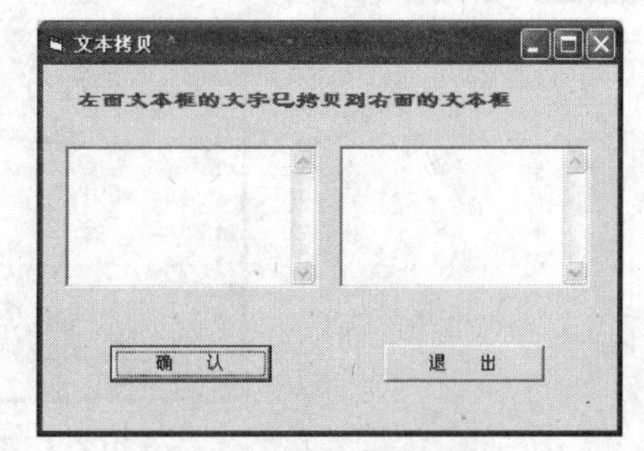

图 2-6 界面初始状态

光标重新定位到左面文本框时，界面应回到初始状态。

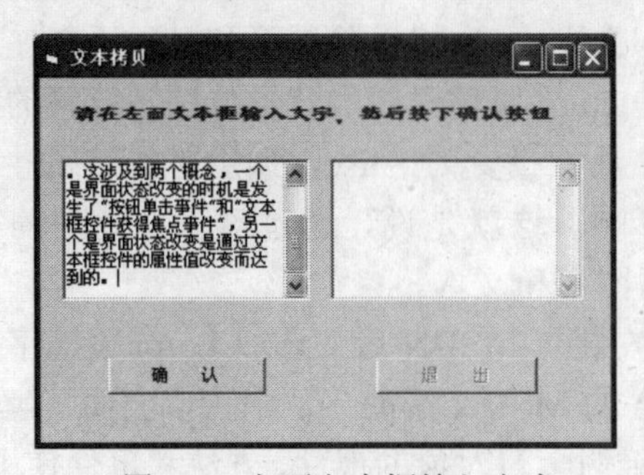

图 2-7　左面文本框输入文字

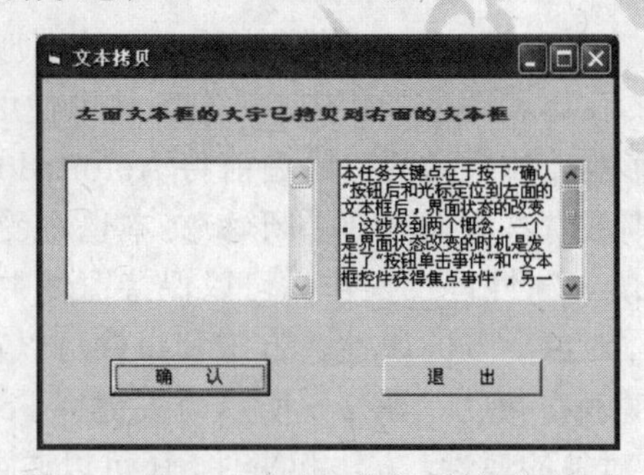

图 2-8　按下“确认”按钮后的界面状态

2.2.2　任务分析

本任务关键点在于按下“确认”按钮后和光标定位到左面的文本框后，界面状态的改变。这涉及到两个概念，一个是界面状态改变的时机是发生了“按钮单击事件”和“文本框控件获得焦点事件”，另一个是界面状态改变是通过文本框控件的属性值改变而达到的。

因此本任务编程的重点是在“按钮单击事件”和“文本框控件获得焦点事件”中，对文本框控件和标签控件的属性进行控制。

1）在窗体 Load 事件中对界面进行初始化：标签的字体和显示内容、清空文本框内容、锁定左面文本框编辑状态。

2）在“确认”按钮的单击事件中改变文本框控件和标签控件的属性值：首先将左面文本框的 Text 属性的值赋给右面文本框的 Text 属性；然后将左面文本框的 Text 属性的值清空，同时修改标签的显示内容。

3）在左面文本框的获得焦点事件中恢复界面初始状态：将右面文本框的 Text 属性的值清空，同时恢复标签的初始显示内容。

4）在“退出”按钮的单击事件中卸载窗体对象。

2.2.3　任务实施

1）新建一个工程。

2）在窗体中添加一个标签控件 Label、两个文本框控件 TextBox 和两个按钮控件 Command，如图 2-9 所示。

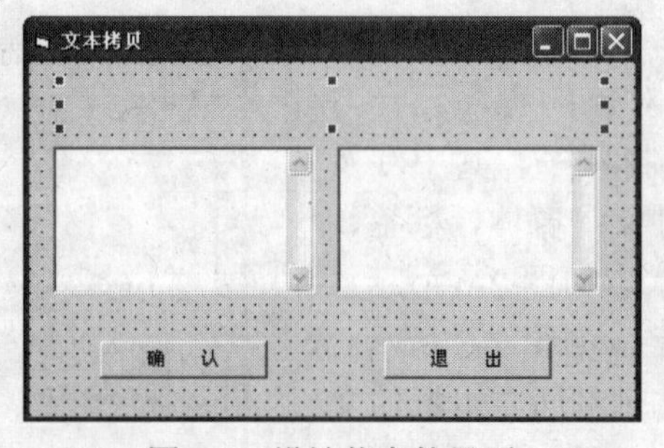

图 2-9　设计状态的界面

在属性窗口中设置窗体、控件的属性，见表 2-3。

表 2-3　在属性窗口中设置属性

对　象	属 性 名 称	属　性　值
Form1	名称	Frm
	Caption	文本拷贝
Label1	名称	Lbl
TextBox1	名称	Txt1
	MultiLine	True
	ScrollBars	2-Vertical
TextBox2	名称	Txt2
	MultiLine	True
	ScrollBars	2-Vertical
Command1	名称	Cmd1
	Caption	确认
Command2	名称	Cmd2
	Caption	退出
	Enabled	False

说明

为了演示窗体的 Load 事件，这里没有将控件的属性设置在设计时的属性窗口中进行，而是放在 Load 事件中通过代码实现。

3）右击窗体，选择“查看代码”，弹出的代码窗口中分别选定 Form 对象的 Load 事件、Cmd1 对象的 Click 事件、Cmd2 对象的 Click 事件和 Txt1 对象的 GotFocus 事件，在其中输入如下代码。

```
Private Sub cmd1_Click ()                    '“确认”按钮的单击事件
    Txt2. Text = Txt1. Text                  '将 Txt1 的 Text 属性的值赋给 Txt2 的 Text 属性
    Txt1. Text = ""
    Lbl. Caption = "左面文本框的文字已拷贝到右面的文本框"
    Cmd2. Enabled = True                          '此时“退出”按钮可用
    End Sub

Private Sub cmd2_Click ()                    '“退出”按钮的单击事件
    Unload Frm
End Sub

Private Sub Form_Load ()
    Lbl. FontName = "隶书"
    Lbl. FontSize = 12
    Lbl. ForeColor = vbRed
    Lbl. Caption = "请在左面文本框输入文字，然后按下确认按钮"
```

```
    Txt1. Text = ""
    Txt2. Text = ""
    Txt2. Locked = True                          '文本框 Txt2 被锁定，不能进行文字编辑
    End Sub

Private Sub Txt1_GotFocus ()                    '文本框 Txt1 获得焦点事件
    Lbl. Caption = "请在左面文本框输入文字，然后按下确认按钮"
    Txt2. Text = ""
    Cmd2. Enabled = False                       '此时“退出”按钮不可用
End Sub
```

4）按下“F5”运行程序。

2.2.4 知识提炼

CommandButton 控件

在 Visual Basic 操作界面中，CommandButton（命令按钮）控件所代表的图标如图 2-10 所示。

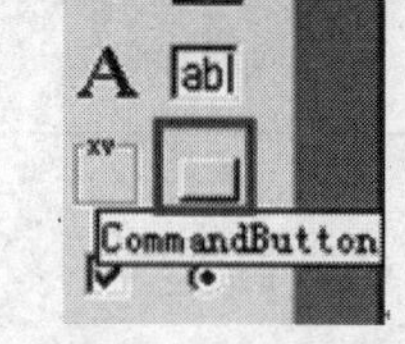

图 2-10　命令按钮图标

CommandButton 控件在程序中主要作为按钮进行使用。默认的名称为 CommandX（X 为 1、2、3 等），命名规则为 CmdX（X 为用户自定义的名字，如 CmdCopy、CmdPaste、1、2 等）。

CommandButton 控件的主要属性如下。

（1）Cancel（取消）属性　当一个按钮的 Cancel 属性设置为 True 时，按“Esc”键与单击此命令按钮的作用相同，因此，这个命令按钮被称为取消按钮。在一个窗体中，只允许一个命令按钮的 Cancel 属性为 True。

（2）Default（默认）属性　当一个按钮的 Default 属性设置为 True 时，按“Enter”键与单击此命令按钮的作用相同，因此，这个命令按钮被称为默认按钮。与 Cancel 的设置一样，在一个窗体中，只允许一个命令按钮的 Default 属性设置为 True。

（3）Caption（标题）属性　跟其他控件的 Caption 属性一样，都用来显示控件标题的属性。

（4）Enabled（可用）属性　本属性决定了控件是否可用的问题。当值为 False，按钮在程序运行时呈灰色，不能响应用户的鼠标动作，只有当值为 True，按钮才能使用。

本属性可以在属性窗口中设置，也可以在程序中修改，代码如下：

按钮控件名称.Enabled=True/False

（5）Style（类型）与 Picture（图片）属性　为了让应用程序的操作界面更美观一点，可以在某个按钮上添加一幅小图片，那么，就需使用到按钮控件的 Style 与 Picture 属性。

按钮控件共有两种 Style，一种是标准型（Standard），Visual Basic 中用 VbButtonStandard 或者 0 表示；另外一种是图形型（Graphical），Visual Basic 中用 VbButtonGraphical 或者 1 表示。Style 属性可以在属性窗口中设置，也可以在程序中修改，代码如下。

按钮名称.Style=VbButtonStandard/VbButtonGraphical

或者：按钮名称.Style=0/1

只有当按钮的 Style 设置为 Graphical 类型时，按钮的 Picture 属性才起作用。本属性能在指定的按钮上添加图片。可以在设计时从属性窗口为按钮指定图片，按下图片文件选择按钮即可指定图片文件，如图 2-11 所示。

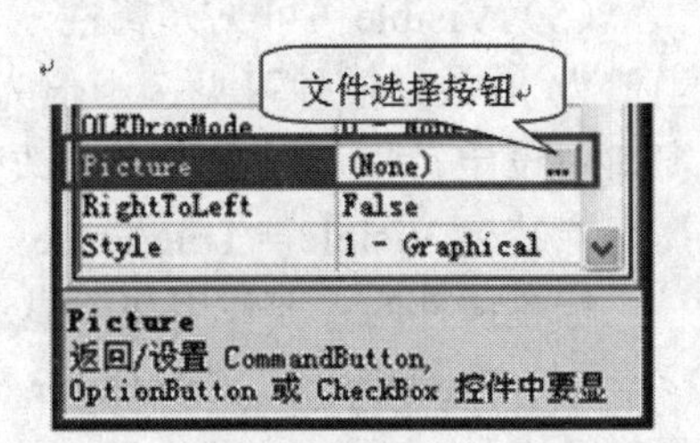

图 2-11　按钮的 Picture 属性

也可以在程序中进行指定，代码如下。

按钮名称.Picture="图形文件所在的路径与文件名"，例如：CmdPicture. Picture = "D:\image\01.jpg"

CommandButton 最常用的事件是单击（Click）事件，当单击按钮时，犹如发出了一道命令，而这也正是“命令按钮”这个名称的由来。

标签控件

Label 控件和 TextBox 控件是用于显示和输入文本的。让应用程序在窗体中显示文本时使用 Label，允许用户输入文本时用 TextBox。 Label 控件中的文本为只读文本，而 TextBox 控件中的文本为可编辑文本。

Label 标签控件的主要属性如下。

（1）Caption（标题）属性　此属性用来设置在标签上显示的文本信息，可以在创建界面时设置，也可以在程序中改变文本信息。如果要在程序中修改标题属性，代码规则如下。

标签名称.Caption=字符串

例：LblShow. Caption="欢迎使用 Visual Basic "

（2）BorderStyle（边框）属性　本属性用来设置标签的边框类型，有两种值可选：0，代表标签无边框；1，代表标签有边框，并且具有三维效果。

BorderStyle 属性可以在设计时在属性窗口中指定，也可以在程序中改变（但这种应用不多见），程序代码规则如下。

标签名.BorderStyle=0/1（0 或 1，两者取一）

（3）Font（字体）属性　本属性用来设置标签显示的字体，既可以在设计时从属性窗口中设定，也可以在程序中改变。在属性窗口中，除了可以选择字体，还可以设置显示文字是否为粗体、斜体、下划线等。

在程序中改变 Font 属性，程序代码书写规则如下。

字体改变：标签名.FontName = "字体类型"，其中，“字体类型”可以是中文，如“宋体”、“隶书”；也可以是英文名，如“Arial”、“Times New Roman”等，不过，这些字体名称必须是计算机上有的。

字体大小改变：标签名.FontSize = X，其中，X 是阿拉伯数字，代表字体是几号字。如：LblShow. FontSize = 11。

粗体（FontBold）、斜体（FontItalic）、下划线（FontUnderline）、删除线（FontStrikethru）属性的设置值是代表真/假的逻辑判断值 True/False。

（4）Alignment（对齐）属性　此属性用来设置标签上显示的文本的对齐方式，分别是：左对齐，0；右对齐，1；居中显示，2。

可以在设计时在属性窗口中设定，也可以在程序中改变，代码如下。

标签名.Alignment = 0/1/2

（5）Visible（可见）属性　本属性在大多数控件中都有，它能设定该控件是否可见。当值为 True，控件可见；当值为 False，控件隐藏。控件的可见属性可以在设计时在属性窗口中设定，也可以在程序中改变，代码如下。

标签名.Visible = True/False

标签控件的主要作用在于显示文本信息，但也支持一些为数不多的事件，如 Click 事件。

（6）BackColor、ForeColor 属性　本属性在大多数控件中都有，设置控件的背景和前景颜色。

（7）AutoSize 和 WordWrap 属性　本属性用于改变 Label 控件大小以适应较长或较短的标题。

AutoSize 属性决定控件是否自动改变尺寸以适应其内容。如该属性设为 True，Label 控件就会根据其内容进行水平方向变化，WordWrap 属性决定控件是否自动通过换行以适应 Label 控件的大小。

为了使标签具有垂直伸展和字换行处理，必须设置它的 AutoSize 属性和 WordWrap 属性同时为 True。

AutoSize 属性为 False，WordWrap 属性为 False 时，若标签不够高而 Caption 太长时，Caption 将被切割掉。

AutoSize 属性为 False，WordWrap 属性为 True 时，情况也如此。

AutoSize 属性为 True，WordWrap 属性为 False 时，表示可以水平伸展，但只显示一行信息。

TextBox 控件：在 Visual Basic 操作界面中，TextBox（文本框）控件所代表的图标如图 2-12 所示。

TextBox 控件主要用来显示文本或用来输入文本。文本框控件对象的默认名称为 TextX（X 为 1、2、3 等），命名规则为 TxtX（X 为用户自定义的名字，如 TxtShow、TxtFont、TxtColor 等）。

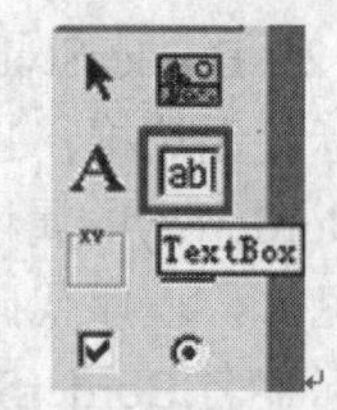

图 2-12　TextBox 控件的图标

TextBox 文本框控件的主要属性如下。

（1）Text（文本）属性　本 TextBox 控件中最重要的属性，用来显示文本框中的文本内容。Text 属性可以用 3 种方式设置：设计时在“属性”窗口进行、运行时通过代码设置或在运行时由用户输入。程序代码的规则：

文本框控件对象名.Text = "欲显示的文本内容"

如要在一个名为 TxtFont 的文本框控件中显示“隶书”字样，那么输入代码：

TxtFont. Text = "隶书"

（2）SelText（选中文本）属性　本属性返回或设置当前所选文本的字符串，如果没有选中的字符，那么返回值为空字符串即""。

请注意，本属性的结果是个返回值，或为空，或为选中的文本。

一般来说，选中文本属性跟文件复制、剪切等剪贴板（在 Visual Basic 中，剪贴板用 Clipboard 表示）操作有关，如要将文本框选中的文本复制到剪贴板上：

Clipboard. SetText 文本框名称.SelText（注意，本行没有表示赋值的等号。）

要将剪贴板上的文本粘贴到文本框内：

文本框名称.SelText = Clipboard. GetText（注意，本行有表示赋值的等号。）

例：在 2.2 任务 2 的 cmd1 控件的 Click 事件中的代码修改如下。

```
Private Sub cmd1_Click ()
    Clipboard. SetText Txt1. SelText
    Txt2. SelText = Clipboard. GetText
End Sub
```

2.2 任务 2 就具有了通常意义上的文本复制功能。在选中左面文本框的文字后，按下“确认”按钮，被选中的文字就会复制到右面文本框中，如图 2-13，图 2-14 所示。

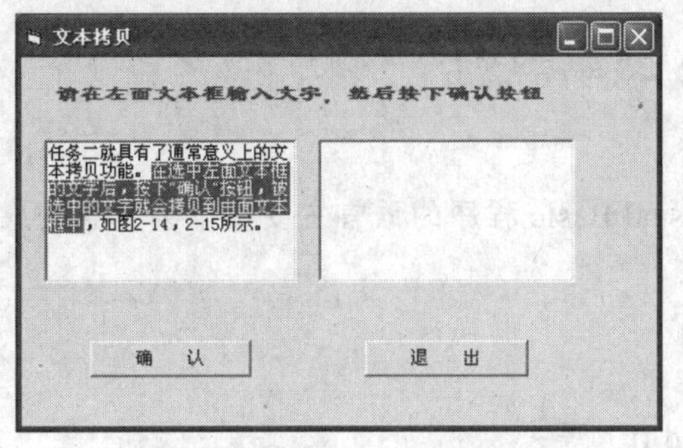

图 2-13　选中左面文本框的文字

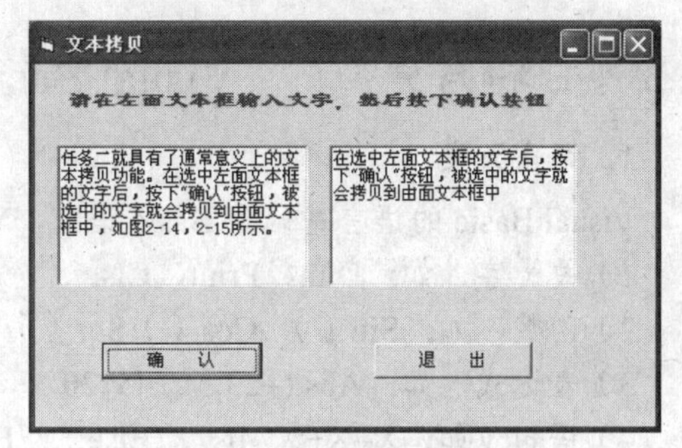

图 2-14　复制到右面文本框

（3）MaxLength（最大长度）属性　本属性限制了文本框中可以输入字符个数的最大限度，默认为 0，表示在文本框所能容纳的字符数之内没有限制，文本框所能容纳的字符个数是 64K，如果超过这个范围，则应该用其他控件来代替文本框控件。文本框控件 MaxLength 属性既可以在界面设置过程中予以指定，也可以在设计时予以改变，代码如下。

文本框控件名.Maxlength = X（X 为阿拉伯数字，如 10、20、57 等）。

（4）MultiLine（多行）属性　本属性决定了文本框是否可以显示或输入多行文本，当值为 True，文本框可以容纳多行文本；当值为 False，文本框则只能容纳单行文本。本属性只能在设计时的属性窗口中指定，程序运行时不能加以改变。

（5）ScrollBars（滚动条）属性　本属性可以设置文本框是否有滚动条。当值为 0，文本框无滚动条；值为 1，只有横向滚动条；值为 2，只有纵向滚动条；值为 3，文本框的横竖滚动条都具有。

（6）PasswordChar（密码）属性　本属性主要用来作为口令功能进行使用。例如，若希望在密码框中显示星号，则可在“属性”窗口中将 PasswordChar 属性指定为“*”。这时，无论用户输入什么字符，文本框中都显示星号。

注意

如果文本框控件的 MultiLine（多行）属性为 True，那么文本框控件的 PasswordChar 属性将不起作用。

（7）Locked（锁定）属性　当值为 False，文本框中的内容可以编辑；当值为 True，文本框中的内容不能编辑，只能查看或进行滚动操作。此时相当于标签控件。

TextBox 文本框控件的事件：

除了 Click、DbClick 这些不常用的事件外，与文本框相关的主要事件是 Change、GotFocus、LostFocus 事件。

（1）Change 事件　当用户向文本框中输入新内容，或当程序把文本框控件的 Text 属性设置为新值时，触发 Change 事件。

（2）GotFocus 事件　本事件又名“获得焦点事件”。获得焦点可以通过诸如“Tab”键切换，或单击对象之类的用户动作，或在代码中用 SetFocus 方法改变焦点来实现。

（3）LostFocus 事件　失去焦点，焦点的丢失或者是由于“Tab”切换或单击另一个对象操作的结果，或者是代码中使用 SetFocus 方法改变焦点的结果。

日积月累　Visual Basic 编码规则

1．语言元素

Visual Basic 的语言基础是 Basic 语言，Visual Basic 程序的语言主要由下列元素构成。

1）关键字，如：Dim、Print、Cls。

2）函数，如：Sin（）、Cos（）Sqr（）。

3）表达式，如：Abs (–23.5) +45*20/3。

4）语句（如：X=X+5、If……Else……End If）等。

2．Visual Basic 代码书写规则

1）程序中不区分字母的大小写，Ab 与 AB 等效。

2）系统对用户程序代码进行自动转换。

① 对于 Visual Basic 中的关键字，首字母被转换成大写，其余转换成小写。

② 若关键字由多个英文单词组成，则将每个单词的首字母转换成大写。

③ 对于用户定义的变量、过程名，以第一次定义的为准，以后输入的自动转换成首次定义的形式。

3．语句书写规则

1）在同一行上可以书写多行语句，语句间用冒号“:”分隔。

2）单行语句可以分多行书写，在本行后加续行符：空格和下划线“_”。

3）一行允许多达 255 个字符。

4．程序的注释方式

1）整行注释一般以 Rem 开头，也可以用撇号“'”。

2）用撇号“'”引导的注释，既可以是整行的，也可以直接放在语句的后面，最方便。

3）可以利用“编辑”工具栏的“设置注释块”、“解除注释块”来设置多行注释。

5．在 Visual Basic 的语法表示中，方括号“[ ]”内是可选的语法成分。未在方括号以内的是 Visual Basic 必需的语法成分

日积月累　使用“对象浏览器”

在设计过程中，可以按下“F2”功能键打开“对象浏览器”，浏览当前工程的对象和对象的成员，如图 2-15 所示。

从“工程/库”列表框中可以选择当前工程、已有的工程和系统库。在对象浏览器中，使用不同的图标表示对象和对象的成员，图 2-15 给出了常用图标的说明。

在“类”列表中包含窗体模块、标准模块和类模块等。单击某一个模块，然后在底部的描述面板中查看其中的描述。模块的属性、方法、事件和常数将显示于右边的“成员”列表中。

可以在“成员”列表中单击成员，查看所选择的对象成员的参数和返回值。对象浏览器底部的描述面板将显示对应的信息。

可以单击描述面板中的库名或对象名跳转至包含该成员的库或对象。单击对象浏览器顶部的“向后”按钮可以返回至先前的位置。

通过对象浏览器可以快速地了解对象的属性、方法和事件的使用方式。

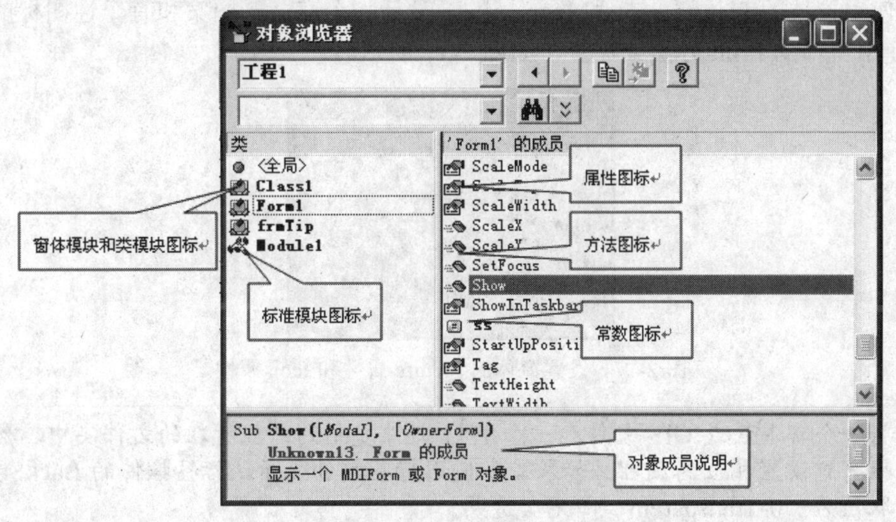

图 2-15　所示对象浏览器

本 章 小 结

本章对窗体、标签控件、文本框控件和按钮控件等对象进行了详细的介绍，通过简单的任务对 Visual Basic 面向对象程序设计的基本步骤和方法进行了介绍。掌握对象的属性、方法和事件编程是 Visual Basic 面向对象程序设计的基本要领。很多控件对象都有相同的属性、方法和事件，读者只要举一反三，加强实践，就会熟悉对象的基本属性、方法和事件；能够使用属性窗口和代码窗口进行程序设计，为学习 Visual Basic 面向对象程序设计打下基础。

实 战 强 化

1）使用按钮控制标签文本的颜色，如图 2-16 所示。

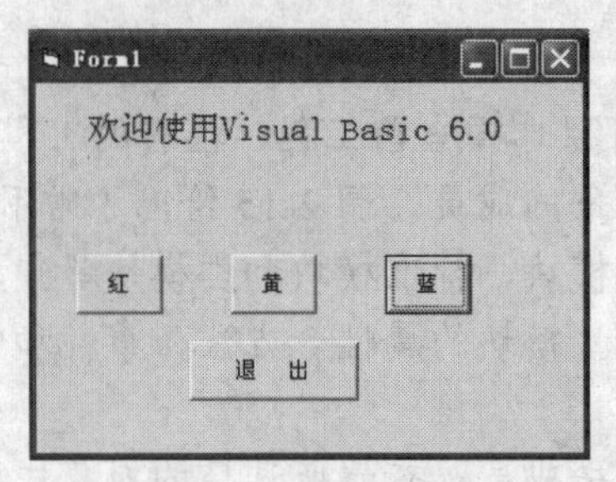

图 2-16　控制文本颜色

提示

在按钮单击事件中，设置 Label 控件的 ForeColor 属性值为对应的颜色值。

2）使用窗体的 Picture 属性和 Icon 属性，设计一个有背景图案和有个性图标的窗体，文字可使用窗体的 Print 方法或标签，如图 2-17 所示。

图 2-17　设置窗体的 Picture 属性和 Icon 属性

提示

将一个 WMF 或 GIF 文件和一个 ICO 文件复制到工程所在的文件夹中，然后在属性窗口设置相应的属性。如果文字使用标签控件显示，标签控件的 BackStyle 属性取值为：0-Transparent，即完全透明。

扩展

上述任务可以添加按钮控件，通过按钮控件的 Click 事件控制窗体的背景图案。

3）使用标签控件、文本框控件和按钮控件设计如图 2-18 所示的界面，当用户输入“用户名”和“密码”后，标签显示“欢迎×××，您的密码是：××××××”，如图 2-19 所示。

登录界面
欢迎登录
用户名：张三
密　码：*******
确　定　　退　出

图 2-18　登录界面

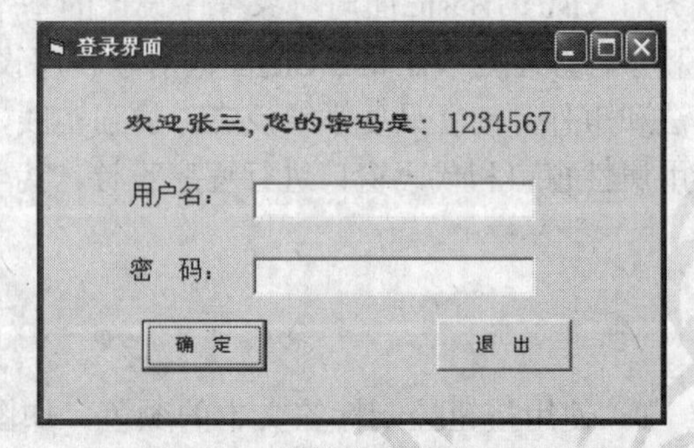

图 2-19　确认之后的登录界面

程序设计基础——Visual Basic 6.0 案例教程

第3章

程序设计基础

Visual Basic 特点

Visual Basic 具有丰富的数据类型、大量的内部函数，支持模块化、结构化程序设计，提供了多种形式的条件语句实现选择结构，拥有 For…Next、While…Wend、Do…Loop 等多种循环结构，方便用户根据需求灵活地进行结构选择，高效地创建 Visual Basic 应用程序。

工作领域

熟悉 Visual Basic 的数据类型、语句、函数及模块，掌握程序语言的基本控制结构是进行结构化程序设计的基础，是进入 Visual Basic 程序设计领域的第一步。

技能目标

通过本章的学习，初步了解 Visual Basic 程序设计语言；掌握程序语言的基本要素：关键字和标识符、数据类型、常量和变量、运算符和表达式，数组、语句和模块；能够使用程序控制结构中的 If 语句、Selset Case 语句、For…Next 语句、While…Wend 语句和 Do…Loop 语句进行编程。

3.1 任务1 演示表达式运算

在窗体对象的 Load、Click 事件中，利用窗体对象的 Print 方法，完成屏幕文字输出设计。

3.1.1 任务情境

下面的程序演示了使用文本框进行“文本数据”输入，应用程序接收数据后，转换成“数值型数据”进行算术运算、关系运算和逻辑运算，然后将结果显示在窗体上。用户启动程序后，按照提示，在文本框输入两个数字，按下“演示”命令按钮，程序构造的3种表达式计算结果就显示到窗体上，如图 3-1 所示。

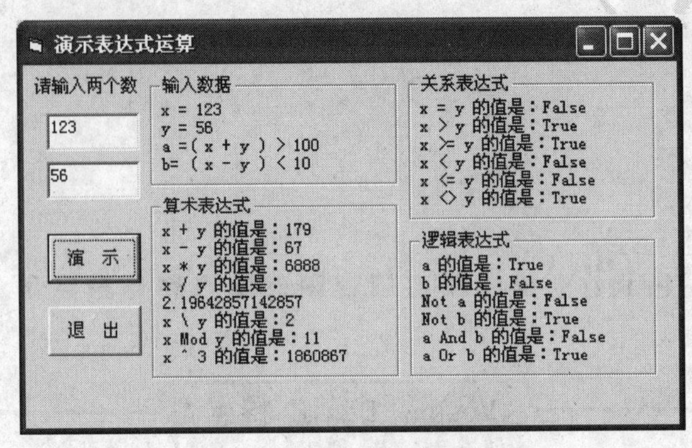

图 3-1　演示表达式运算

3.1.2　任务分析

关键字和标识符、数据类型、常量和变量、运算符和表达式是程序语言的基本要素，掌握程序语言的基本要素是程序设计的基本要求。程序的基本操作无非是数据的输入与输出、数据的处理，而这些又涉及数据的存储、数据的转换。本任务通过文本框输入数据，这些数据的类型是字符串，而本程序中的算术表达式、关系表达式处理的数据要求是数值类型的，逻辑表达式处理的数据要求是布尔类型的。输出由标签控件实现，为显示多行内容，在标签控件的 Caption 属性里加入了字符 Chr (13)，表示换行。

程序涉及的数据转换语句有：

x = CInt (Text1. Text)

该语句添加在 Text1_Change () 事件中，当文本框中的内容发生变换时，激发该事件，CInt 函数把文本框中的字符串转换成整型数值。

另一个转换函数是 CStr ()，功能是把合法的数据转换成字符串数据。

本程序中使用整型变量存储数值型数据，使用布尔型变量存储逻辑数据，如：

Dim x, y As Integer

Dim a, b As Boolean

3.1.3　任务实施

1）新建一个工程。

2）在窗体添加 2 个文本框控件，2 个命令按钮控件，4 个框架（Frame）控件。框架控件在工具箱中的图标如图 3-2 所示。框架控件的功能是为控件提供可标识的分组，使用方法是首先需要绘制框架控件，然后再添加框架里面的控件。这样就可以把框架和里面的控件同时移动，通过框架控件的 Caption 属性可以设置框架的标题。然后再添加 5 个标签控件，

图 3-2　框架（Frame）控件

其中 4 个标签控件需要分别添加到 4 个框架控件中。

在属性窗口中设置窗体的属性见表 3-1。

表 3-1　在属性窗口中设置窗体属性

	对　象	属 性 名 称	属　性　值
窗体	Form1	Caption	演示表达式运算
标签	Label1	Caption	空
	Label2	Caption	空
	Label3	Caption	空
	Label4	Caption	空
	Label5	Caption	空
文本框	TextBox1	Text	空
	TextBox2	Text	空
框架	Frame1	Caption	算术表达式
	Frame2	Caption	关系表达式
	Frame3	Caption	逻辑表达式
	Frame4	Caption	输入数据
按钮	Commend1	Caption	演示
	Commend2	Caption	退出

属性窗口设置结果如图 3-3 所示，注意将标签控件放入框架中。

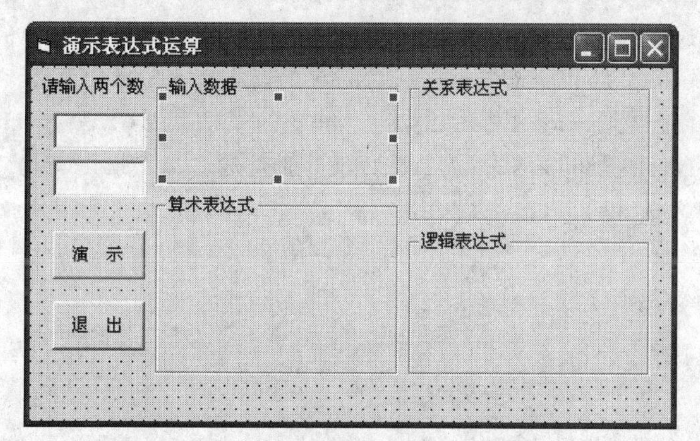

图 3-3　演示表达式运算窗体

3）打开代码窗口，在代码窗口添加如下代码。

```
Dim x, y As Integer
Private Sub Command1_Click ()
    Label2. Caption = "x + y 的值是：" & x + y
    Label2. Caption = Label2. Caption & Chr (13) & "x - y 的值是：" & x - y
    Label2. Caption = Label2. Caption & Chr (13) & "x * y 的值是：" & x * y
    Label2. Caption = Label2. Caption & Chr (13) & "x / y 的值是：" & x / y
```

```
    Label2. Caption = Label2. Caption & Chr (13) & "x \ y  的值是：" & x \ y
    Label2. Caption = Label2. Caption & Chr (13) & "x Mod y  的值是：" & x Mod y
    Label2. Caption = Label2. Caption & Chr (13) & "x ^ 3  的值是：" & x ^ 3

    Label3. Caption = "x = y  的值是：" & CStr (x = y)
    Label3. Caption = Label3. Caption & Chr (13) & "x > y  的值是：" & CStr (x > y)
    Label3. Caption = Label3. Caption & Chr (13) & "x >= y  的值是：" & CStr (x >= y)
    Label3. Caption = Label3. Caption & Chr (13) & "x < y  的值是：" & CStr (x < y)
    Label3. Caption = Label3. Caption & Chr (13) & "x <= y  的值是：" & CStr (x <= y)
    Label3. Caption = Label3. Caption & Chr (13) & "x <> y  的值是：" & CStr (x <> y)

    Label4. Caption = "x = " & x
    Label4. Caption = Label4. Caption & Chr (13) & "y = " & y
    Label4. Caption = Label4. Caption & Chr (13) & "a = (x + y ) > 100 "
    Label4. Caption = Label4. Caption & Chr (13) & "b= (x - y ) < 10"

  a = x + y > 100
  b = x - y < 10
    Label5. Caption = "a  的值是：" & CStr (a)
    Label5. Caption = Label5. Caption & Chr (13) & "b  的值是：" & CStr (b)
    Label5. Caption = Label5. Caption & Chr (13) & "Not a  的值是：" & CStr (Not a)
    Label5. Caption = Label5. Caption & Chr (13) & "Not b  的值是：" & CStr (Not b)
    Label5. Caption = Label5. Caption & Chr (13) & "a And b  的值是：" & CStr (a And b)
    Label5. Caption = Label5. Caption & Chr (13) & "a Or b  的值是：" & CStr (a Or b)
  End Sub

Private Sub Command2_Click ()
    Unload Form1
End Sub

Private Sub Text1_Change ()
      x = CInt (Text1. Text)
End Sub

Private Sub Text2_Change ()
     y = CInt (Text2. Text)
End Sub
```

4）按下“F5”键运行程序。

3.1.4 知识提炼

数据类型

Visual Basic 6.0 提供的基本数据类型主要有字符串型数据和数值型数据，此外还提供了字节、货币、对象、日期、布尔和变体数据类型。

1．字符型（String）数据

字符型是一个字符序列，由 ASCII 字符组成，包括标准的 ASCII 字符和扩展的 ASCII 字符。在 Visual Basic 中，字符型是放在双引号内的若干个字符，其中长度为 0（即不含任何字符）的字符串称为空字符串。如：

"Visual Basic 程序设计"　"控件"　"123456"　"Lbs@bttc.cn"　""

2．数值型数据

Visual Basic 的数值型数据分为整数和浮点数两类。其中整数又分为整型（Integer）和长整型（Long），浮点数分为单精度浮点数（Single）和双精度浮点数（Double）。如：

1234　54321　123.45　1.2345e2　1.2e-127

3．货币型（Currency）数据

货币数据类型是为表示钱款而设置的。货币型数据小数点前最多有 15 位数，小数点后只保留 4 位数，超过 4 位的小数，系统按四舍五入自动截取。如：

1234704345　13258.3962

4．日期型（Date）数据

日期型数据表示法有两种：一种是以数字符号（#）扩起来的格式化表示法，例如，#January 1，1993# 或 #1 Jan 93#。另一种是以数字序列表示，小数点左边是日期，右边是时间，例如，2.5 表示 1900-1-1 12:00:00。有关数字序列与日期型数据的对应关系，可通过下面代码给出。

```
Private Sub Form_Click ()
    Dim D As Date
    D = 2.5
    Print D
End Sub
```

5．布尔型（Boolean）数据

布尔型数据是表示真假的数据，用于表示逻辑判断的结果。取值只有真（True）和假（False）两个值。

6．变体型（Variant）数据

变体数据类型是一种可变的数据类型，可以表示任何值，包括数值、字符串、日期/时间等。

若无设置强制声明，则 Visual Basic 允许使用没有声明的变量，其会自动创建该变量并赋予这个变量 variant 类型，其初值为 empty。

更多关于数据类型的内容请参阅 MSDN 技术资源库的“数据类型”主题。

常量和变量

1．常量

常量是程序运行中不可改变的量。Visual Basic 系统中常量分为直接常量、用户声明的符号常量、系统预定义常量。

1）直接常量。直接常量也称为常数，不同类型的直接常量表现形式不同，如：

123　–78.9　“程序设计”　#04/12/2008#　True 分别是整型、浮点型、字符串、日期型和布尔型。

2）符号常量。符号常量是命名的数据项，其值和类型由定义时确定，作用是增加程序代码的可读性，提高程序调试的效率。一般格式为：

Const 常量名＝表达式[,常量名＝表达式]...

3）系统常量。除了用户自定义的符号常量外，Visual Basic 系统提供了应用程序和控件的预定义常量，用户可以直接引用。如系统的颜色常量：

vbBlack　vbRed　vbGreen

更多的系统常量及应用请参阅 MSDN 的“常量”主题。

2．变量

Visual Basic 用变量来储存数据值。每个变量都有一个名字和相应的数据类型，通过名字来引用一个变量，而数据类型则决定了该变量的储存方式。变量是程序中数据的临时存放场所，可以保存程序运行时用户输入的数据、特定运算的结果以及要在窗体上显示的一段数据等。变量的值在程序运行中是可以变化的。

1）变量的声明。变量的声明就是定义变量名和变量的数据类型。Visual Basic 系统声明变量的格式如下。

① 显式声明：声明局部变量的格式：

Dim|Static 变量名 [As 类型][,变量名 [As 类型]]

如：

Dim x As Integer '定义 x 为整型变量

Dim str As String '定义 str 为变长字符串变量

Dim a Integer, b Double '定义 a 为整型变量，b 为双精度浮点型变量

② 隐式声明：如果不进行显式声明而通过赋值语句直接使用的变量，或省略了[As 类型]短语的变量，其类型为变体类型（Variant）。

③ 强制声明：在程序的开始处，如果写入如下语句：

Option Explicit

则程序中所有变量必须进行显式声明。当有未定义的变量出现或已定义的变量名发生拼写错误时，系统都会提出警告，建议初学者采用强制声明。

2）变量的作用域。变量的作用域就是引用变量的有效范围。在 Visual Basic 中，通常分为局部变量、窗体、模块变量和全局变量。

① 局部变量（过程级变量）：在 Sub 过程中使用 Dim 或 Static 定义的变量属于局部变量，其有效范围在其所声明的过程内部。

使用 static 定义的变量与 Dim 定义的变量不同之处在于：在执行一个过程结束时，其所用到的 static 变量的值会保留，下次再调用此过程时，变量的初值是上次调用结束时被保留的值；而 Dim 定义的变量在过程结束时不保留，每次调用时需要重新初始化。

② 窗体变量和模块变量：Visual Basic 程序由窗体模块、标准模块和类模块等 3 种模块组成。模块包括过程和声明两部分，在模块的声明部分使用 private 和 Dim 声明的变量的有效作用范围是模块内部的任何过程，称为模块级变量。

③ 全局变量：全局变量可以在整个程序的任何模块、任何过程中使用的变量。在模块的声明部分使用 public 声明的变量是全局变量。

表达式和运算符

1）表达式是把常量、变量、函数以及关键字通过运算符按照一定规则组合起来生成新值的式子。运算符包括算术运算符、关系运算符、字符串运算符和逻辑运算符。

① 算术运算符和表达式：Visual Basic 提供了下述几种算术运算符，它们连接公式的各部分，操作数是数值型数据，见表 3-2。

表 3-2 算术运算符

运算符	含义	表达式	结果
+	加	2+3	5
-	减	5-3	2
*	乘	6*3	18
/	除	7/3	2.333333
\	整除	8\3	2
Mod	求余数	25 mod 3	1
^	幂	2^3	8

注：1. 除法运算，结果是单精度保留 6 位小数，双精度保留 14 位小数。
2. 整除和求余数运算，操作数一般是整型或长整型，若为浮点型，则系统将其四舍五入转换为整型或长整型再进行运算。
3. 整除运算结果取整不四舍五入。

② 字符串运算符和表达式：Visual Basic 有两个字符串连接符：“&”和“+”，用于将两个字符串连接成一个字符串。如：

“程序设计”&“语言”　　结果为：“程序设计语言”

123 & 456　　结果为：“123456”

123 &“asd”　　结果为：“123asd”

当将上面表达式中的“&”连接符换成“+”运算符时，第一个表达式结果为：“程序设计语言”，第二个表达式的结果是：579，第三个表达式的结果是出错。可以看出，“&”

连接符不论两个操作数是字符串还是数值，都可以连接；“+”运算符只有两个操作数都是字符串时才起连接作用，当两个操作数是数值或数字字符串时进行求和运算，其中一个是非数字字符串，另一个是数值时出错。

③ 关系运算符和表达式：关系运算符用于对两个操作数进行比较，如果关系成立，则结果为 True；如果关系不成立，则结果为 False，且两个操作数同为数值型数据或同为字符串数据才能进行比较，见表 3-3。

表 3-3 关系运算符

运 算 符	含 义	表 达 式	结 果
>	大于	2+3>8	False
>=	大于等于	5-3>=2	True
<	小于	“3wad” < “3wbf”	True
<=	小于等于	7/3<=3	True
=	等于	“abc” =” ABC”	False
<>	不等于	“abc” <>” ABC”	True

注：1. 数值型数据比较的是数值的大小。
2. 字符串比较的是两个字符串中第一个不相同字符的 ASCII 码的大小。

④ 逻辑运算符和表达式：逻辑运算符用于两个逻辑量的比较，结果只有 True 和 False。只有 Not 运算符作用于一个逻辑量上，其余都作用在两个逻辑量上，见表 3-4。

表 3-4 逻辑运算符

运 算 符	含 义	表 达 式	结 果
Not	非运算	Not（3>5）	True
And	与运算	3>2 and 5<2	False
Or	或运算	3>2 Or 5<2	True
Xor	异或运算	3>2 Xor 5<2	True
Eqv	等价运算	3<2 Eqv 5<2	True
Imp	蕴含运算	3<2 Imp 5<2	True

注：1. Not 运算符作用在一个逻辑量上，进行取反操作，即 Not（True）为 False，Not（False）为 True。
2. And 运算符，只有两个逻辑量同时为 True 时，结果为 True，其余情况全为 False，简称“同真为真”。
3. Or 运算符，只有两个逻辑量同时为 False 时，结果为 False，其余情况全为 True，简称“同假为假”。
4. Xor 运算符，两个逻辑量同时为 True 或同时为 False 时，结果为 False，两个逻辑量一个为 True，一个为 False 时，结果为 True，简称“相异为真，相同为假”。
5. Eqv 运算符与 Xor 运算符相反，两个逻辑量同时为 True 或同时为 False 时，结果为 True，两个逻辑量一个为 True，一个为 False 时，结果为 False，简称“相同为真，相异为假”。
6. Imp 运算符，只有当第一个逻辑量为 True 第二个逻辑量为 False 时，结果为 False，其余情况全为 True，简称“先真后假为假”。

2）运算符的优先级

在一个复杂的表达式中存在着多个运算符，Visual Basic 通过建立运算符的特定优先级来解决运算顺序的问题。优先级规则告诉 Visual Basic 在计算含有多个运算符的表达式时先进行哪个运算、后进行哪个运算。表 3-5 从高到低列出了运算符的运算次序（表中同级运算符按表达式中出现的次序从左向右进行求值）。

表 3-5　运算符优先级

运算符类型	运　算　符	优　先　级
算术运算符	()	由高到低
	^	
	-（负号）	
	*, /	
	Mod	
	+, -	
字符串连接运算符	+, &	
关系运算符	>, >=, <, <=, =, <>	
逻辑运算符	Not	
	And	
	Or, Xor	
	Eqv	
	Imp	

3.2　任务 2　猜数游戏

利用 If-Then-Elseif 语句，判断由程序调用 Rnd 函数随机生成一个 100 以内的整数与由用户输入的整数之间的大于、小于和等于关系。

3.2.1　任务情境

应用程序随机生成一个 100 以内的整数，由用户猜一猜这个数有多大。程序启动后，窗体提示用户按下“开始”按钮进入游戏，此时文本框处于不可编辑状态，“确认”按钮处于不可用状态，如图 3-4 所示。当用户按下“开始”状态后，窗体提示用户输入一个 100 以内的正整数，此时文本框处于编辑状态，“开始”按钮处于不可用状态，“确认”按钮处于可用状态，如图 3-5 所示。

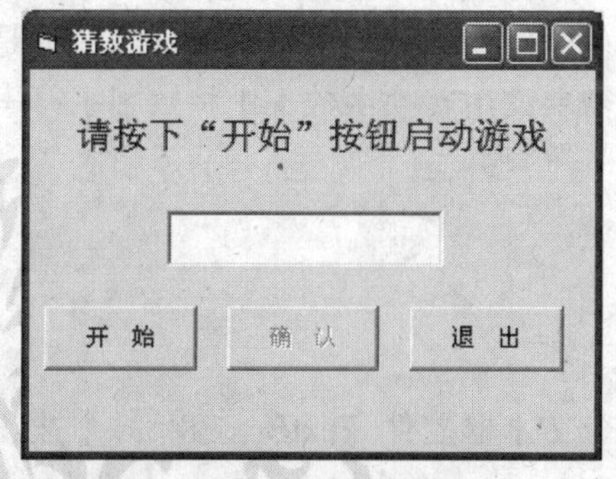

图 3-4　程序启动后窗体的状态

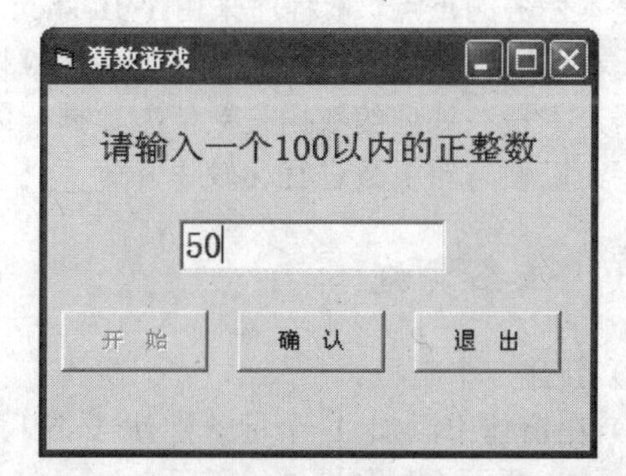

图 3-5　单击“开始”按钮后窗体的状态

当用户将猜想的数填到文本框中，按下“确定”按钮后，程序给出猜想的结果和猜想的次数；如果没有猜中，程序将给出猜想的数与随机数相比较的大小关系，允许用户继续猜数，如图 3-6、图 3-7 所示。

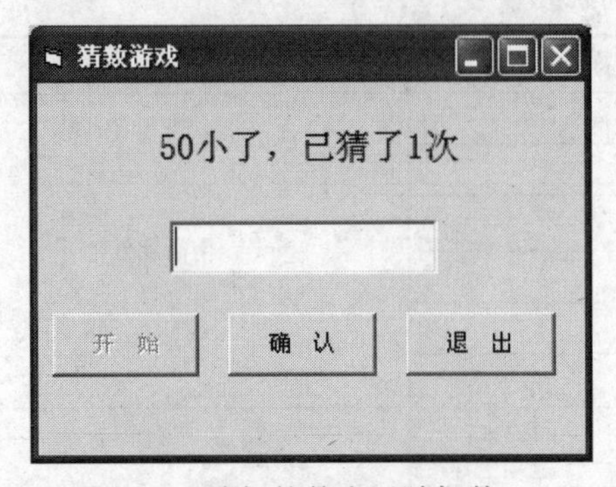

图 3-6 猜想的数小于随机数

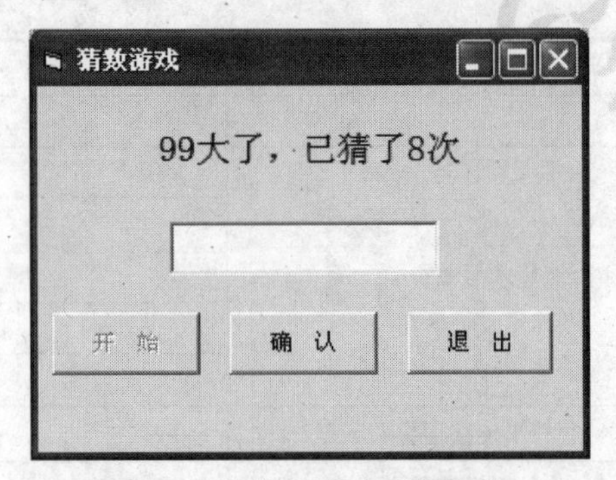

图 3-7 猜想的数大于随机数

如果猜中，窗体提示用户答对了，进入初始状态，如图 3-8 所示。如果用户输入了非数字字符或空字符后按下“确认”按钮，窗体提示输入错误，请用户重新输入，如图 3-9 所示。

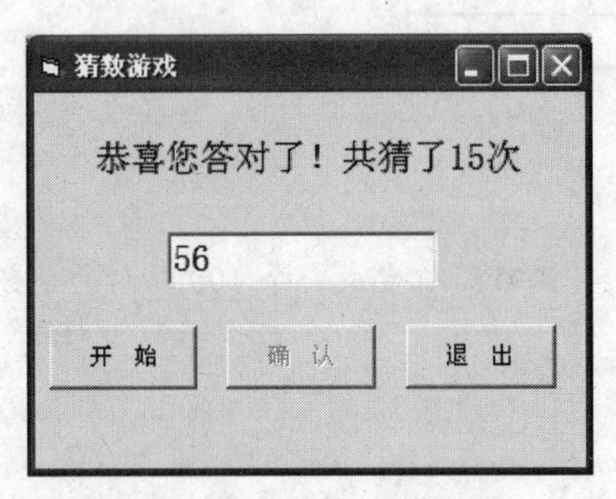

图 3-8 猜想的数等于随机数图

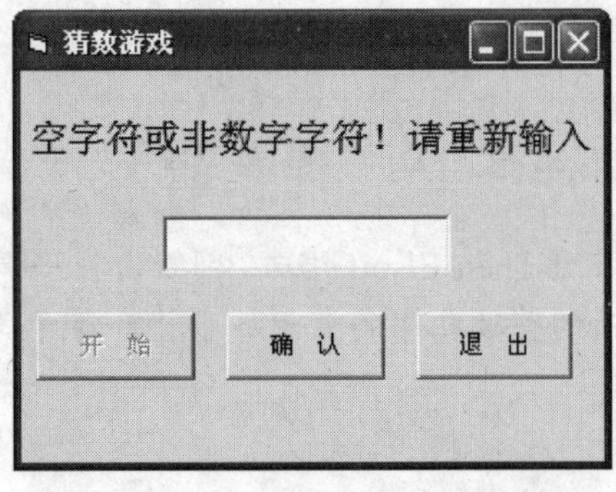

图 3-9 输入非数字字符或空字符

3.2.2 任务分析

本任务有 3 个关键点：一是猜想的数和随机数之间大于、小于和等于 3 种关系的判断，这也是本任务的重点，本程序采用了 If-Then-ElseIf 的结构处理多分支选择；二是随机数的产生，本程序调用了随机函数 Rnd 产生 100 以内的随机数；三是文本框输入的数据是字符型数据，本任务处理的数据是数值型数据，因此需要调用转换函数 Val 将数字字符串转换成数字，以便与随机数进行比较。

3.2.3 任务实施

1）新建一个工程。

2）在窗体中添加 1 个标签控件 Label、1 个文本框控件 TextBox 和 3 个按钮控件 Command，界面布局如图 3-4 所示。

在属性窗口中设置窗体的属性，见表 3-6。

表 3-6　在属性窗口中设置窗体属性

	对　　象	属性名称	属　性　值
窗体	Form	Caption	猜数游戏
标签	Label	Caption	请按下“开始”按钮启动游戏
文本框	TextBox1	Text	空
按钮	Command1	名称	Cmd1
		Caption	开始
	Command2	名称	Cmd2
		Caption	确认
	Command3	名称	Cmd3
		Caption	退出

3）右单击窗体，选择“查看代码”，弹出代码窗口，分别选定 Form 对象的 Load 事件、Cmd1 对象的 Click 事件、Cmd2 对象的 Click 事件和 Cmd3 对象的 Click 事件，在其中输入如下代码。

```
Dim r, s As Integer                                          '定义窗体级各模块共享的变量

Private Sub Cmd1_Click ()
    Label1. Caption = "请输入一个 100 以内的正整数"
    Randomize                                                ' 对随机数生成器做初始化的动作
    r = Int ((100 * Rnd) + 1)                                '随机生成 100 以内的正整数
    s = 1
    Text1. Locked = False                                    '设置文本框为可编辑状态
    Cmd1. Enabled = False
    Cmd2. Enabled = True
    Text1. Text = ""
    Text1. SetFocus                                          '设置文本框焦点
End Sub

Private Sub Cmd2_Click ()
    If Text1. Text = "" Or (Not IsNumeric (Text1. Text)) Then    'IsNumeric 函数判断是否为数字字符串
        Label1. Caption = "空字符或非数字字符！请重新输入"
        Text1. Text = ""                                     '清空文本框
     ElseIf Val (Text1. Text) > r Then                       'Val 函数将数字字符串转换成数字
        Label1. Caption = Text1. Text & "大了，已猜了" & s & "次"
        s = s + 1
```

```
        Text1. Text = ""
    ElseIf Val (Text1. Text) < r Then
        Label1. Caption = Text1. Text & "小了，已猜了" & s & "次"
        s = s + 1
        Text1. Text = ""
    Else
        Label1. Caption = "恭喜您答对了！共猜了" & s & "次"
        Text1. Locked = True
        Cmd1. Enabled = True
        Cmd2. Enabled = False
    End If
    Text1. SetFocus '设置文本框焦点
End Sub

Private Sub Cmd3_Click ()
    Unload Form1
End Sub

Private Sub Form_Load ()
    Label1. Caption = "请按下“开始”按钮启动游戏"
    Text1. Text = ""
    Cmd1. Enabled = True
    Cmd2. Enabled = False
End Sub
```

4）按下“F5”键运行程序。

3.2.4 知识提炼

1. 多分支 If-Then-Elseif 语句

语句形式：

```
If<表达式 1> Then
    <语句块 1>
ElseIf <表达式 2> Then
    <语句块 2>
    ……
ElseIf <表达式 n> Then
    <语句块 n>

[Else
```

```
        <语句块 n+1> ]
End If
```

语句的功能是根据不同的条件确定执行不同的语句块。

<表达式 i>为真时，执行<语句块 i>

流程控制如图 3-10 所示。

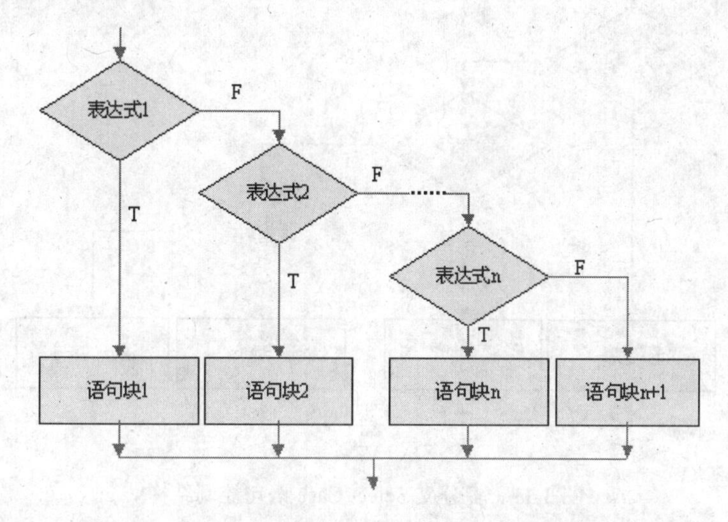

图 3-10　多分支 If-Then-Elseif 语句控制结构

Visual Basic 中 If-Then-Elseif 语句的条件表达式和语句块的个数没有限制。当选择的情况较多时，Visual Basic 提供了 Select Case 语句可以方便简洁地处理多分支的控制结构。

语句形式：

```
Select   Case <测试表达式>
     Case     <表达式 1>
              <语句块 1>
     Case     <表达式 2>
              <语句块 2>
        ……
     Case     <表达式 n>
              <语句块 n>
    [Case    Else
            <语句块 n+1>]
End Select
```

语句的功能是根据不同的条件确定执行不同的语句块。

<表达式 i>为真时，执行<语句块 i>

流程控制如图 3-11 所示。

执行过程说明：

1）首先计算测试表达式的值。

2）然后用这个值与表达式 1、表达式 2、……表达式 n 的值相比较；

3）若与表达式 i 的值相匹配，则执行语句块 i；执行完语句块 i 后，则结束 Select Case 语句，不再与后面的表达式进行比较，开始执行 End Select 语句后面的语句。

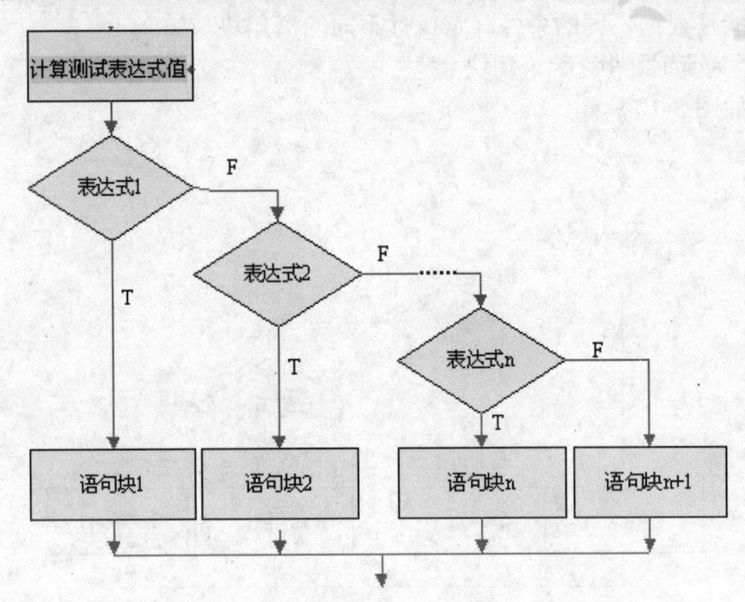

图 3-11　多分支 Select Case 语句控制结构

4）当测试表达式的值与后面所有的表达式都不匹配时，若有 Case Else 语句，则执行 Case Else 语句后面的语句块 n+1，然后则结束 Select Case 语句；若没有 Case Else 语句，则直接结束 Select Case 语句。

Select Case 语句中的表达式写法有：

1）一个确定的值，例如：

```
Case    1              '表示测试表达式的取值为 1
```

2）是表达式，例如：

```
Case    a+5            '表示测试表达式的取值为 a+5，a 的值必须是确定的
```

3）用逗号分隔的一组值，例如：

```
Case    1, 3, 5        '表示测试表达式在 1，3，5 中的取值
```

4）表达式 1 To 表达式 2，例如：

```
Case    20 To 30       '表示测试表达式的取值在 20 至 30 之间
```

5）Is 关系表达式，例如：

```
Case    Is<5           '表示测试表达式的取值在小于 5 的范围，Is 代表测试表达
                        式的值
```

本任务中的 If-Then-Elseif 语句可以用 Select Case 语句替换，具体将 Private Sub Cmd2_Click () 事件修改如下。

```
Private Sub Cmd2_Click ()
    If Text1. Text = "" Or (Not Is Numeric (Text1. Text)) Then        'IsNumeric 函数判断是否为数字字符串
        Label1. Caption = "空字符或非数字字符！请重新输入"
        Text1. Text = ""                                               '清空文本框
```

```
Else
    Select Case r
        Case    Is<Val (Text1. Text)                            'Val 函数将数字字符串转换成数字
            Label1. Caption = Text1. Text & "大了，已猜了" & s & "次"
            s = s + 1
            Text1. Text = ""
        Case    Is>Val (Text1. Text)
            Label1. Caption = Text1. Text & "小了，已猜了" & s & "次"
            s = s + 1
            Text1. Text = ""
        Case Val (Text1. Text)
            Label1. Caption = "恭喜您答对了！共猜了" & s & "次"
            Text1. Locked = True
            Cmd1. Enabled = True
            Cmd2. Enabled = False
    End Select
End If
Text1. SetFocus                                                 '设置文本框焦点
End Sub
```

比较两种语句的区别，Select Case 语句的结构清晰，可读性好，但要求多分支的条件表达式应该是相同的，只是不同的值进入不同的分支；当根据不同的判断条件确定进入不同的分支时，只能选择 If-Then-Elseif 语句。

2. Rnd 函数

Rnd 函数返回一个小于 1 但大于或等于 0 的单精度的数。

语法

```
Rnd [(number)]
```

number 的值决定了 Rnd 生成随机数的方式，其取值见表 3-7。

表 3-7 Rnd 函数的参数取值

number 的取值	Rnd 的返回值
小于 0	每次都使用 number 作为随机数种子得到的相同结果。
大于 0	序列中的下一个随机数。
等于 0	最近生成的数。
省略	序列中的下一个随机数。

通常在调用 Rnd 之前，先使用无参数的 Randomize 语句初始化随机数生成器，该生成器具有根据系统计时器得到的种子，然后调用省略 number 的 Rnd，就可以在每次调用 Rnd 时产生不同的随机数。

为了生成某个范围内的随机整数，可使用以下公式：

Int ((upperbound - lowerbound + 1) * Rnd + lowerbound)

这里，upperbound 是随机数范围的上限，而 lowerbound 则是随机数范围的下限。

例如产生 1～100 的正整数：

Int ((100−1+1)*Rnd+1)

化简后为：

Int (100*Rnd+1)

注意

若想得到重复的随机数序列，可在使用具有数值参数的 Randomize 之前直接调用具有负参数值的 Rnd。使用具有同样 number 值的 Randomize 是不会得到重复的随机数序列的。

3．常用的字符串转换函数

通过文本框控件输入的数据是字符串类型的，而应用程序需要各种类型的数据。Visual Basic 提供了各种函数对数据进行转换，以满足各种需求。

1）Val 函数。Val 函数的功能是将包含数字的字符串转换为相应的数值。

语法：

```
Val (string)
```

说明

String 参数是一个包含数字的有效字符串，Val 函数在遇到不能识别为数字的第一个字符时停止转换。

例如：

Val（“123”）　转换为　123

Val（“12abc”）　转换为　12

Val（“a123”）　转换为　0

2）按照数据类型转换的函数。这是一组字符串转换函数，可以从名称上识别出转换的数据类型，每个函数都可以强制将一个表达式转换成某种特定数据类型。如：

CBool　将有效的表达式转换为布尔型数据。

CInt　将有效的表达式转换为整型数据。

CStr　将有效的表达式转换为字符串数据。

更多的转换函数和使用方法请参阅 MSDN 的“类型转换函数”主题。

3.3　任务 3　九九乘法表

使用 for-next 语句嵌套，产生九九乘法表。由外层循环控制行，内层循环控制列。

3.3.1　任务情境

运行任务后，在窗体显示九九乘法表。九九乘法表用下三角格式显示，要求每个乘法表达式的乘积个位数对齐，如图 3-12 所示。

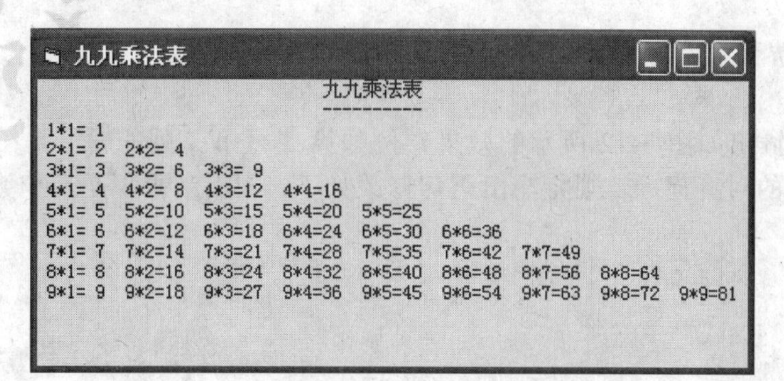

图 3-12　九九乘法表

3.3.2　任务分析

本任务的九九乘法表由多个乘法表达式运算得到，而不是使用 print 方法显示字符串常数的办法实现的。因此使用循环嵌套，分别控制九九乘法表的行和列，利用循环变量实现表达式的计算，即第 i 行第 j 列的表达式的值为“j*i”。由于任务要求下三角格式，而第 i 行的列的个数只有 i 列，因此控制列循环的变量 j 的上限等于当前行的循环变量 i。如果不考虑界面的美观问题，该任务的核心代码如下。

```
Private Sub Form_Click ()
    For i = 1 To 9                        '外层循环控制行，i 取值从 1 到 9，  共 9 行
        For j = 1 To I                    '内层循环控制列，j 取值从 1 到 i，表示第 i 行共有 i 列
            Form1. Print i * j & "   ";   '第 i 行第 j 列窗体输出："j*i"
                                          '注意上面语句结尾的“；”符号，表示下一个窗体显示位置，控制
                                          一行上连续打印多列
        Next j
        Form1. Print                      '由于内层循环中 Print 语句的“；”符号，当内层循环结束后需换行
    Next i
End Sub
```

运行效果如图 3-13 所示。

```
九九乘法表
1
2  4
3  6  9
4  8  12  16
5  10  15  20  25
6  12  18  24  30  36
7  14  21  28  35  42  49
8  16  24  32  40  48  56  64
9  18  27  36  45  54  63  72  81
```

图 3-13　简单的九九乘法表

如果考虑界面的美观，将上面的输出语句修改为：

```
Form1. Print i & "*" & j & "=" & i*j & " ";
```

这样就可输出如图 3-12 所示的效果，例如第 5 行第 3 列的输出是："5*3=15"。如果考虑到乘积的对齐问题，则将输出语句修改如下，判断当乘积是一位数时，增加一个空格。

```
Form1. Print i & "*" & j & "=";
If i * j < 10 Then
   Form1. Print " ";                    '为了使结果对齐，当乘积为一位数时加一空格
End If
Form1. Print i * j & "   ";
```

3.3.3 任务实施

1）新建一个工程。

2）在属性窗口中设置窗体的属性，见表 3-8。

表 3-8 在属性窗口中设置窗体属性

属性名称	属性值
Caption	九九乘法表

3）右键单击窗体，选择"查看代码"，弹出代码窗口，在 Form 对象的 Click 事件中输入如下代码。

```
Private Sub Form_Click ()
   Form1. Print Tab (30); "九九乘法表"
   Form1. Print Tab (30); "----------"
   For i = 1 To 9
      Form1. Print Tab (2);
      For j = 1 To i
         Form1. Print i & "*" & j & "=";
         If i * j < 10 Then
            Form1. Print " ";                '为了使结果对齐，当乘积为一位数时加一空格
         End If
         Form1. Print i * j & "   ";
      Next j
      Form1. Print
   Next i
End Sub
```

4）运行程序。

如果希望在九九乘法表中显示表格，则在 Form 对象的 Click 事件中输入如下代码。

```
'─│┌┐└┘├┤┬┴┼                    字符界面下的表格符号
```

```
Private Sub Form_Click ()
    Form1. Print Tab (30); "九九乘法表"
    Form1. Print Tab (30); "----------"
    Form1. Print " ┌───┐ "                                    '输出表格第一行横线
    For i = 1 To 9
        Form1. Print "│";
        For j = 1 To i
            Form1. Print j & "x" & i & "=";
            If i * j < 10 Then
                Form1. Print " ";                                '为了使结果对齐，当积为一位数时加一空格
            End If
            Form1. Print i * j & "│";
        Next j
        Form1. Print
        If i < 9 Then                                            '该 if-else 块输出表格的第一列竖线
            Form1. Print "├";
        Else
            Form1. Print "└";
        End If
        For j = 1 To i + 1
            If i < 9 Then
              If j = i + 1 Then                                  '该 if-else 块输出表格的第二行到第九行横线
                Form1. Print "───┐ ";
              Else
                 Form1. Print "───┼";
              End If
          Else
              If j < i Then                                      '该 if-else 块输出表格的第十行横线
                Form1. Print "───┴";
              ElseIf j = i Then
                 Form1. Print "───┘ ";
              End If
          End If
      Next j
      Form1. Print
  Next i
End Sub
```

运行效果如图 3-14 所示。

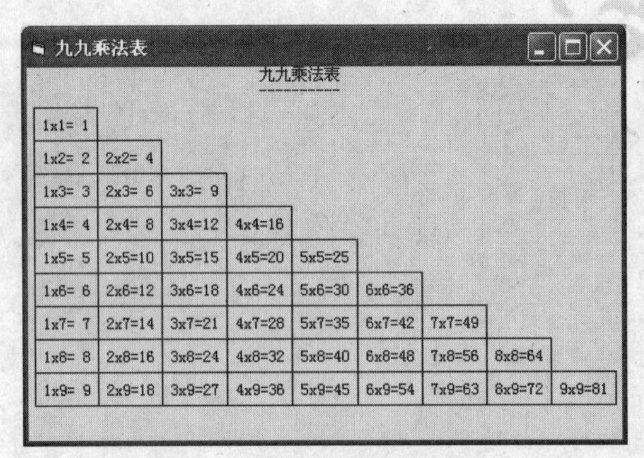

图 3-14　带表格线的九九乘法表

3.3.4　知识提炼

所谓循环，就是重复地执行某些操作。在程序设计中，表现为从某处开始规律地反复执行某一程序块，重复执行的程序块称为“循环体”。Visual Basic 的循环结构及相应语句表示如下。

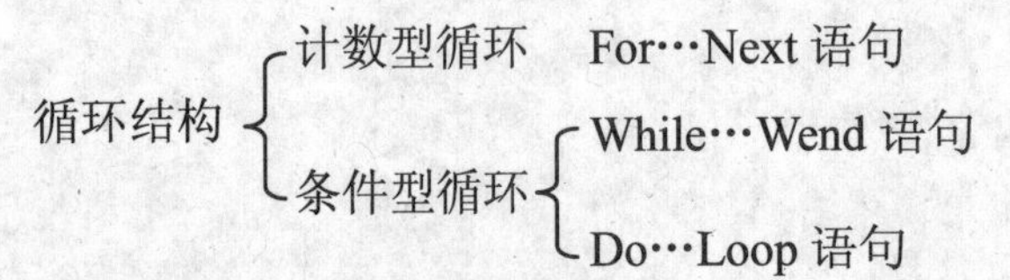

在知道要执行多少次时最好用 For...Next 循环结构。下面讲解此结构。

1．格式

```
For  <循环变量>=<初值>  To  <终值>  [Step <增量>]
        [<循环体 1>]
        [<Exit For>]
        [<循环体 2>]
Next    [<循环变量>]
```

其中：

1）“循环变量”用作循环计数器的数值型变量，“初值”、“终值”均是数值表达式，用于表示循环变量的变动范围。

2）“步长”也是一个数值表达式，其值可以是正数（递增循环），也可以是负数（递减循环），但不能为 0。若步长为 1，可略去不写。

3）循环次数=INT ((终值-初值)/步长)+1。

4）“Exit For”是中途退出循环，一般与 If 语句联用。

2．功能

重复执行 For 和 Next 之间的循环体，执行的次数由循环变量来控制。该语句主要用于已知循环次数的循环控制。

3. 执行过程

设有以下循环结构：

```
For i=a To b    Step c
    <循环体>
Next i
```

其中：i 代表循环变量 a，b，c 分别代表“初值”、“终值”和“步长”。

则执行过程是：

A：循环变量赋初值：执行 For 语句时，首先记下 a，b，c 之值（如为表达式则先计算），并将初值 a 赋给循环变量 i。

B：判断循环变量的值是否超过终值，若 i 的值未超过终值 b，则转 C，如超过则退出循环，执行 Next 语句的下一条语句。

C：依次执行循环体内各语句。

D：执行 Next 语句，计数器（循环）变量按增量递增，即 i 按步长 c 增值，i+c→i。

E：返回到 B 继续执行，重复 B→D 步骤。

循环控制流程如图 3-15 所示。

例 3-1：输出如图 3-16 所示的图形。

分析：从图 3-16 可以看出，图中第 i 行的“▲”符号有 i 个。如果以最左边的“▲”符号为标准，第 i 行“▲”符号左边的空格有 6-i 个，因此第 i 行应该先输出 6-i 个空格，然后输出 i 个“▲”符号。使用 Tab（10-i）或 Spc（10-i）控制空格的个数，式中取 10 是相对于窗体的距离，使用函数 String（i,“▲”）输出 i 个“▲”符号，函数 String 中第二个符号表示要输出的符号，第一个数表示重复输出符号的个数。程序代码为：

```
Private Sub Form_Click ()
    For i = 1 To 6
        Print Tab (10 - i); String (i, "▲");
    Next i
End Sub
```

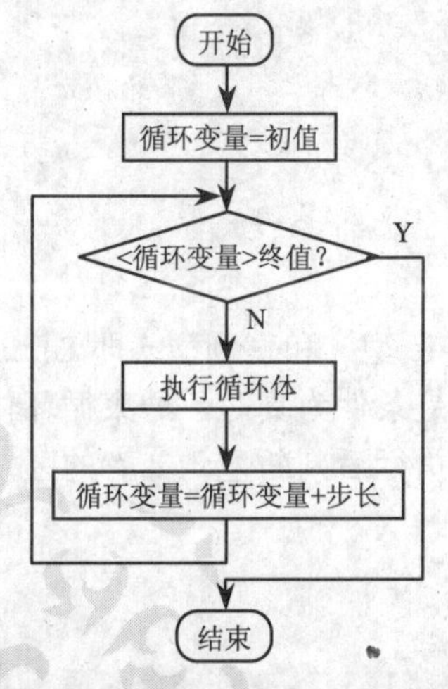

图 3-15　步长为正数的 For…Next 循环控制流程图

图 3-16　符号图形

条件型循环

在很多情况下并不知道循环的次数，Visual Basic 提供了条件控制的循环结构，相应语句为 While…Wend 和 Do…Loop。

1．当循环语句（While…Wend）

1）格式：

```
While   <条件表达式>
    [<循环体>]
Wend
```

2）功能：当条件表达式的值为“true”时，重复执行循环体；为“false”时，跳出循环，执行 Wend 语句的下一条语句。

3）必须先给 While 条件中的变量赋值即初始化，在循环体中要有能改变循环条件值的语句，让循环条件表达式最终取“false”值，结束循环，否则有可能造成死循环。循环控制流程图如图 3-17 所示。

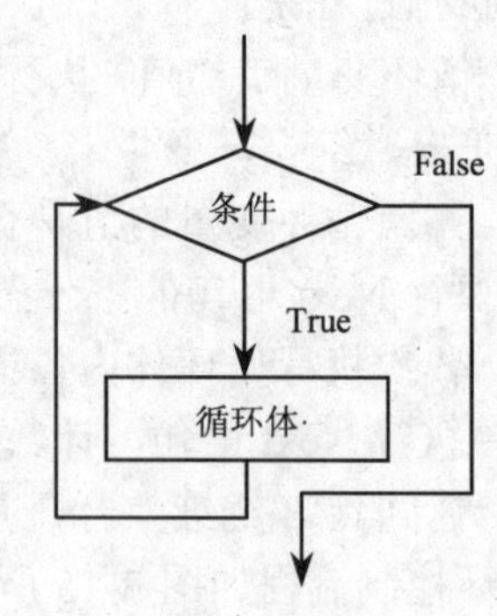

图 3-17　While…Wend 控制流程图

例 3-2　用 While…Wend 语句求 1+2+3+…+100 的值。

分析

While…Wend 循环条件的初始化必须在 While 语句前，不能写在 While 语句中。当条件为“true”时，执行循环体，因此构造一个累加器 s=s+i，将 i 作为控制循环的变量，当 i 小于等于 100 时，继续累加，否则结束循环；在循环体中，修改 i 的值，使其每次加 1。程序代码为：

```
Private Sub Form_Click ()
Dim s, i As Integer
s = 0: i = 1                                '循环初始化
While i <= 100
    s = s + i                               '累加器
    i = i + 1                               '改变条件中的变量 i 的值
Wend
Print Tab (20); "s=" & s
End Sub
```

2．Do 循环语句（Do…Loop）

Do…Loop 循环结构较为灵活，有当型（即 While 型）和直到型（即 Until）两种结构，当型结构是条件为真时，执行循环体；直到型结构是条件为真时，结束循环体。根据测试条件在循环体的先后，又分为先判断后执行型和先执行后判断型，二者的区别在于前者循环体有可能一次也不执行，而后者循环体至少执行一次。

具体格式如下：

1）Do While…Loop：

```
Do While <循环条件>
```

```
    [<循环体 1>]
    [<Exit   Do>]
    [<循环体 2>]
Loop
```

循环控制流程图如图 3-18 所示，属于当型的先判断后执行结构。

例 3-3　由系统产生 m 个 1～100 之间随机数，求出其中的最大值、最小值和平均值，m 是 2～10 以内的随机数。

Do While…Loop 语句与 While…Wend 语句的结构基本一致，在产生一个随机数时，首先与最大数进行比较，如果大于最大数，则是新的最大数，否则再与最小数比较，如果小于最小数，则是新的最小数。程序代码为：

```
Private Sub Form_Click ()
    Randomize
    Dim m, n, r, i, max, min As Integer
    Dim sum As Integer, ave As Single
    m = Int (Rnd * 9) + 2                      '产生 2～10 之间的随机数
    Print Spc (2); "共有" & m & "个数："
    r = Int (Rnd * 100) + 1                    '产生 1～100 之间的数随机
    max = r                                    '将第一个随机数设为最大数
    min = r                                    '将第一个随机数设为最小数
    n = 1                                      '已产生一个数
    sum = r                                    '求和
    Print Spc (2); r;                          '输出第一个数
    Do While n < m
        r = Int (Rnd * 100) + 1
        If r > max Then
            max = r                            '新的随机数 r 大于 max，则 r 替换 max
        ElseIf r < min Then
            min = r                            '新的随机数 r 小于 min，则 r 替换 min
        End If
        sum = sum + r                          '求和
        Print Spc (2); r;
        n = n + 1                              '计算已产生的随机数总数
    Loop
    ave = sum / n                              '求平均值
    Print
    Print Spc (2); "最大值是：" & max
    Print Spc (2); "最小值是：" & min
    Print Spc (2); "平均值是：" & ave
End Sub
```

2）Do…Loop While：

```
Do
    [<循环体 1>]
    [<Exit  Do>]
    [<循环体 2>]
Loop While <循环条件>]
```

循环控制流程图如图 3-19 所示，属于当型的先执行后判断结构。

例 3-4 产生一个 1～100 之间的随机整数，编程判断是否为素数。

分析

素数是只能被 1 和它本身整除的数，由数学知识可知，只要判断该整数 n 能否被 2～sqr (n) 中的任何一个数整除，如果都不能，则该数为素数。程序代码为：

```
Private Sub Form_Click ()
    Randomize
    Dim n    As Integer
    Dim i    As Integer
    n = Int (Rnd * 100) + 1
    i = 2
    Do While i <= Int (Sqr (n))
        If n Mod i = 0 Then Exit Do
        i = i + 1
    Loop
    If i = Int (Sqr (n)) + 1 Then
        Print n; "是素数"
    Else
        Print n; "不是素数"
    End If
End Sub
```

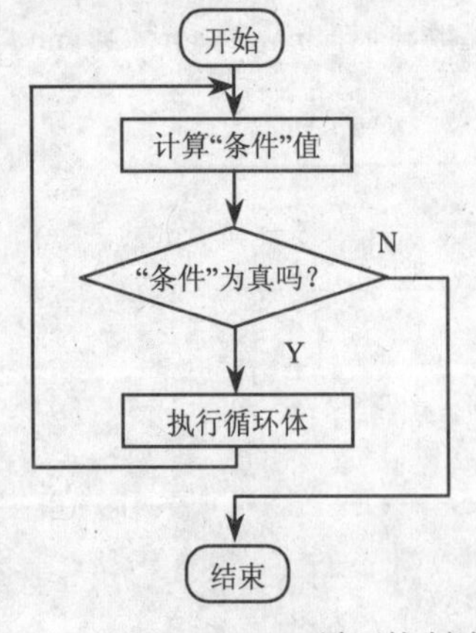

图 3-18 Do While…Loop 循环控制流程图

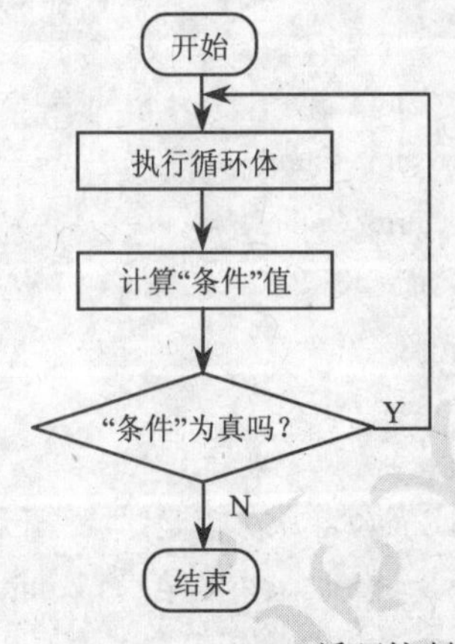

图 3-19 Do…Loop While 循环控制流程图

3）Do Until…Loop ：

```
Do Until <循环条件>]
    [<循环体 1>]
    [<Exit    Do>]
    [<循环体 2>]
Loop
```

循环控制流程图如图 3-20 所示，属于直到型的先判断后执行结构。注意该结构中条件为“true”时结束循环。

例 3-5　用欧几里德辗转法求正整数 m、n（m、n 不为 0）的最大公约数。

分析

欧几里德辗转法是将 m、n 中的大数 m 作为被除数，小数 n 作为除数，相除后余数为 r。若 r≠0，则把除数变为被除数，余数作为除数，即 n→m，r→n，再求新的余数，直到 r=0。最后的除数 n 就是最大公约数。程序代码为：

```
Private Sub Form_Click ()
    Randomize
    Dim m, n, r, t As Integer
    m = Int (Rnd * 100) + 1
    n = Int (Rnd * 100) + 1
    Print Spc (2); "m=" & m; Spc (2); "n=" & n
                                    '为了保证 Mod 运算，必须保证 m>=n，当 m<n 时，交换 m 和 n 的值
    If m < n Then t = m: m = n: n = t
    r = m Mod n
    Do Until r = 0
        m = n
        n = r
        r = m Mod n
    Loop
    Print "最大公约数为: ", n
End Sub
```

4）Do…Loop Until：

```
Do
    [<循环体 1>]
    [<Exit    Do>]
    [<循环体 2>]
Loop Until <循环条件>]
```

循环控制流程图如图 3-21 所示，属于直到型的先判断后执行结构。注意该结构中条件为“true”时结束循环。

例 3-6　产生 10 个随机数，用 Do Until…Loop 语句找出第一个能被 3 整除的奇数，如果没有一个满足要求，则输出“没有找到”。

分析

要求找到第一个能被 3 整除的奇数，不需要继续查询，因此在找出第一个能被 3 整除的奇数的时候使用 Exit Do 语句结束循环；Do…Loop Until 语句条件为“true”时结束循环，当结束循环时，需要知道结束循环的原因是什么。如果 n=11，则是因为 10 个数中没有一个满足条件，所以输出“没有找到”，否则输出 n。代码如下：

```
Private Sub Form_Click ()
    Randomize
    Dim n     As Integer
    Dim i     As Integer
    i = 1
    Do
        n = Int (Rnd * 100) + 1
        Print n; Spc (2);
        If n Mod 3 = 0 And n Mod 2 <> 0 Then Exit Do
        i = i + 1
    Loop Until i > 10
    Print
    If i = 11 Then
        Print "10 个数中没有找到能被 3 整除的奇数"
    Else
        Print "10 个数中第一个能被 3 整除的奇数: " & n
    End If
End Sub
```

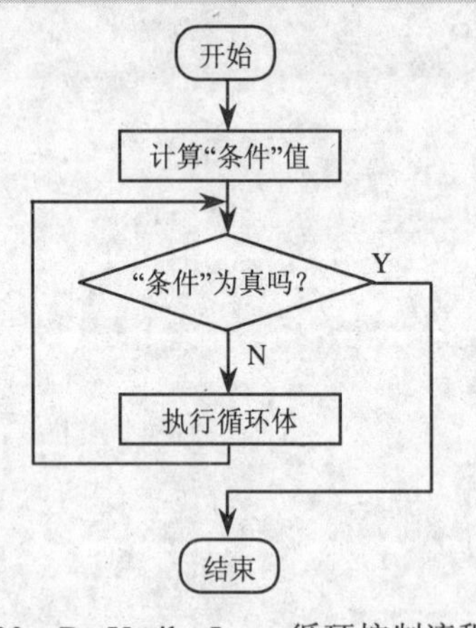

图 3-20　Do Until…Loop 循环控制流程图

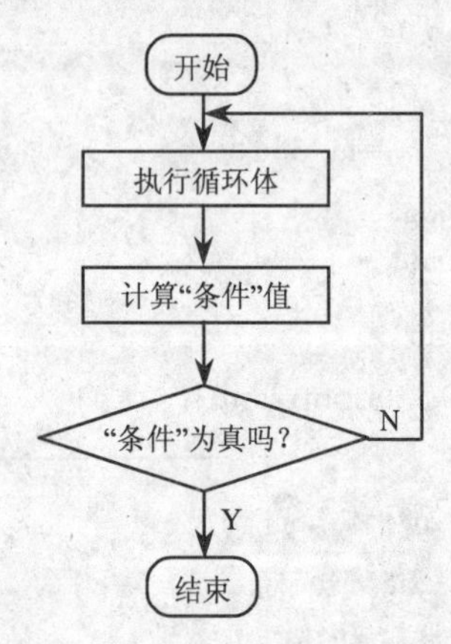

图 3-21　Do…Loop Until 循环控制流程图

多重循环

多重循环就是指循环嵌套，即在一个循环体内有包含另一个或多个完整的循环结构。例如，可以在 For 循环中包含 While 循环、Do 循环或 For 循环。在多重循环中，外面的大循环称为外层循环，里面的小循环称为内层循环。

循环嵌套，应注意以下问题。

1）内层循环一定要包含在外层循环内。

2）内外层循环不能交叉使用。

3）各层循环的控制变量名应不相同，以免造成混乱。

4）外层循环变量取值一次，内层循环变量取值一遍。

5）内层循环体内的变量取初值，一般应放在内循环之前，外层循环之内，如下例的 i。

例如：在窗体上显示九九乘法表。

```
For i=1 to 9
    For j=1 to i
        Print i & "*"& j & "="& i*j & " ";
    Next j
    Print
Next i
```

3.4 任务 4 排序

利用数组的下标变量表示一组在逻辑上有联系的数据，通过循环控制结构对下标变量进行操作，可以使应用程序的结构更加简洁，效率更高。

3.4.1 任务情境

在生产生活实践中，经常要在大量的数据中查询特定的数据。如果是一组无序的数据集合，查询过程需要耗费大量的人力物力，而在有序的数据集合中查询特定的数据，效率就会大大提高。因此在对数据集合进行查询时，往往需要对数据集合进行排序，以便快速准确地查询。

本任务利用数组和循环控制结构对一组数据进行排序。启动程序后，窗体屏幕显示出 10 个随机数据，如图 3-22 所示，按下“排序”命令按钮，窗体屏幕显示出排序后的数据，如图 3-23 所示。

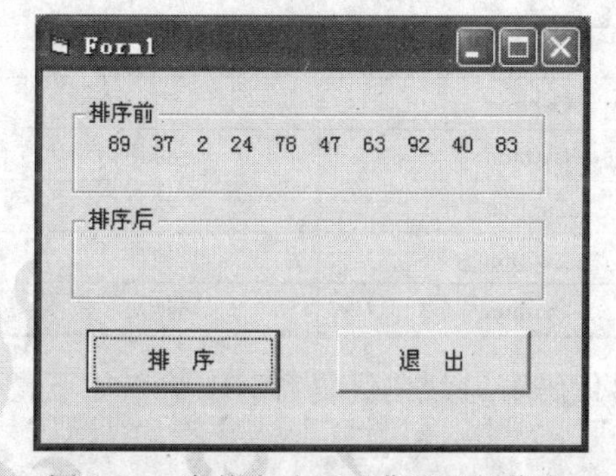

图 3-22 窗体启动后屏幕显示的信息

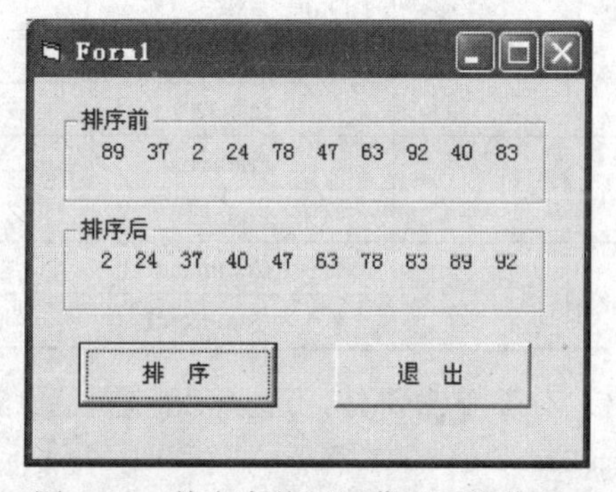

图 3-23 单击窗体后屏幕显示的信息

3.4.2 任务分析

排序程序的设计有许多经典的算法，“冒泡排序”算法在程序设计的思路和程序结构上是其中最典型的算法。该算法的基本思路是：n 个数，从第一个数开始，对所有的数进行扫描。扫描到某个数时，找出其后面的所有数中最小的数，然后将这个最小的数与其交换位置。由于最后一个数后面没有数，因此扫描的次数是 n-1；每次扫描都会把剩余数中的最小数交换到前面，就像水中的“气泡”一样，“轻”的上升，“重”的下降，故称为“冒泡排序”。

“冒泡排序”涉及的知识点有：

1）用数组表示一组在位置上有顺序的数，因为数组元素的下标就是表示元素位置上的顺序。

2）用循环控制结构扫描前 n-1 个数。

3）当扫描到第 i 个数时，在从 i 开始到 n 结束的剩余数中，用内层循环进行查找最小数的操作。

4）数据交换，变量的值交换，通常是使用中间变量进行的，如 x 和 y 通过 b 进行值交换的操作是：

b=x: x=y: y=b

即先把 x 变量的值保存到 b 中，然后 x 接收 y 变量的值，最后 y 接收 x 保存到 b 变量 z 中的值。

3.4.3 任务实施

1）新建一个工程。

2）在窗体上添加两个框架（Frame）控件，分别在每个框架控件中添加一个标签控件 Label，最后添加两个命令按钮控件 Command，布局如图 3-22 所示。

在属性窗口中设置窗体、控件的属性见表 3-9。

表 3-9 在属性窗口中设置属性

	对 象	属性名称	属性值
标签	Label1	Caption	空
	Label2	Caption	空
框架	Frame1	Caption	排序前
	Frame2	Caption	排序后
按钮	Command1	Caption	排序
	Command2	Caption	退出

3）右键单击窗体，选择“查看代码”，弹出代码窗口，在代码窗口中输入如下代码。

```
Option Base 1
Dim a (10) As Integer
Dim s As String
```

```
Private Sub Form_Load ()                              '产生 10 个随机数，并在屏幕上输出
    Randomize                                         '对随机数生成器做初始化的动作
    For i = 1 To 10
        a (i) = Int ((100 * Rnd) + 1)
        s = s & "   " & a (i)
    Next i
    Label1. Caption = s
End Sub
Private Sub Command1_Click ()
    Dim i, j, min, t As Integer
    For i = 1 To 9
        min = i
        For j = i + 1 To 10
            If a (j) < a (min) Then min = j
        Next j
        t = a (i): a (i) = a (min): a (min) = t
    Next i
    s = ""
    For i = 1 To 10
        s = s & "   " & a (i)
    Next i
    Label2. Caption = s
End Sub
Private Sub Command2_Click ()
    Unload Form1
End Sub
```

4）按下“F5”键运行程序。

3.4.4 知识提炼

变量的作用是存储一个基本的不可再分割的数据，如一个整数、一串字符等。如果要处理一组庞大的、在逻辑上有联系的数据，使用简单变量会使应用程序臃肿不堪，例如要处理一个工厂的所有职工工资数据。在实际应用中，人们常用一组具有相同名字、不同下标的变量来代表一组具有相同性质的数据，可以更为方便，更能清楚地表示它们之间的关系，同时更便于计算机处理和编程。

1. 数组与数组元素

人们把具有同一个名字，相同数据类型，不同下标的一组变量称为数组。数组中的每一个元素称为数组元素，它是由数组名和带圆括号的下标组成的。数组用于保存大量的逻

辑上有联系的相同数据类型的数据。

例如：一个班级有 30 名学生，用数组 stu 来表示这 30 个学生的某门成绩：stu(1) 表示序号为 1 的学生的成绩，stu(2) 表示序号为 2 的学生的成绩，以此类推。

1）数组名的取名规则。和简单变量相同，如 AI、BI、TZ 均可作数组名，在同一过程中数组名不应与简单变量名相同。

2）数组下标。在 Visual Basic 中必须把下标放在一对紧跟在数组名后的圆括号中，不能把下标变量 S(7) 写成 S7，后者是一个普通的 Visual Basic 变量名。下标必须为等于或大于零的整数，否则舍去小数部分自动取整。

下标的作用是指出某个数组元素在数组中的位置，Stu(7) 代表了 Stu 数组中的第七个数组元素。

下标的最小值称为下标下界，最大值称为下标上界。由下标的上下界可以确定数组中元素的个数。数组元素的个数称为数组的大小。

3）数组的特点。数据中的元素在类型上是一致的。数组元素在内存空间上是连续存放的。

2. 数组的数据类型

数组类型：与一般变量类型一样，如单精度、双精度、整数、字符串等。

由于数组是同类数据的集合，因此数组中的所有数组元素应具有相同的数据类型，但如果数组类型是 variant 时，则数组元素能够是不同的数据类型。

3. 数组的维数

只有一个下标的数组称为一维数组，其数组元素称为单下标变量，其下标又称为索引。有两个下标的数组称为二维数组，其数组元素称为双下标变量。

Visual Basic 中至多可以使用 16 维的数组。

4. 数组的形式

Visual Basic 中有两种类型的数组：静态数组和动态数组。

数组必须先声明才使用。声明时要指定数组的类型与数组名。

如果数组在声明时指定了下标的上下界，称为静态数组，如 DIM B(1 to 5)，这样的数组一旦定义，它的大小是不能改变的。

静态数组的名称、维数、类型与元素个数都是在声明时确定的。

（1）静态数组的定义　数组也分为全局的（应用程序级）、模块级的或局部的（过程级），声明方法如下。

1）全局数组。在标准模块的声明部分使用 Public 语句声明，可以在应用程序的所有模块中对其元素进行存取的数组。

Public 数组名 (下界 to 上界) ［As 类型名］

注意，不能在窗体模块与类模块中声明全局数组。

2）模块级数组。在模块的声明部分使用 Private 或 Dim 语句（二者等价）声明，模块级数组只在声明它的模块中可用。

Private|Dim 数组名 (下界 to 上界)[As 类型名]

3）过程级数组。在过程中使用 Dim 或 Static 语句声明，只能在本过程中使用。

Dim|Static 数组名 (n) [As 类型名]

使用 Static 声明的是静态数组，在过程的两次执行之间，它的所有元素的值均被保留。上面语法中的“n”确定了数组的维数和每一维的下标的上下界。

定义数组时，数组的下界可以省略，这时关键字 to 也可省略，系统默认下界为 0。不省略时，需注意上界不能超过 Long 数据类型的范围，而且数组的上界必须大于等于下界。

括号中的上下界必须是顺序类型，通常为 Integer。

格式：

定义一维数组的格式为：

Public | Private | Dim | Static <数组名> (<下标上界>) [AS <数据类型>]

定义二维数组的格式为：

Public | Private | Dim | Static <数组名> (<上界 1>，<上界 2>) [AS <数据类型>]

示例：

```
Dim   a (10)   AS   Integer     '定义了 a (0)…a (10) 共 11 个数组元素
Dim   b (2, 3)   AS   String     '定义了 b (0, 0)…b (2, 3) 共 12 个数组元素
```

说明：

1）每一维的下标下界值从 0 算起，若要改变下界值可使用 Option Base 语句。即可在窗体或标准模块中，定义数组前将数组下标的默认值下界设置为 1。

Option Base 的语句格式是：

Option Base 1

2）数组一旦定义，就可使用其数组元素，但下标不能超过定义时规定的范围。

3）下标值为长整型，取值范围为（–2147483648～2147483647）。

4）若默认 AS <数据类型>，默认为变体型（variant）。

（2）静态数组的使用　要访问数组元素，其格式为：数组名 (下标)。

访问数组元素时的下标值必须在所定义的上下界范围内，否则将导致越界错误。

数组的常见操作是数组元素的遍历，利用 For 循环的循环变量和数组元素的下标之间的联系可以很好地处理这类操作。常采用 For 循环结构和赋值语句或 inputbox 函数完成数组输入，采用 For 循环结构和 print 方法实现数组输出。

例 3-7　将某班级 30 名学生的姓名用数组存储，并输出显示，其中下界为 1。

```
Option Base 1
Dim i As Integer
Dim names (10) As String    '定义大小为 10 的字符串数组

Private Sub Form_Click ()
    For i = 1 To 10
        names (i) = InputBox ("请输入第 " & i & " 个学生姓名：", "输入框")
    Next i
    For i = 1 To 10
        Print i & ":" & names (i)
```

```
    Next i
End Sub
```

（3）动态数组　动态数组是指数组的维数和类型是固定的，但声明时不指定下标上下界（每维的上下界可以变化）的数组称为动态数组。

动态数组是在程序运行过程中定义的，其大小可以由用户指定，也可以由用户在程序中添加的逻辑根据特定条件来决定。定义动态数组需要好几个步骤，由于数组的大小直至程序运行时才可以确定，因此需要在设计程序时就“预订”好该数组，其基本步骤如下。

1）在设计阶段，在程序中规定数组的名称和类型，但不能指定数组元素的个数。例如，为创建一个名为 Names 的公用动态数组，应编写如下语句。

Public Names ( ) as String

2）在程序运行过程中添加代码以确定数组应包含的元素个数。

使用 ReDim 语句重新定义该数组的大小。例如，下面的语句在程序运行过程中使用随机数 r 设定 Names 数组的大小。

ReDim Names (r)

例 3-8　使用数组，产生一个 10～1000000 的随机数，统计其中包含数字 5 的个数。

分析

考虑将随机数的每一位数字存放到数组元素中，但问题中不能确定随机数的位数，因此在设计时不好确定数组的大小，所以采用动态数组。在运行中随着随机数位数的确定，临时改变数组的大小。代码如下。

```
Private Sub Form_Click ()
    Dim n As Long
    Dim a (), i, m As Integer
    Randomize
    n = Int ((999991 * Rnd) + 10)                  '10-1000000 之间的随机数
    Print Tab (10); n;
    i = 0
    Do
        ReDim a (i)                                '重新定义 a 数组的大小
        a (i) = n Mod 10                           '将 n 的个位数存放到 a（i）中
        If a (i) = 5 Then m = m + 1                '累计数字 5 的个数
        n = n \ 10                                 '将 n 的位数降一位
        i = i + 1
    Loop While n <> 0                              '经过降位后的 n 是否为 0
    Print Spc (2); m
End Sub
```

3.5　任务 5　简易计算器

利用控件数组、函数、子工程等 Visual Basic 语言要素，简化程序的结构，增强程序的可读性，使程序更易于维护。

3.5.1 任务情境

电子计算器是人们日常生活中不可或缺的一个计算工具，Windows 操作系统在附件中就带有一个计算器小程序，方便用户进行日常的数学计算。本任务设计了一个简易计算器，能够进行简单的有理数加减乘除运算，在输入和运算过程中发生意外和错误时，具有清除功能，如图 3-24 所示。

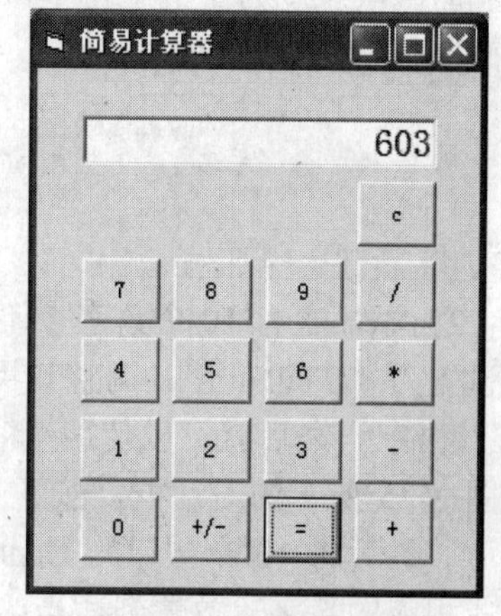

图 3-24 简易计算器

3.5.2 任务分析

首先将按钮按照功能进行分类，有数字按钮、运算符按钮（加减乘除键）、运算按钮（=）、符号按钮和清除按钮。

对于数字按钮，功能为数字的输入，将按顺序输入的数字组合成一个数显示到文本框内。由于 10 个数字按钮有相同的操作，所以可以将 10 个数字按钮处理成控件数组，简化程序的结构，同时把数字按钮的 Caption 属性的值作为输入内容，进一步提高程序的效率。在数字按钮的 Click 事件中完成这些操作。

Text1. Text = Text1. Text + Command (Index). Caption

式中 Index 为按钮控件数组的下标。

算术运算都是双目运算，所以按下运算符按钮后需要完成的不是运算而是输入下一个运算量。因此运算符按钮的功能是记录第一个数和记录要进行的运算。4 个运算符按钮具有相同的操作，故也处理成控件数组。

运算按钮（=）是计算器的核心控件。当按下运算按钮后，根据已记录的运算符进入不同的分支，将已记录的第一个运算量与文本框当前的内容进行转换和运算，并将结果显示在文本框中。为了使程序的功能结构清晰，把运算过程设计成函数，接收输入数字字符串进行运算返回结果字符串，在运算按钮的 Click 事件中调用该函数。

另一个难点是符号按钮，其作用是输入负数。操作过程分 3 种情形：从负号开始输入数字，在文本框当前的正数前加负号（正变负），去掉文本框当前的负数的负号（负变正）。前两种情况较为简单，直接处理成“-”字符与文本框当前的字符串连接即可，最后一种需要使用截取字符串的函数，去掉负号。如下面的程序段所示。

```
t = Len (Text1. Text)
If Left (Text1. Text, 1) = "-" Then
    Text1. Text = Right (Text1. Text, t - 1)
Else
    Text1. Text = "-" & Text1. Text
End If
```

其中 Len 计算字符串长度的函数，Left (Text1. Text，1) 的含义是从 Text1. Text 字符串的左面截取长度为 1 的字符串，Right (Text1. Text，t-1) 的含义是从 Text1. Text 字符串的右面截取长度为 t-1 的字符串。

3.5.3 任务实施

1）新建一个工程。

2）添加含有 10 个数字按钮的控件数组。具体操作是添加一个按钮，将其“名称”属性设置为“CmdNum”，调整其尺寸为适当大小；然后右键单击该控件，在弹出的菜单中选择“复制”，之后就可以使用“粘贴”命令，添加其余的 9 个控件。在第一次添加时会弹出如图 3-25 所示的对话框，按下“确定”键即可。最后将 10 个按钮的 Caption 属性设置成相应的数字，放置到适当的位置。

图 3-25 确认创建控件数组对话框

3）按照步骤 2 创建含有 4 个运算符的控件数组。控件数组“名称”为 CmdOp，每个控件的 Caption 设置成相应的运算符。

4）添加其余控件，并在属性窗口中设置属性，见表 3-10。

表 3-10 在属性窗口中设置窗体属性

对 象		属 性 名 称	属 性 值
窗体	Form	Caption	简易计算器
文本框	Text1	Text	0
		名称	TxtShow
按钮	Command1	Caption	=
		名称	ComEq
	Command2	Caption	C
		名称	CmdClr
	Command3	Caption	+/-
		名称	CmdExpr

5）右键单击窗体，选择“查看代码”，弹出代码窗口，输入如下代码。

```
Dim op As String                                    '记录运算符
Dim opd As String                                   '记录第一运算量
Dim b As Integer                                    '标志是否按下“=”键
Private Sub CmdClr_Click ()
    TxtShow. Text = ""
End Sub
Private Sub CmdExpr_Click ()
    Minus TxtShow
End Sub
Private Sub CmdNum_Click (Index As Integer)
    If TxtShow. Text = "0" Or b = -1 Then
```

```
        TxtShow. Text = ""
        b = 0
    End If
    TxtShow. Text = TxtShow. Text + CmdNum (Index). Caption
End Sub
Private Sub CmdOp_Click (Index As Integer)
    If op = "" Then                                  '运算符连续按多次，只是第一次起作用
        opd = TxtShow. Text                          '记录第一运算量
        TxtShow. Text = ""
        op = CmdOp (Index). Caption                  '记录运算符
    End If
End Sub
Private Sub ComEq_Click ()
    TxtShow. Text = Operater (TxtShow. Text)
    b = -1
    op = ""
End Sub

Private Function Operater (s As String) As String
    Dim Value As Variant
    If op <> "" Then
        Select Case op
            Case "/"
                If Val (s) <> 0 Then
                    Value = Val (opd) / (Val (s))
                Else
                    MsgBox "除数不能是 0", 0 + 48, "警告"
                End If
            Case "*"
                Value = Val (opd) * (Val (s))
            Case "+"
                Value = Val (opd) + (Val (s))
            Case "-"
                Value = Val (opd) - (Val (s))
        End Select
    End If
    Operater = str (Value)
End Function
```

```
Private Sub Minus (Txt As Object)
    Dim t As Integer
    If Txt. Text = "0" Or b = -1 Then
        Txt. Text = ""
        b = 0
    End If
    t = Len (Txt. Text)
    If Left (Txt. Text, 1) = "-" Then
        Txt. Text = Right (Txt. Text, t - 1)
    Else
        Txt. Text = "-" & Txt. Text
    End If
End Sub
```

6）按下“F5”键运行程序。

3.5.4 知识提炼

1. 控件数组

控件数组是由具有相同名称和类型并具有相同事件过程的一组控件构成。每个控件数组至少有 1 个元素，最多可有 32767 个元素。第一个下标也是 0。

（1）控件数组的应用　在程序设计中，使用控件数组添加控件所消耗的资源比直接向窗体添加多个相同类型的控件消耗的资源少，而且如果希望若干个控件共享代码时，控件数组也很有用。

例如：

```
Private Sub cmdGroup_Click（Index As Integer）
                                                    'Index 为引发该事件的按钮值
    Select Case Index
        Case 0                                      '按第一个按钮时执行的代码
            ……
        Case 1                                      '按第二个按钮时执行的代码
            ……
    End Select
End Sub
```

（2）控件数组的创建　一般采用在设计时通过复制现有的控件来创建控件数组。注意一是在复制前，应把被复制的控件公共属性设置好，如：名称、大小等；二是在粘贴第一个控件是会弹出对话框要求确认，按下“确认”按钮即可。

另一种在设计时创建控件数组的办法是在添加好一组同种控件后，将其“名称”属性改成相同的名称即可。

2．过程

Visual Basic 中有两类过程：事件过程和通用过程。事件过程是对发生的事件进行处理的代码。

在 Visual Basic 中可使用下列几种过程：

Function 过程 （返回值）

Sub 过程 （不返回值）

1）函数过程（Function 过程）。函数过程是标准模块中位于 Function 语句与 End Function 语句之间的一系列语句。函数中的这些语句完成某些操作，一般是处理文本、进行输入或计算一个值。通过将函数名和必要的参数一起置于一条程序语句中，可以执行或称作调用该函数。换句话说，使用函数过程与使用内置函数，比如 Time、Int 或 Str 等的方法完全相同。

提示

在标准模块中声明的函数在默认状态下是公用函数，它们可在任何事件过程中使用。

函数的基本语法为：

Function 函数名（[参数列表]）[As 数据类型]

函数体

End Function

注：函数可以有一个类型。

下列语法成分十分重要：

“函数名”是在模块中要创建函数的函数名称。

“参数列表”为可选项，由函数中用到的一系列参数组成（参数之间用逗号隔开）。

“As 数据类型”为可选项，用于指定函数返回值的数据类型（默认类型为变体类型）。

“函数体”是完成函数功能的一组语句。

函数总是用“函数名”返回给调用过程一个值。因此，函数中的最后一行语句往往是将函数的最终计算结果放入“函数名”中的赋值语句。

例 3-9 使用函数过程 Add 计算两个参数的和，然后将结果返回。

分析

根据题意，定义函数时，要定义两个参数，同时要定义返回值的类型。在调用函数时要送入两个参数，同时用变量接收返回值。代码如下。

```
Function add (a As Integer, b As Integer) As Integer
    Dim c As Integer
    c = a + b
    add = c
End Function

Private Sub Command1_Click ()
    Dim sum As Integer
```

```
    sum = add (18, 23)
    Label1. Caption = CStr (sum)
End Sub
```

代码中语句 add = c 表示通过函数名返回结果 c。语句 sum = add（18, 23）表示函数的调用过程，用变量 sun 接收了返回值。

当使用函数时，代码结构会变得十分清晰。

2）sub 过程。子过程类似于用户自定义函数，不同之处是子过程不返回与其名称相关联的值，而是采用参数的办法返回多个值。子过程一般用来从用户那里得到输入数据、显示或打印信息，或者操纵与某一条件相关的几种属性。子过程也用来在过程调用中处理和返回数个变量。大多数函数只能返回唯一一个值，但子过程却能够返回多个值。

子过程的基本语法为：

```
Sub 过程名（[参数列表]）
    过程体
End Sub
```

“过程名”是定义子过程的名称。

“参数列表”是一系列可选的，可在该子过程中使用的参数（如果不止一个参数，则由逗号分开）。

“过程体”是完成该过程工作的一组语句。

在过程调用中，送入子过程的参数个数和类型必须与子过程声明语句中参数个数和类型相符。如果传递到子过程的变量在过程中被修改，更新后的变量则被返回给程序。默认状态下，在一个标准模块中声明的子过程是公用的，因此能够被任何事件过程所调用。

3）参数传递。参数是指传递到过程中的数据。在调用过程时，需要将过程运行时的环境信息和要处理的数据传递给过程，称为参数传递。

根据数据参数的作用不同，可以将参数分为形式参数和实际参数。在过程定义时，过程名后面圆括号中的参数是形式参数，在过程调用时，过程名后面圆括号中的参数是实际参数。

根据在调用过程时，对形式参数值的改变是否影响实际参数的值，可以将参数传递分为引用传递和值传递。引用传递是指形式参数值的改变后，实际参数也跟着改变；值传递是指形式参数值改变后，实际参数不会改变。默认情况，实际参数是变量时为引用传递，将常量或表达式传递给过程是值传递，因为值无法被过程修改。也可以使用关键字 ByRef 和 ByVal 强制改变变量的传递模式，ByRef 定义的参数为引用传递，ByVal 定义的参数为值传递。

下面的子过程演示了参数传递的几种情况，在定义过程时形式参数 a 指定为值传递，形式参数 b、c 为默认的引用传递。在调用时变量 x 对应形式参数是 a，但由于 a 被定义为值传递，故 a 值改变不会影响变量 x 的值；变量 y 对应形式参数是 b，变量作为实际参数为引用传递，故 b 值改变影响了变量 y 的值；第三个实际参数是常数，不受形式参数的影响。

```
Sub aa (ByVal a As Integer, b As Integer, c As Integer)
    a = 2
    b = 3
    c = 4
    Print "在过程中输出："; a; Spc (1); b; Spc (1); c
```

```
End Sub

Private Sub Form_Click ()
    Dim x, y As Integer
    x = 5
    y = 6
    aa x, y, 19
    Print "在过程中输出："; x; Spc (1); y
End Sub
```

日积月累　For Each…Next 循环与数组

与 For…Next 循环一样，For Each…Next 循环也是执行指定次数的语句，不一样的是 For Each…Next 循环用于数组或对象集合的情况，循环次数由数组或集合元素的个数确定。

语法：

```
For Each 元素变量 In 数组名或集合名
    循环体
Next
```

语法中“元素变量”和“数组名或集合名”是必须给出的参数，“元素变量”代表了循环在遍历数组或集合时的当前元素。

例如给数组赋值：

```
Dim a (6)，i As Integer
For Each m In a
    m = i + 1
    i = m
    Print m
Next m
```

程序段中 m 代表循环过程中当前的下标变量。For Each…Next 循环的优点是不需要指出循环的上下限，缺点是一次循环中只能对一个元素进行操作，即当前元素进行操作。

日积月累　复用语句 With…End With

With…End With 语句是在作用在对象上的语句，常用来简化对该对象的设置属性的语句的书写。With…End With 语句可以嵌套使用。

语法：

```
With 对象名
    语句块
End With
```

例如：

```
Private Sub Form_Load ()
    With Form1
        .Height = 4000
        .Width = 4000
        With Command1
            .Height = 2000
            .Width = 2000
            .Caption = "With 语句按钮"
        End With
        .Caption = "With 语句窗体"
    End With
End Sub
```

日积月累　　退出语句 Exit

Exit 语句用来跳出 Do…Loop、For…Next、For Each…Next 循环，以及跳出 Function、Sub 过程的代码块，具有提前结束循环或过程的功能，常和判断语句结合使用。Exit 语句有以下几种：Exit Do、Exit For、Exit Function 和 Exit Sub 等。

本章小结

了解 Visual Basic 程序设计语言的编程基础，是进入程序设计领域关键的第一步。本章通过若干个任务讲解了 Visual Basic 程序设计语言的基本概念，包括常量、变量、运算符和表达式、数组，重点介绍了程序控制结构的应用，进一步介绍了模块、过程的概念，通过实例讲解了函数过程和子过程的定义以及调用，说明了参数传递的基本概念。

实战强化

1）有如下 10 个数：−2、73、82、−76、−1、24、321、−25、89、−20。试编写一程序，输出其中的每个负数，同时分别计算并输出正数之和及负数之和。

提示　用数组记录这 10 个数，然后使用 For…Next 循环遍历每个数，通过判断确定对正负数采用不同的操作。

2）打印如图 3-26 所示的几何图案。

图 3-26 几何图案

提示

该图案由 5 行，每行 10 个小菱形块◆构成，可以用循环嵌套设计该程序，由外层循环控制行数，内层循环控制小菱形块的个数和位置。仔细分析可以发现每行的空格数和每行小菱形块数的和是一个常数，利用这一特点就可控制小菱形块的位置。

3）找出 100 以内的勾股数。所谓勾股数就是有 3 个正整数满足表达式 $a^2+b^2=c^2$。

提示

采用三层循环嵌套，在最内层对三层循环变量进行勾股关系的判断，输出满足关系的三个数。为了避免出现相同的三个数由于位置顺序不同，而出现多次的情况，如 3，4，5 与 4，3，5。设定内层循环变量的初值应大于外层循环变量的当前值。

第4章

常用控件的应用

Visual Basic 特点

控件是组成用户界面的基本要素，它有助于使应用程序的界面更友好且更具交互性。Visual Basic 提供了一组范围广泛、种类各异的控件，并且在 Visual Basic 中，利用控件创建用户界面非常容易，程序设计人员只需拖动控件到窗体中，然后对控件进行合理布局，并设置其属性和编写事件过程即可。

工 作 领 域

在实际工作中，人们经常会通过应用程序提供的交互界面来完成一系列任务，比如利用文本编辑器控制文字的显示效果、根据界面信息和提示进行操作、对实物进行动作模拟等。应用程序的设计需要完成的一个重要任务就是用户界面的设计，而控件是设计用户界面的重要基础，因此学习和掌握控件的应用，是开发应用程序的重要基础。

技 能 目 标

通过本章内容学习和实践，希望大家能够掌握常用控件的功能和使用方法；能够设计出简单、美观和易用的用户界面。

4.1 任务1 文字的简单格式化

利用标签、文本框、单选钮、复选框、框架、滚动条和命令按钮控件，设计一个能够对文字进行简单格式化的程序，通过运行此程序来控制文字的显示效果，使用户界面的美观。

4.1.1 任务情境

图 4-1 是任务 1——文字的简单格式化的执行界面，程序运行时，首先在文本框中显示初始化时的文字（一首古诗），用户可以通过复选框设置文字的字形，通过单选钮设置文字的字体和颜色；通过水平滚动条控制文字的大小。同时，用户可以随时编辑文本框中的内容，单击“清除”按钮可清除文本框中的内容。

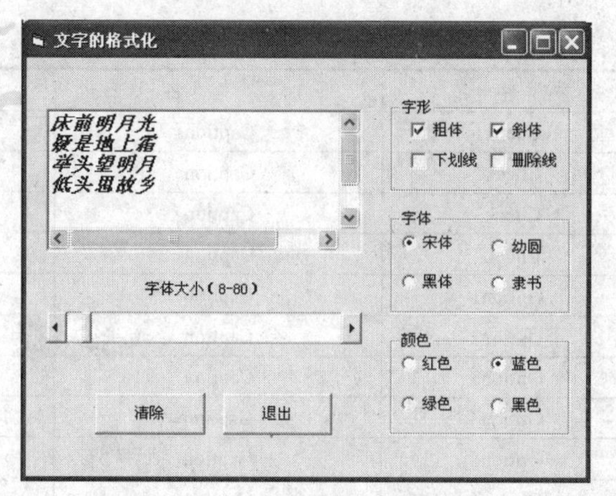

图 4-1 “文字的格式化”的执行界面

4.1.2 任务分析

本任务中涉及的主要问题和解决方法有：

1）窗体 Form1 装入时，文本框 Text1 中的文本初始化为一首古诗。

2）文本框 Text1 设置为带水平和垂直滚动条，且可以多行显示和随时进行编辑。

3）利用 3 个框架 Frame 对各类控件分组，并通过选择字形、字体和颜色对文本框中的文字进行相应格式化。

4）水平滚动条用来控制文字的大小，其取值范围为 8～80，所以需要设置 HscrollBar1 的 Min 和 Max 属性值为 8 和 80。在拖动滑块事件和改变滚动块位置的事件中，通过 HScroll1.Value 属性值控制文本的大小。

“清除”按钮的单击事件代码为文本框的 Text 属性值清空。

4.1.3 任务实施

1）新建一个工程。

2）在窗体上添加 1 个文本框控件 TextBox、3 个框架控件 Frame、4 个复选框控件 CheckBox、8 个单选钮控件 OptionButton、1 个标签控件 Label、1 个水平滚动条控件 HscrollBar 和 2 个命令按钮控件 CommandButton，并按图 4-1 布局，在属性窗口中设置控件的属性，见表 4-1。

表 4-1 在属性窗口中设置属性

	控 件 名	属 性 名	属 性 值
标签	Label1	Caption	字体大小（8～80）
文本框	Text1	Multiline	True
		ScrollBars	3-Both
		Locked	False
框架	Frame1	Caption	字形
	Frame2	Caption	字体
	Frame3	Caption	颜色

（续）

	控件名	属性名	属性值
复选框	Check1	Caption	粗体
	Check2	Caption	斜体
	Check3	Caption	下划线
	Check4	Caption	删除线
单选按钮	Option1	Caption	宋体
	Option2	Caption	幼圆
	Option3	Caption	黑体
	Option4	Caption	隶书
	Option5	Caption	红色
	Option6	Caption	蓝色
	Option7	Caption	绿色
	Option8	Caption	黑色
命令按钮	Command1	Caption	清除
	Command2	Caption	退出
水平滚动条	HscrollBar1	Min	8
		Max	80

3）进入代码窗口，在相应的Sub块中编写如下代码。

```
Private Sub Form_Load ()
  ch = Chr (13) + Chr (10)                    '回车换行
  Text1. Text = "床前明月光" & ch & "疑是地上霜" & ch & "举头望明月" & ch & "低头思故乡"
End Sub

Private Sub Check1_Click ()
  Text1. FontBold = Check1. Value
End Sub

Private Sub Check2_Click ()
  Text1. FontItalic = Check2. Value
End Sub

Private Sub Check3_Click ()
  Text1. FontUnderline = Check3. Value
End Sub

Private Sub Check4_Click ()
  Text1. FontStrikethru = Check4. Value
End Sub
```

```
Private Sub Command1_Click ()
  Text1. Text = ""
End Sub

Private Sub Command2_Click ()
  End
End Sub

Private Sub HScroll1_Change ()                    '得到滚动条中最后的值
  Text1. FontSize = HScroll1. Value
End Sub

Private Sub HScroll1_Scroll ()                    '跟踪滚动条中的动态变化
  Text1. FontSize = HScroll1. Value
End Sub

Private Sub Option1_Click ()
  Text1. FontName = Option1. Caption
End Sub

Private Sub Option2_Click ()
  Text1. FontName = Option2. Caption

End Sub

Private Sub Option3_Click ()
  Text1. FontName = Option3. Caption
End Sub

Private Sub Option4_Click ()
  Text1. FontName = Option4. Caption
End Sub

Private Sub Option5_Click ()
  Text1. ForeColor = vbRed
End Sub

Private Sub Option6_Click ()
  Text1. ForeColor = vbBlue
```

```
End Sub

Private Sub Option7_Click ()
  Text1. ForeColor = vbGreen
End Sub

Private Sub Option8_Click ()
  Text1. ForeColor = vbBlack
End Sub
```

4.1.4 知识提炼

在 Visual Basic 中，控件分为 3 类：标准控件、ActiveX 控件和可插入对象。

（1）标准控件　标准控件也称内部控件，启动 Visual Basic 后，自动加入到工具箱中，为用户提供了 20 种控件。

（2）ActiveX 控件　ActiveX 控件是对标准控件的扩充，它可以支持设计包含进度条、工具条、选项卡等控件的常用界面，可以实现文件管理、多媒体技术、数据库技术的应用。使用 ActiveX 控件，必须先将其添加到工具箱中，然后再使用，使用方法与标准控件相同。

（3）可插入对象　可插入对象是 Windows 应用程序的对象，如“Microsoft Word 文档”、“Microsoft Excel 工作表”等。使用可插入对象，必须先将其添加到工具箱中，然后再使用，使用方法与标准控件相似。

窗体、文本框、标签和命令按钮控件是标准控件中最基本的控件，前面已经详细讲解，这里进一步介绍如图 4-2 所示的常用控件。

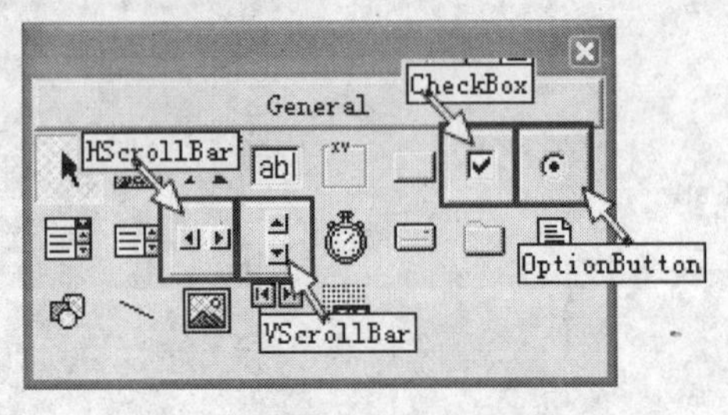

图 4-2　一些常用控件

单选钮（OptionButton）控件

单选钮以成组形式出现，能提供“选中”和“未选中”两种可选项。通常情况下，将一组单选钮控件放入框架 Frame 控件或图片 PictureBox 控件或窗体 Form 控件这样的容器中，来实现分组。使用单选钮组时，选中其中一个，其余就会自动关闭。

OptionButton 控件的常用属性和事件如下。

（1）Caption 属性　设置单选钮旁边显示的标题文本。

（2）Value 属性　表示单选按钮的状态，有两个取值，分别为：

True：表示被选中。

False：表示未被选中，为默认设置。

（3）Enabled 属性　是否响应用户生成的事件，有两个取值，分别为：

True：表示响应，默认设置。

False：表示不响应，即不被激活。

（4）Alignment 属性　设置标题的对齐方式，有两个取值，分别为：

0：单选钮在左边，标题在右边，默认设置。

1：单选钮在右边，标题在左边。

（5）Style 属性　设置单选钮的外观，有两个取值，分别为：

0-Standard：标准方式，默认设置。

1-Graphical：图形方式，此方式下的单选钮的外观与命令按钮相似。

Style 是只读属性，只能在设计时设置。

（6）Click 事件　程序运行时，单击单选钮后使其 Value 属性值变为 True（即选中状态）。

在应用程序中可以创建一个事件过程，检测控件对象 Value 属性值，再根据检测结果执行相应的处理。

复选框（CheckBox）控件

复选框能提供“选中”和“未选中”两种可选项。复选框组列出可供用户选择的选项，用户根据需要选定其中的一项或多项。

CheckBox 控件的常用属性和事件如下。

（1）Caption 属性　复选框旁边显示的标题文本。

（2）Value 属性　表示复选框的状态，有 3 个取值，分别为：

0—Unchecked，表示未选中，为默认设置。

1—Checked，表示选中；

2—Grayed，不可用，即灰度显示。

（3）Click 事件　程序运行时，单击复选框后使其 Value 属性值变为 1（即选中状态）。

在应用程序中可以创建一个事件过程，检测控件对象 Value 属性值，再根据检测结果执行相应的处理。

Enabled 属性、Alignment 属性、Style 属性同单选钮。

滚动条（ScrollBar）控件

通常附在窗体上协助观察数据或确定位置，也可作为数据输入工具，或者速度、数量的指示器，可用鼠标调整滚动条中滑块的位置来改变其值。滚动条控件与文本框、列表框和组合框等控件内置的滚动条不同。那些内置的滚动条在给定控件所含信息超出控件在设计时的尺寸时会自动出现，它提供的是一种在长列表或大量数据中方便浏览的方法，而滚动条控件实际用于数值的图形化表示。

滚动条分为水平滚动条和垂直滚动条两种。

ScrollBar 控件的常用属性和事件如下。

（1）Min 和 Max 属性　设置滚动条所能代表的最小值、最大值，即滑块最小位置值、最大位置值，其取值范围为-32768～32767。Min 属性的默认值为 0，Max 属性的默认值为 32767。

（2）Value 属性　设置滚动条的当前位置，即滑块当前位置的值，其返回值始终介于 Min 和 Min 属性值之间，默认值为 0。

（3）SmallChange 属性　设置当用户单击滚动箭头时，滚动条控件 Value 属性值（滑块位置）的改变量。即当单击滚动条两端的箭头按钮时，Value 属性所增加或减少的值。该属性的默认值为 1。

（4）LargeChange 属性　设置当用户单击滚动条的空白区域时，滚动条控件 Value 属性值的改变量。即当单击滚动条的空白处时，Value 属性所增加或减少的值。

（5）Scroll 事件　当拖动滑块时触发。在实际编程时，经常用 Scroll 事件过程来跟踪滚动条在拖动时数值的动态变化。

（6）Change 事件　改变 Value 属性值时触发。

由于在单击滚动条或滚动箭头时，将产生 Change 事件，因此，在实际编程时，常利用 Change 事件来获得滚动条变化后的最终值。

4.2　任务 2　项目选择器

利用 Visual Basic 循环结构的语句和标签、列表框、命令按钮控件，设计一个实用的课程选择器。

4.2.1　任务情境

图 4-3 是任务 2——项目选择器的执行界面，在 Windows 程序中常见到此类窗口。程序运行时，单击按钮完成相应操作，各按钮含义如下。

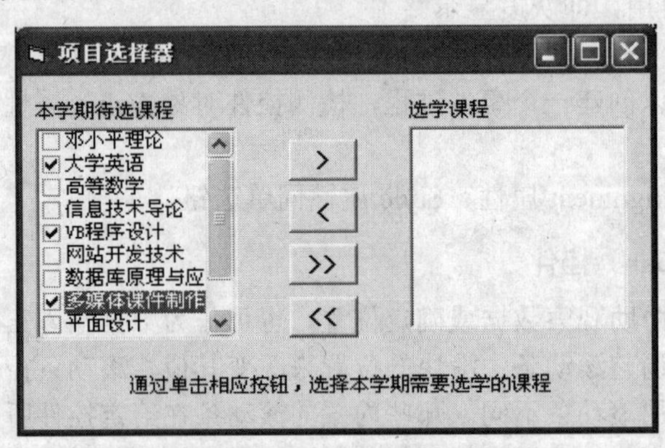

图 4-3　项目选择器的执行界面

> 按钮，将左侧列表框中选中的课程移动到右侧列表框。

< 按钮，将右侧列表框中选中的课程移动到左侧列表框。

>> 按钮，将左侧列表框中的全部课程移动到右侧列表框。

<< 按钮，将右侧列表框中的全部课程移动到左侧列表框。

4.2.2 任务分析

本任务中涉及到两种主要控件，第一，不同风格的两个列表框，左侧是带有复选框的列表框，右侧是具有多项选择功能的列表框。第二是符号按钮。涉及到的主要问题和解决方法有：

1）窗体装入时，利用列表框的 AddItem 方法将待选课程加入左侧列表框 List1。

2）在 > 按钮的 Click 事件中，利用循环将 List1 中选中的课程追加到 List2 中，同时从 List1 中移除这些课程。

3）在 < 按钮的 Click 事件中，利用循环将 List2 中选中的课程追加到 List1 中，同时从 List2 中移除这些课程。

4）在 >> 按钮的 Click 事件中，依次选中 List1 中的各项，并追加到 List2 中，然后清除 List1 中的各项。

5）在 << 按钮的 Click 事件中，依次选中 List2 中的各项，并追加到 List1 中，然后清除 List2 中的各项。

4.2.3 任务实施

1）新建一个工程。

2）在窗体上添加 3 个标签控件 Label、两个列表框控件 ListBox 和 4 个命令按钮控件 CommandButton，并按图 4-3 布局，在属性窗口中设置控件的属性，见表 4-2。标签控件的属性略。

表 4-2 在属性窗口中设置属性

	控 件 名	属 性 名	属 性 值
列表框	List1	Style	1. Checkbox
	List2	MultiSelect	2. Extended
命令按钮	Command1	Caption	>
	Command2	Caption	<
	Command3	Caption	>>
	Command4	Caption	<<

3）进入代码窗口，在相应的 Sub 块中编写如下代码。

```
Private Sub Form_Load ()
    List1. AddItem "邓小平理论" :List1. AddItem "大学英语"
    List1. AddItem "高等数学" :List1. AddItem "信息技术导论"
    List1. AddItem " Visual Basic 程序设计" :List1. AddItem "网站开发技术"
    List1. AddItem "数据库原理与应用" :List1. AddItem "多媒体课件制作"
    List1. AddItem "平面设计" :List1. AddItem "信息安全"
    List1. AddItem "电子商务"
```

```
End Sub

Private Sub Command1_Click ()
    i = 0
    Do While i < List1. ListCount
      If   List1. Selected (i) = True Then                '对已选中的课程进行操作
            List2. AddItem List1. List (i)               '追加到 List2 中
            List1. RemoveItem I                          '从 List1 中移除
      Else
            i = i + 1                                    '下一项
      End If
    Loop
End Sub

Private Sub Command2_Click ()
    i = 0
    Do While i < List2. ListCount
      If   List2. Selected (i) = True Then                '对已选中的课程进行操作
            List1. AddItem List2. List (i)               '追加到 List1 中
            List2. RemoveItem I                          '从 List2 中移除
      Else
           i = i + 1                                     '下一项
      End If
    Loop
End Sub

Private Sub Command3_Click ()
    For i = 0 To List1. ListCount – 1
        List2. AddItem List1. List (i)                   '将 List1 中的各项追加到 List2 中
    Next
    List1. Clear                                         '删除 List1 中各项
End Sub

Private Sub Command4_Click ()
    For i = 0 To List2. ListCount - 1
        List1. AddItem List2. List (i)                   '将 List2 中的各项追加到 List1 中
    Next
    List2. Clear                                         '删除 List2 中各项
End Sub
```

4）运行程序。

4.2.4 知识提炼

列表框（ListBox）控件如图 4-4 所示。

列表框用于在多个项目中做出选择的操作。在列表框中显示多个项目，用户可以通过单击某一项选择自己需要的项目，但不能直接修改其中的内容。如果项目总数超出了列表框设计时的长度，则 Visual Basic 会自动给列表框加上滚动条。

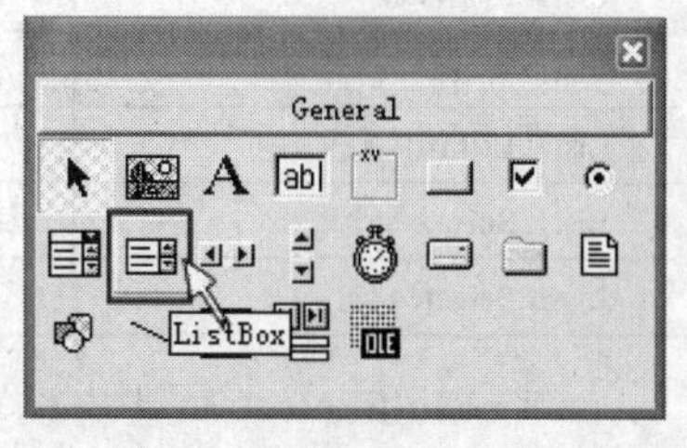

图 4-4 列表框（ListBox）控件

ListBox 控件的常用属性、方法和事件如下。

（1）Columns 属性　设置列表框中的项目是在单列中垂直滚动，还是在多列中水平滚动。当 Columns 属性值为 0（默认设置）时呈单列显示；大于 0 时呈多列显示，显示的列数由 Columns 属性值决定。Columns 属性只能在属性窗口设置。

（2）List 属性　List 是一个字符型数组，用于存放列表框的表项，数组的下标从 0 开始。

例如：欲将列表框 List1 中的第一项内容显示在文本框 Text1 中，程序代码为：

Text1. Text= List1. List (0)

例如：欲将列表框 List1 中的第四项的内容设置为字符串“计算机世界”，程序代码为：

List1. List (3)= "计算机世界"

（3）ListIndex 属性　返回已选定的项目的顺序号（索引），若未选定任何项，则 ListIndex 的值为–1，ListIndex 属性只能在程序中设置和引用。

（4）ListCount 属性　返回列表框中项目的总数，项目下标为 0～ListCount–1，ListCount 属性只能在程序中设置和引用。

（5）Sorted 属性　列表框中各表项在运行时是否按字母顺序排列，Sorted 属性只能在属性窗口设置，有两个取值，分别为：

True：表示按字母顺序排序。

False：表示不排序，按加入的先后顺序排列，默认设置。

（6）Text 属性　返回被选定项目的文本内容。Text 属性只能在程序中设置和引用。

例如：List1. Text 的值与 List1. List (List1. ListIndex) 的值相同。

（7）Selected 属性　测试列表框中第 i 项是否被选中，Selected 属性只能在程序中设置和引用，有两个取值，分别为：

True：列表框中第 i 项被选中。

False：列表框中第 i 项没有被选中。

例如，若选中列表框中的某一项，如图 4-5 所示，则列表框中项目的属性值和说明见表 4-3。

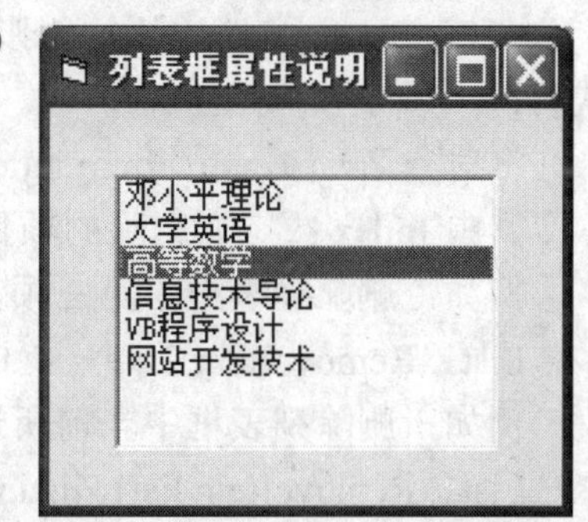

图 4-5 列表框中项目的属性

表 4-3　列表框中项目的属性

属　性	值	说　明
List1. ListCount	6	列表框中项目总数
List1. ListIndex	2	选定项目的顺序号（索引号）
List1. Text	高等数学	选定项目的文本内容
List1. List (4)	Visual Basic 程序设计	列表框中第 5 项，即下标为 4 的项目
List1. Sorted	False	没有按字母排序
List1. Selected (2)	True	第 3 项被选中

（8）MultiSelect 属性　设置列表框是否允许同时选择多个表项，有 3 个取值，分别为：

0—None：只能选择一项，不能多选，默认设置。

1—Simple：简单多项选择，表示可用鼠标单击或按空格键在列表框中选中或取消多项。

2—Extended：扩展多项选择，按住 Ctrl 键，同时用鼠标逐个单击所需表项，可以实现多选；按住 Shift 键，同时用鼠标单击所需要的项目区域中的首项和尾项，可以选定多个连续项。

（9）Style 属性　确定是否将复选框显示在 ListBox 中，有两个取值，分别为：

0—Standard：不显示复选框，默认设置。

1—Checkbox：显示复选框。

（10）SelCount 属性　如果 MultiSelect 属性设置为 1（Simple）或 2（Extended），则该属性返回列表框中所选项目的数目。

（11）AddItem 方法　把一个项目加入列表框。格式为：

〈对象名〉.AddItem item [, index]

其中：

item，为字符串表达式，表示要加入的项目。

Index，决定新增项目的位置，如果默认，则添加在列表框的末尾。

例如：在 List1 中第三项的位置插入一项“高等数学”，程序代码为：

List1. AddItem “高等数学”，2

例如：在 List1 的末尾插入一项“Visual Basic 程序设计”，程序代码为：

List1. AddItem “Visual Basic 程序设计”

（12）RemoveItem 方法　删除列表框中指定项目，该方法每次只能删除一个项目。格式为：

〈对象名〉.RemoveItem index

其中 Index 决定要删除的项目的索引，是必选项。

例如：删除列表框中第三项，程序代码为：

List1. RemoveItem 2

例如：删除列表框中当前所选的项目，程序代码为：

List1. RemoveItem list1. listindex

（13）Clear 方法　清除列表框中所有项目。

（14）Click 事件　单击鼠标时触发。

（15）DblClick 事件　双击鼠标时触发。

4.3　任务 3　跳动的小球

利用组合框、形状、按钮、框架和时钟控件，设计一个模拟小球跳动的程序，通过常用控件和特殊方法，完成用户界面的动态效果。

4.3.1　任务情境

图 4-6 和图 4-7 是任务 3——跳动的小球的设计界面和执行界面。当程序运行时，在执行界面中操作者可以设置小球跳动的时间长度，单击“开始”按钮后，小球在规定区域上下跳动，同时在窗口上显示倒计时信息，时间用完后自动弹出一个“时间到”提示框，如图 4-8 所示。

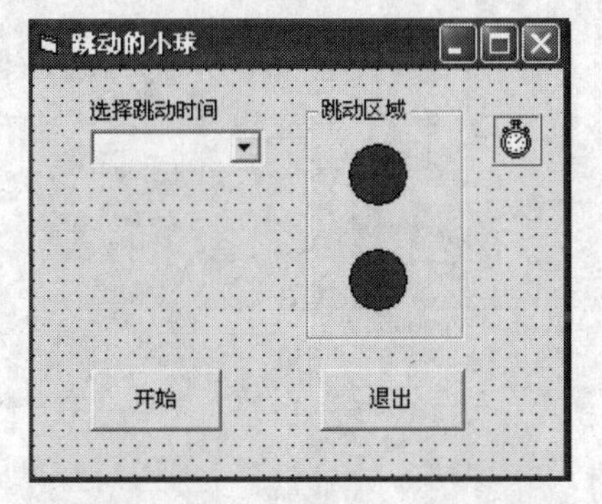

图 4-6　跳动的小球的设计界面

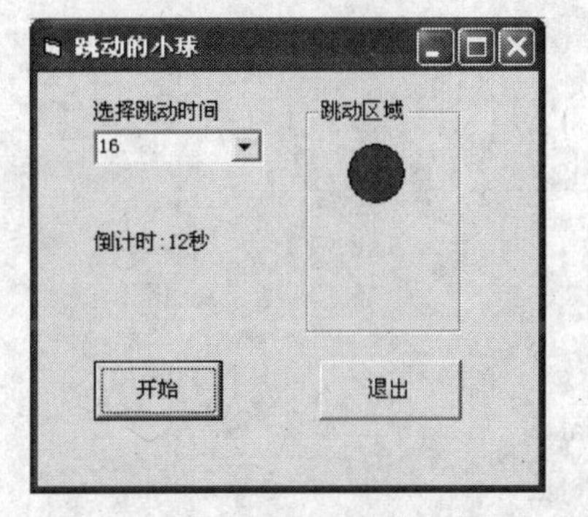

图 4-7　跳动的小球的执行界面

图 4-8　时间到提示框

4.3.2　任务分析

本任务中涉及的主要问题和解决方法有：

1）窗体装入时，利用 For 循环和 Combo1. AddItem 方法将 Combo1 的初值设置为 10～100 之间的整数，即小球跳动的时间长度。

2）通过一个时钟控件的定时触发，及两个小球的交叉显示和隐藏产生跳动效果。

3）定义一个全局变量 t 作为计时器，小球每跳动一次就执行一次 t–1 操作，从而得到剩余时间，当 t=0 时，时间用完，利用 MsgBox 语句弹出“时间到”提示框。

4.3.3　任务实施

1）新建一个工程。

2）在窗体上添加两个标签控件 Label、一个组合框控件 ComboBox、一个框架控件 Frame、两个形状控件 Shape、两个命令按钮控件 CommandButton 和一个时钟控件 Timer，并按图 4-6 布局，在属性窗口中设置控件的属性，见表 4-4。标签控件的属性略。

表 4-4 在属性窗口中设置属性

	控 件 名	属 性 名	属 性 值
组合框	Combo1	Text	空
框架	Frame1	Caption	跳动区域
形状控件	Shape1、Shape2	Visible	True
		BackColor	&H80000002&
		BackStyle	1、Opaque
		Shape	2．Circle
命令按钮	Command1	Caption	开始
	Command2	Caption	退出

3）进入代码窗口，在相应的 Sub 块中编写如下代码。

```
Dim t As Integer

Private Sub Form_Load ()
  Dim i As Integer
  For i = 10 To 100
    Combo1. AddItem i
  Next
  Shape1. Visible = False
  Shape2. Visible = False
  Combo1. Text = 10
End Sub

Private Sub Command1_Click ()
   t = Val (Combo1. Text)
   Timer1. Enabled = True
   Timer1. Interval = 200
End Sub

Private Sub Command2_Click ()
  Unload Me
End Sub

Private Sub Timer1_Timer ()
  t = t - 1
  Label1. Caption = "倒计时:" & t & "秒"
  If t Mod 2 = 0 Then
```

```
    Shape1. Visible = True
    Shape2. Visible = False
  Else
    Shape1. Visible = False
    Shape2. Visible = True
  End If
  If t = 0 Then
    Timer1. Enabled = False
    t = MsgBox ("时间到！", , "消息框")
    Shape1. Visible = False
    Shape2. Visible = False
  End If
End Sub
```

4）运行程序。

4.3.4 知识提炼

常用控件：组合框（ComboBox）控件、形状（Shape）和直线（Line）控件、Timer控件，如图 4-9 所示。

组合框（ComboBox）控件

组合框实际上是列表框和文本框的组合。它可以像列表框一样，让用户通过单击鼠标选择所需的项目，也可以像文本框一样，用键入的方式选择项目（下拉式组合框除外），但输入的内容不能自动添加到列表框中。

ComboBox 控件的常用属性、方法和事件如下。

1）List、ListCount、ListIndex、Text、Sorted、Selected、MultiSelect 属性与列表框相同。

2）Style 属性。用来指示控件的显示类型和行为。该属性取值为 0，1 或 2，分别决定了组合框的 3 种不同类型：下拉组合框（Dropdown Combo）、简单组合框（Simple Combo）、下拉列表框（Dropdown List），如图 4-10 所示。

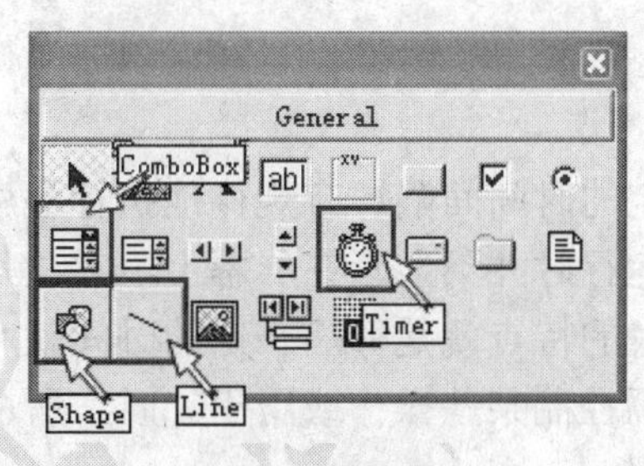

图 4-9 常用控件

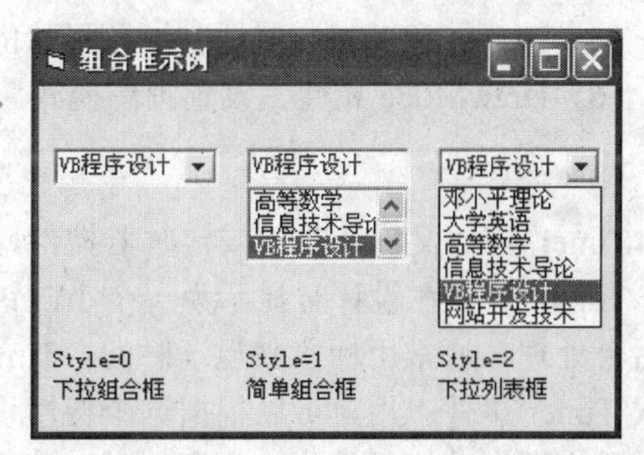

图 4-10 组合框 3 种形式示意图

3）AddItem、RemoveItem 和 Clear 方法与列表框相同。

4）Click、DblClick 事件与列表框同。通常，列表框控件和组合框控件提供的功能相似，但是这两个控件之间也存在着一些区别，见表 4-5。

表 4-5　列表框控件和组合框控件的区别

列表框控件	组合框控件
具有 MultiSelect 属性，使用该属性，用户可以从列表中选择多个选项	没有 MultiSelect 属性
列表项前面允许有复选框	没有复选框
用户只能从列表框中选择选项	用户既可以选择选项，也可以在组合框中键入新文本
适合在窗体上有足够空间来容纳控件时使用	适合在窗体上的空间有限时使用

形状（Shape）和直线（Line）控件

Shape 和 Line 控件可用来在窗体表面画图形元素。这些控件不支持任何事件，只用于表面装饰。Line 仅用于画线，这里只介绍 Shape 控件的常用属性。

（1）Shape 属性　设置所画形状的几何特性，有 6 种取值，见表 4-6。

表 4-6　Shape 属性的设置值

属 性 值	常　量	说　明	效　果
0	VbShapeRectangle	矩形（默认）	
1	VbShapeSquare	正方形	
2	VbShapeOval	椭圆形	
3	VbShapeCircle	圆形	
4	VbShapeRoundeRectangle	圆角矩形	
5	VbShapeRoundeSquare	圆角正方形	

（2）BackColor 和 BackStyle 属性　设置形状的背景色和背景样式是否透明。

（3）BorderColor、BorderStyle 和 BorderWidth 属性　设置形状的边框色、边框样式和边框宽度。

（4）FillColor 和 FillStyle 属性　设置形状的填充色和填充样式。

（5）Height 和 Width 属性　设置形状的高度和宽度。

（6）DrawMode 属性　设置画图模式。

Timer 控件

Timer 控件又称计时器或定时器控件，用于按指定的时间间隔、有规律地执行程序代码。Timer 控件在设计时显示为一个小时钟图标，在运行时并不显示在屏幕上，它只是用于后台处理，通常用标签来显示时间。Timer 控件最大的特点就是每隔一定的时间就产生一次 Timer 事件。用户可以根据这个特性设置时间间隔控制某些操作或用于计时。所以，当需要定期自动执行某些特定事件时，该控件非常有用。

Timer 控件的常用属性和事件如下。

（1）Interval 属性　用于设置两个 Timer 事件之间的时间间隔。可以在属性窗口设置，也可以在程序中通过代码设置，设置时以毫秒为单位，设置的范围是 0～65535 毫秒。该属性的默认值为 0，即时钟控件不起作用。如果将 Interval 属性值设置为 1000 毫秒，则每隔一秒就触发一次 Timer 事件。如果希望每秒产生 n 个事件，则将时钟的 Interval 属性值设置为 1000/n。

（2）Enabled 属性　决定 Timer 控件是否开始使用，有两个取值，分别为：

True：当 Enabled 属性被设置为 True，而且 Interval 属性值大于 0，则计时器开始工作（以 Interval 属性值为间隔，触发 Timer 事件）。

False：当 Enabled 属性被设置为 False 时，Timer 控件无效，即计时器停止工作。

（3）Timer 事件　Timer 控件只支持 Timer 事件。对于一个含有时钟控件的窗体，当计时器的 Enabled 属性值为 True 且 Interval 属性值大于 0 时，每经过一段由属性 Interval 指定的时间间隔，就产生一个 Timer 事件。所以，需要定时执行的操作放在该事件过程中来完成。

4.4　任务 4　进度条的应用

利用进度条、时钟和命令按钮控件，设计一个能够显示计算进度的程序。

4.4.1　任务情境

进度条控件通过从左至右用小方块填充一个矩形来显示较长操作的进度，利用进度条可以很直观地反映“工作”进程。比如利用进度条来指示启动应用软件的进度、利用进度条来指示打开某网页的进度、利用进度条来指示处理大数据的进度等。

图 4-11 是任务 4—— 进度条的执行界面。单击“初始化数组”按钮，开始对大数组进行初始化，并通过进度条来指示执行进度，同时在进度条右侧显示已完成工作的百分比。

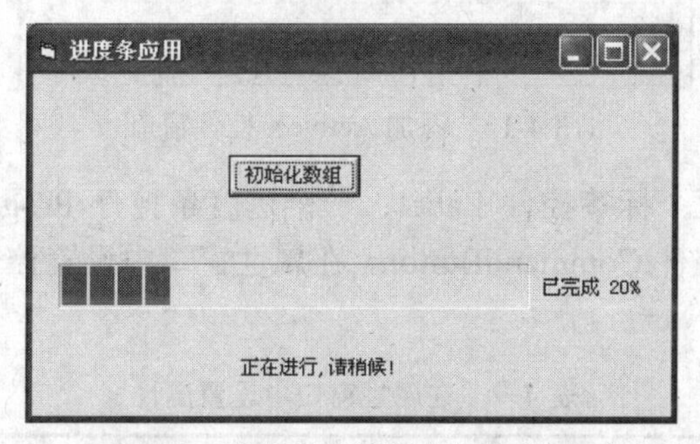

图 4-11　进度条应用程序的执行界面

4.4.2　任务分析

本任务中涉及的主要问题和解决方法有：

1）因为进度条 ProgressBar 不是 Visual Basic 中的基本内部控件，而是 ActiveX 控件，所以需要事先添加到控件工具箱中。

2）定义一个大数组 s 和两个全局变量 counter、n。

3）窗体装入时，设置时钟 Timer1 控件的 Interval 属性，以确定触发时钟的时间间隔。

4）在“初始化数组”按钮的 Click 事件中，设置 ProgressBar1 的最大值、最小值和当前值等属性。

5）通过间隔触发时钟控件来完成数组的初始化、指示执行进度和显示完成工作的百分比。利用随机函数 Rnd 和取整函数 Int 产生 0～1000 之间的随机整数存入 s，作为数组的初始化值。

4.4.3 任务实施

1）新建一个工程。

2）选择“工程”菜单下的“部件”选项，在“控件”选项卡中选中“Microsoft Windows Common Controls 6.0”复选框，单击“应用”按钮或“确定”按钮，便将进度条控件 ProgressBar 加入工具箱，如图 4-12 所示。

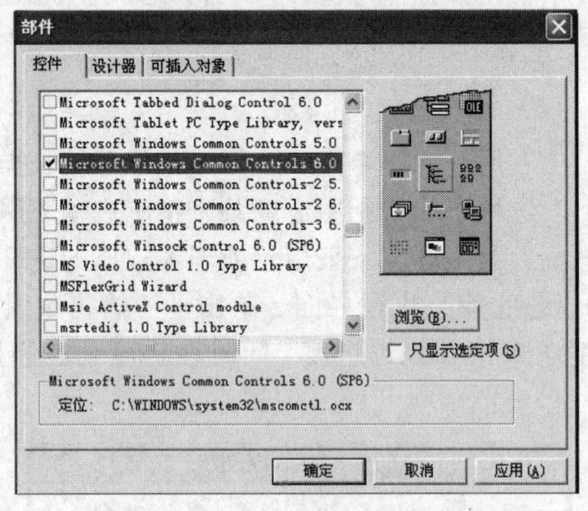

图 4-12 添加 ActiveX 控件窗口

3）在窗体上添加两个标签控件 Label、一个进度条控件 ProgressBar、一个时钟控件 Timer 和一个命令按钮控件 CommandButton，在属性窗口中设置控件的属性，见表 4-7。签控件的属性略。

表 4-7 在属性窗口中设置属性

	控 件 名	属 性 名	属 性 值
进度条	ProgressBar1	Height	400
命令按钮	Command1	Caption	初始化数组

4）进入代码窗口，在相应的 Sub 块中编写如下代码。

```
Dim counter, n As Integer
```

```
Dim s (0 To 2500) As String

Private Sub Command1_Click ()
  ProgressBar1. Min = LBound (s)
  ProgressBar1. Max = UBound (s)
  ProgressBar1. Visible = True
  ProgressBar1. Value = ProgressBar1. Min
  counter = LBound (s)
  Timer1. Enabled = True
  n = Int (UBound (s) – Lbound (s)) / 100
  Label2. Caption = "正在进行，请稍候!"
End Sub

Private Sub Form_Load ()
  Timer1. Enabled = False
  Timer1. Interval = 10
End Sub

Private Sub Timer1_Timer ()
  If counter <= UBound (s) Then
    s (counter) = Int (Rnd (1) * 1000)
    ProgressBar1. Value = counter
    Label1. Caption = "已完成  " & Int (ProgressBar1. Value / n) & "%"
    counter = counter + 1
  End If
    If counter > UBound (s) Then
        Label2. Visible = False
    End If
End Sub
```

5）运行程序。

4.4.4 知识提炼

ProgressBar 控件如图 4-13 所示。

ProgressBar 控件通过从左至右用小方块填充一个矩形来显示较长操作的进度。事先需要将 ProgressBar 控件添加到控件工具箱中。

ProgressBar 控件的常用属性如下。

（1）Align 属性　决定控件在窗体上的位置，有 5 个取值，分别为：

0— vbAlignNone：位于设计时所画的位置。

1— vbAlignTop：位于窗体的顶部。

2— vbAlignBottom：位于窗体的底部。

3— vbAlignLeft：位于窗体的左边。

4— vbAlignRight：位于窗体的右边。

（2）Min、Max 属性　设置进度条的下界和上界。

（3）Value 属性　设置进度条的当前值，即决定控件被填充了多少。运行时 Value 属性将持续增长，直到达到了由 Max 属性定义的最大值。该控件显示的填充块的数目是 Value 属性与 Min 和 Max 属性之间的比值。

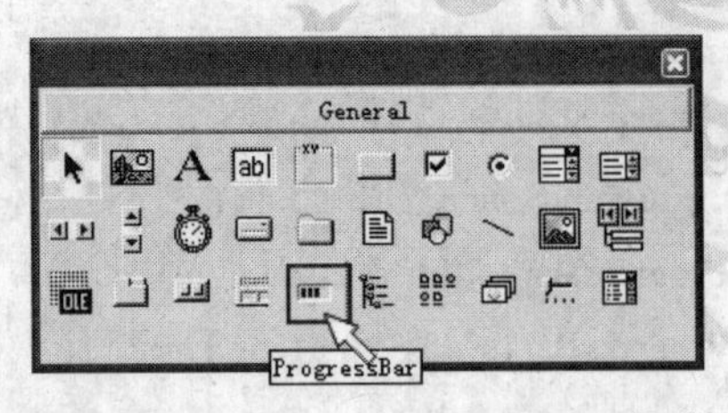

图 4-13　进度条（ProgressBar）控件

（4）Height、Width 属性　确定填充控件的小方块的高度和宽度，从而决定了进度条中小方块的数量的大小，小方块越多，操作进度表示得越精确。

（5）Orientation 属性　决定进度条是水平还是垂直显示，有两个取值，分别为：

0— ccOrientationHorizontal：水平方向，默认设置。

1— ccOrientationVertical：垂直方向。

日积月累　　上下文相关帮助

Visual Basic 的许多部分是上下文相关的。上下文相关意味着不必搜寻“帮助”菜单就可直接获得有关这些部分的帮助。例如，为了获得有关 Visual Basic 语言中任何关键词的 Help，只须将插入点置于“代码”窗口中的关键词上并按“F1”键。

在 Visual Basic 界面的任何上下文相关部分上按“F1”键，就可显示有关该部分的信息。上下文相关部分是：

1）Visual Basic 中的每个窗口（“属性”窗口、“代码”窗口等）。

2）工具箱中的控件。

3）窗体或文档对象内的对象。

4）“属性”窗口中的属性。

5）Visual Basic 关键词（语句、函数、属性、方法、事件和特殊对象）。

6）错误信息。

一旦打开“帮助”，按“F1”键就可获得怎样使用帮助的信息。

本 章 小 结

单选钮、复选框、滚动条、框架、形状、列表框、组合框、时钟和进度条等控件是 Visual Basic 中的常用控件，本章详细介绍了这些控件的属性、方法和事件。通过几个简单而实用的任务，讲解了这些控件的使用方法和编程技术。

实 战 强 化

1）设计程序，通过单选钮选择图形的形状，再利用滚动条改变图形的大小，执行界面如图 4-14 所示。

 提示	① 设置形状 shape1 控件的 shape 属性分别为 VbShapeRectangle、VbShapeSquare、VbShapeOval、VbShapeCircle，即矩形、正方形、椭圆、圆。 ② 在 HScroll1_Change 和 HScroll1_Scroll 事件中，通过下面代码来调节图形的尺寸。 Shape1. Height = HScroll1. Value Shape1. Width = HScroll1. Value

2）设计程序，输入学生基本信息，单击“显示”按钮后，在 Picture 图片框中显示该学生的信息；单击“清除”按钮后，清除图片框中的信息，执行界面如图 4-15 所示。

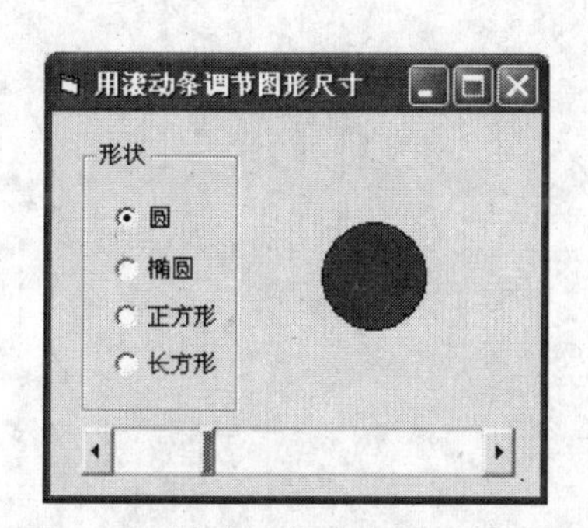

图 4-14　用滚动条改变图形的尺寸

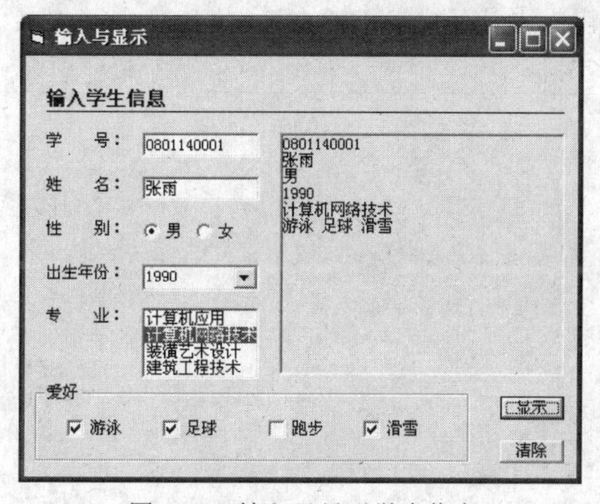

图 4-15　输入及显示学生信息

 提示	可以使用 Picture1. Print 方法输出相应的信息，比如输出性别时，可用下面代码完成： Picture1. Print IIf (Option1. Value = True, Option1. Caption, Option1. Caption)

3）设计一个用时钟控制输出的程序，实现每隔 2s 在文本框（带双向滚动条）新的一行输出当前的系统时间及产生 10 个 0～100 之间的随机整数。程序运行时，单击“开始”按钮触发计时器，开始逐行输出，随时可以“暂停”或“继续”，如图 4-16 所示。

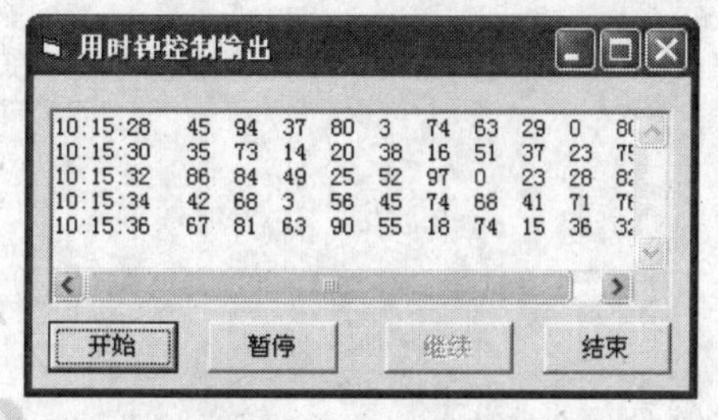

图 4-16　用时钟控制输出

提示

用表达式 str（Time）产生系统当前时间，用表达式 Int（100 * Rnd）产生 0～100 之间的随机整数。每当一行的当前时间和 10 个整数输出完成后，执行一条语句 Text1. Text = Text1. Text & vbCrLf，用以实现换行。

4）设计一个程序，对一批数据进行计算（由用户选定计算问题），用进度条指示计算的进程和显示完成比例，计算结束时响铃，如图 4-17 所示。

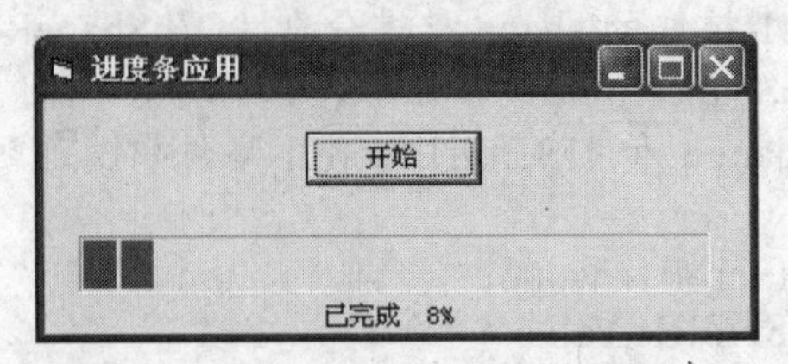

图 4-17　进度条应用程序的执行界面

提示

当计算完成 100%时，执行 beep 响铃。

第5章

对话框的应用

Visual Basic 特点

利用 Visual Basic 编写应用程序会经常用到对话框，对话框是 Visual Basic 应用程序在执行过程中与用户进行交互的窗口。通过对话框可以及时有效地和用户交互，获得数据或者反馈结果。在 Visual Basic 中，可以利用系统提供的通用对话框，也可以根据需要自己设计对话框。

在 Visual Basic 6.0 中，典型的对话框通常没有菜单，不能调整对话框大小也很少作为应用程序的主界面。故使用的范围限于不需调整大小，没有菜单加载并且不是主界面的窗体中。

工作领域

对象之间往往通过接受用户的输入获得下一步操作的方向，通过向用户传递的提示或者结果使应用程序继续执行。即在应用程序中需要使用输入对话框进行简单数据的输入，通过消息对话框进行信息输出。

技能目标

通过本章内容学习和实践，能够掌握 Visual Basic 语言中的各类对话框的创建和基本使用方法，能够使用系统提供的输入对话框、消息对话框、通用对话框以及自定义对话框等获得窗体编程的技能。

5.1 任务1 修改成绩对话框的设计

利用输入对话框输入修改的成绩并由消息框显示是否能修改的结果。

5.1.1 任务情境

设计一个修改成绩的对话框。在窗体上显示一个文本框并显示成绩为 80 分，如图 5-1 所示。如果需要修改就单击“修改成绩”按钮，弹出“确认”消息框确认是否修改，如图 5-2 所示。如果点击“是”，则弹出输入对话框，要求用户输入一个范围在 0～100 之间的数字，并判定该数字是否在范围之内，如图 5-3 所示。如果在该范围以内，显示正确并将原来的 80 分改为新输入的成绩，如果超出范围提示输入错误，如图 5-4 所示。如果选择“取消”则将取消本次修改操作。如果在是否修改的对话框中选择“否”，则关闭窗体，直接退出。

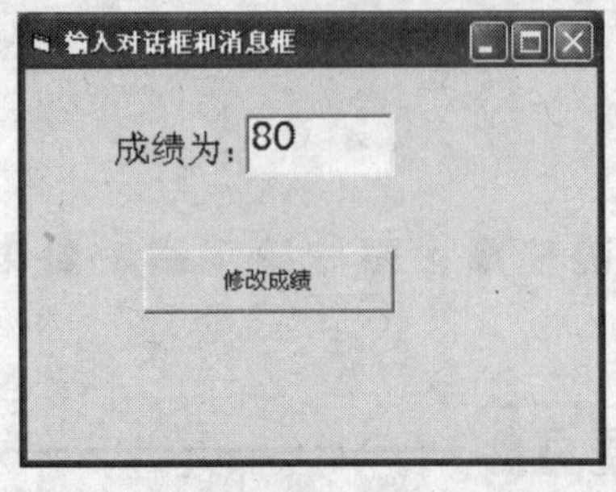

图 5-1　窗体启动后屏幕显示的信息

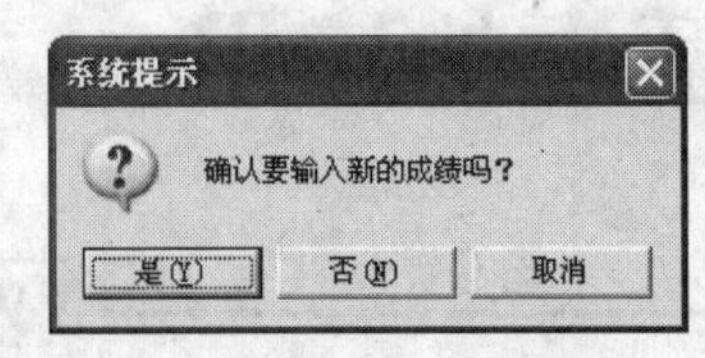

图 5-2　“确认”消息框

图 5-3　“输入”对话框

图 5-4　“提示”消息框

5.1.2　任务分析

本任务要完成的是对成绩的修改。由于要求用户输入一个 0～100 之间的成绩值，所以需要一个文本输入框来接收信息，当用户确定输入的数值后，要反馈给用户相应的信息，即需要输出相应的提示信息。这样的任务对窗体本身样式的要求不高，使用输入对话框和消息对话框只需要在对话框的标题和提示部分设置简明扼要的文字信息，就能够获得形式简洁的对话框窗体。本次任务中可以由输入对话框和消息对话框的组合设计来完成该任务。

数据输入用输入对话框实现，而不需要输入数值只是反馈信息的各种窗体由消息对话框实现。

具体的思路如下。

1）生成一个普通窗体并在窗体上生成一个标签、一个文本框和一个按钮并分别设置相应的属性。

2）在按钮的 Click 事件中编写代码，生成若干个消息对话框和一个输入对话框。

3）根据消息对话框和输入对话框的返回值进行选择和判断。

4）确定修改成绩时弹出输入对话框，输入成绩并将新的成绩更新到文本框内；在确定不改成绩时使用 End 语句中止程序。

5.1.3　任务实施

1）新建一个工程。

2）在窗体中添加一个标签控件 Label、一个文本框控件 TextBox 和一个按钮控件

CommandButtom，布局如图 5-1 所示。

3）在属性窗口中设置窗体的下列属性，见表 5-1。

表 5-1 在属性窗口中设置窗体属性

	控件名	属性	设置值
窗体	Form1	Caption	输入对话框和消息框
标签	Label1	Caption	成绩为：
		Font	小三号
命令按钮	Command1	Caption	修改成绩
文本框	Text1	text	80
		Font	楷体、小三号

4）进入代码窗口，在 Command1_click 事件的 Sub 块中添加如下代码。

```
Dim num, yn As Integer
Private Sub Command1_Click ()
    yn = MsgBox ("确认要输入新的成绩吗", 67, 系统提示)
    If yn = vbNo Then
        End
    ElseIf yn = vbYes Then
        num = InputBox ("请输入成绩分数在 0~100 之间", "修改成绩")
        If num >= 0 And num <= 100 Then
            MsgBox                    "输入正确，立刻修改", 64, "特别提示"
            Text1. Text = num
        Else
            MsgBox                    "输入错误！不能修改！", 16, "特别提示"
        End If
    ElseIf yn = vbCancel Then
        MsgBox                        "修改操作已经被取消", 48, "特别提示"
    End If
End Sub
```

5）运行程序。

5.1.4 知识提炼

本任务的核心知识点是输入对话框和消息框。

1. 输入对话框

输入对话框是系统定义的对话框，该对话框包含一个消息提示、一个文本框以及两个命令按钮“确定”和“取消”。对话框等待用户输入文本或单击按钮，然后返回文本框的内容。输入框的样式是固定的，用户不能改变。

Visual Basic 提供的 InputBox 函数可生成输入对话框。每执行一次 InputBox 函数，用户只能输入一个数据，另外，用户能改变的是输入框的“提示”和“标题”的内容，“提示”和“标题”都是字符串表达式。

语法：

InputBox[$] (提示[, 标题][, 默认值][, x 坐标位置][, y 坐标位置])

$：可选项，表示当该参数存在时，返回的是字符型数据；该参数不存在时，返回的是变体型数据。

提示：必选项，一个字符表达式，用于提示用户输入的信息内容，可显示单行文字也可显示多行文字，但必须在行文字的末尾加回车符 Chr（13）和换行符 Chr（10）。

标题：可选项，一个字符表达式，用于设置输入对话框标题栏中的标题。省略时使用工程名的标题。

默认值：可选项，用来在输入对话框的输入文本框中显示一个默认值。

需要注意的是：各项参数次序必须一一对应，除了“提示”不能省略外，其余各项均可省略，但省略部分后面如果还有其他参数需要用逗号占位符跳过。

InputBox 函数有两种表达方式一种为带返回值的，一种是不带返回值的。

1）带返回值的 InputBox 函数使用方法如下。

yy = inputbox$ (“请输入姓名”, “姓名输入框”, 2000, 3000)

显示结果是输入框显示的坐上角位置是在屏幕的(2000, 3000), yy 获得的值在单击“确定”按钮时是一个输入文本框的字符串；在单击“取消”按钮时是一个零长度的字符串。InputBox 函数后的一对圆括号不能省略。

2）不带返回值的 InputBox 函数使用方法如下。

inputbox$ “请输入姓名”, “姓名输入框”, 2000, 3000

显示结果与带返回值的 InputBox 函数使用方法的相同，但不会想表达式或变量传递返回值。InputBox 函数后的一对圆括号可以省略，但参数之间的逗号不可省，这是因为传输参数时是一一对应的，漏掉了逗号必定会出现错误。

2．消息框

执行 Visual Basic 提供的 MsgBox 函数，可以在屏幕上出现一个消息框，消息框通知用户消息并等待用户来选择消息框中的按钮，MsgBox 函数返回一个与用户所选按钮相对应的整数。

语法：MsgBox (提示, [, 标志和按钮][, 标题])

在 MsgBox 函数格式中，“提示”和“标题”的含义同 InputBox 函数，“标志按钮”的含义复杂一些，“标志和按钮”指定按钮的数目及类型，使用的图标样式及默认按钮等，是按钮数目、使用的图标样式以及默认按钮 3 项所对应的数据之和。“标志和按钮”的默认值是 0。

例如

```
answer=MsgBox (“确定要退出吗？”, vbQuestion+vbYesNo, “请选择”)
```

VbQuestion（或数值 32）表示有“？”图标，vbYesNo（或数值 4）表示有“是”及“否”两个按钮，当用户单击消息框中的一个按钮后，消息框即从屏幕上消失。在上面的语句中，将函数的返回值赋给了变量 answer，在程序中可引用 answer 作相应的处理。

也可以写做：

```
answer=MsgBox ("确定要退出吗？", 36, "请选择")
```

即 36=32+4+0，表示显示“是”及“否”两个按钮、在对话框中显示“？”图标以及第 1 个按钮是默认值。

更多的 MsgBox 函数中“按钮和标志值”常量及数值可以参阅 Visual Basic 帮助的“MsgBox 函数”主题。

MsgBox 函数可以带有带返回值和不带返回值的两种表达形式。

MsgBox 函数的返回值常量及数值可以参阅 Visual Basic 帮助的“MsgBox 函数”主题。

不带返回值的表达形式如下。

```
MsgBox "确定要退出吗？" 36, "请选择"
```

这样的形式不能利用用户所击按钮的值进一步判断操作，只起一个通知或者提醒警告的作用。

InputBox 函数格式固定并只能接受用户输入的一个值，可用于设计输入较为简单的信息的窗体，而 MsgBox 函数是单向地用户提供消息，并不接受输入，它的功能是告知用户发生了什么或刚才用户操作的结果，因此适合作为消息提示或警告窗体的设计。

5.2 任务 2 带有文件打开和保存、设置字体等功能对话框的设计

使用通用对话框（CommonDialog）控件实现对系统对话框的调用。

5.2.1 任务情境

设计如图 5-5 的一个窗体，在左端的文本框内显示打开的文件，文本框内的文字可以设置字体，并保存。当使用右端的任意按钮时，标签标题显示为文件路径、文件名称和文件操作的描述。在运行中的窗体上，点击“打开文件”按钮，弹出“打开”对话框并允许用户选择任何文件路径下的任意文本文件，点击“确定”后，文本内容显示在窗体的文本框内。如果点击可“保存文件”按钮，弹出“另存为”对话框并允许用户将文本框内的内容保存在用户选择的任何文件路径下的任意文本文件内。如果点击可“设置字体”按钮，弹出“字体”对话框并允许用户设置关于字体的任何选项，点击“确定”后，文本内容将按照“字体”对话框中的设置显示在窗体的文本框内。如果点击可“退出”按钮，该窗体被卸载。

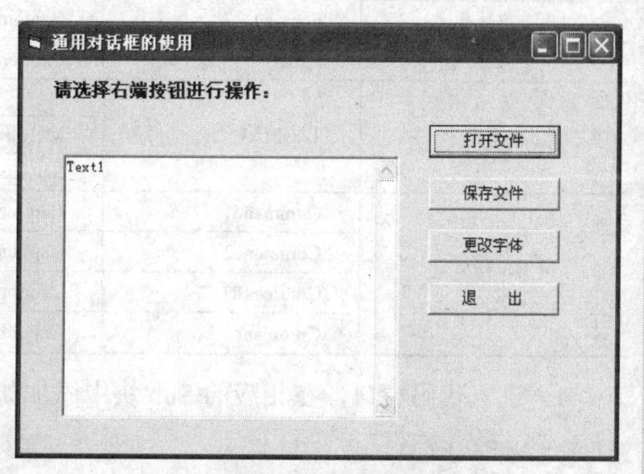

图 5-5 “通用对话框的使用”界面

5.2.2 任务分析

在实际操作中，应用程序需要频繁调用的对话框，如打开文件、保存文件等对话框。这些对话框的设计对编程人员要求较高，另外程序设计中如果所有的对话框都由设计人员来完成，将会耗费大量的时间，而利用系统提供的通用对话框则可以节省很大的工作量。

为了获得对系统对话框的调用要进行以下的操作。

1）通过菜单“工程→部件”加载“Microsoft Common Dialog Control 6.0”，在工具栏内添加通用对话框控件。

2）任意窗体上使用通用对话框，要将通用对话框控件拖动到窗体上，并设置相关属性。

3）通过通用对话框的 Action 属性取 1～6 的不同数值，获得对“打开”、“另存为”、“颜色”、“字体”、“打印”和“帮助”对话框的调用。使用方法 showopen、showsave、showcolor、showfont、showprinter、showohelp 可以调用相应的对话框。

4）调用的对话框本身只是一个标准界面，不能执行具体的功能，如果需要完成相关的功能，必须在各对话框的代码中更改或传递相关属性值。

本任务会使用关于文件的相关内容，具体的语法形式和使用细则会在第 7 章详细讲解，本章关于文件部分的内容只需了解含义。

5.2.3 任务实施

1）新建一个工程。

2）在工具箱的空白处右单击，在弹出的菜单中选择“部件”选项，打开“部件对话框”，为工具箱添加 CommonDialog 控件。

3）生成一个窗体，将并在窗体上加装一个标签 Label1，一个文本框 Text1、一个通用对话框 CommonDialog1 和 4 个命令按钮分别是 Command1、Command2、Command3、Command4 等控件并设置属性，见表 5-2。

表 5-2 在属性窗口中设置属性

	控件名	属性	设置值
窗体	Form1	Caption	通用对话框的使用
标签	Label1	Caption	请选择右端按钮进行操作
文本框	TextBox1	Name	Text1
		Multiline	True
		ScrollBars	2-Vertical
命令按钮	Command1	Caption	打开文件
	Command2	Caption	保存文件
	Command3	Caption	设置字体
	Command4	Caption	退　出

4）进入代码窗口，在相应的 Sub 块中添加如下代码。

```
Dim yn As Integer                    '定义一个整型变量
Private Sub Command1_Click ()
```

```
  CommonDialog1. Filter = "文档 (*.doc;*.rtf;*.txt)|*.doc;*.ref;*.txt|所有文件 (*.*)|*.*"
                                                      '设置文件列表框中所显示文件的类型
  CommonDialog1. Action = 1                           '调用“打开”对话框
  Label1. Caption = "打开" + CommonDialog1. FileName  '设置标签标题
  Text1. Text = ""                                    '设置文本框初始值
  Open CommonDialog1. FileName For Input As #1        '打开选择的文件
  Do While Not EOF (1)
      Line Input #1, inputdata                        '读一行数据
      Text1. Text = Text1. Text + inputdata + vbCrLf
  Loop
  Close #1                                            '关闭文件
End Sub

Private Sub Command2_Click ()
   CommonDialog1. FileName = "default. txt"           '保存文件的默认文件名
   CommonDialog1. DefaultExt = "txt"                  '默认的扩展名
   CommonDialog1. Action = 2                          '调用“另存为”对话框
   Label1. Caption = "保存" + CommonDialog1. FileName
   Open CommonDialog1. FileName For Output As #1      '打开文件写入数据
   Print #1, Text1. Text                              '将文本框内的文本写入文件
   Close #1                                           '关闭文件
End Sub

Private Sub Command3_Click ()
  CommonDialog1. flags = 3                            '设置显示字体为屏幕字体或打印机字体均可
  CommonDialog1. Action = 4                           '调用“字体”对话框
  Label1. Caption = "为文件" + CommonDialog1. FileName + "设置字体"
  Text1. FontName = CommonDialog1. FontName           '设置文本字体
  Text1. FontSize = CommonDialog1. FontSize           '设置文本字号
  Text1. FontBold = CommonDialog1. FontBold           '设置文本粗体
  Text1. FontItalic = CommonDialog1. FontItalic       '设置文本斜体
  Text1. FontStrikethru = CommonDialog1. FontStrikethru  '设置文本删除线
  Text1. FontUnderline = CommonDialog1. FontUnderline    '设置文本下划线
  Text1. ForeColor = CommonDialog1. Color             '设置文本颜色
End Sub

Private Sub Command4_Click ()
  yn = MsgBox ("在退出之前您的文件保存了吗？", 4, "提示")
  If yn = 6 Then
```

```
        Unload Form1                              '卸载该窗体
    End If
End Sub
```

5）运行程序。

5.2.4 知识提炼

Visual Basic 提供了一组基于 Windows 的常用标准对话框界面，用户可以充分利用通用对话框（Common Dialog）控件在窗体上创建 6 种标准对话框，不需要自己设计。它们分别为打开（Open）、另存为（Save As）、颜色（Color）、字体（Font）、打印（Printer）和帮助（Help）对话框。但是由于通用对话框不是标准控件，因此使用前需要先把通用对话框控件添加到工具箱中，如图 5-6 所示。

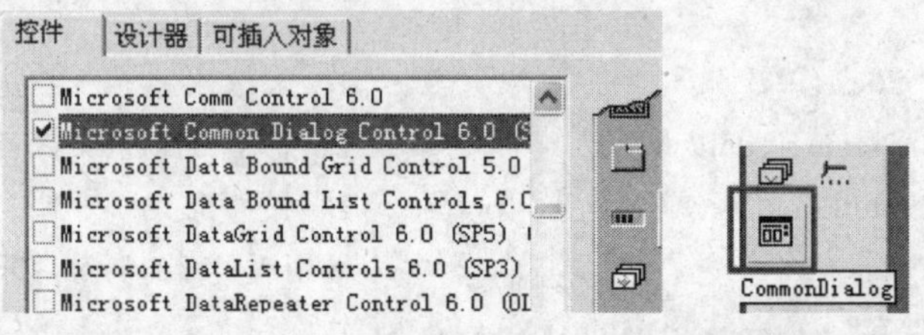

图 5-6　CommonDialog 控件选项和在工具箱上的图标

在设计状态，窗体上显示通用对话框控件图标，但在程序运行时，窗体上不会显示通用对话框，直到在程序中用 Action 属性或 Show 方法激活而调出所需的对话框。

通用对话框仅用于应用程序与用户之间进行的信息交互，是输入输出界面，不能实现打开文件、存储文件、设置颜色、字体打印等操作。如果想要实现这些功能还得靠编程实现。

通用对话框控件的主要属性和方法：

1）Left 和 Top 表示通用对话框的位置。

2）Action 属性和调用方法。该属性不能在属性窗口内设置，只能在程序中赋值，用于调出相应的对话框。

通用对话框的主要方法：

在实际应用中，除了可以通过对通用对话框的 Action 属性设置明确对话框的类型外，还可以使用 Visual Basic 提供的一组方法来打开不同类型的通用对话框，见表 5-3。

表 5-3　通用对话框的 Action 属性和调用方法

对　话　框	值	调 用 方 法	说　　明
无对话框显示	0		没有通用对话框被选择
“打开”对话框	1	ShowOpen	选取要打开文件的文件名和路径
“另存为”对话框	2	ShowSave	用于保存文件的文件名和路径
“颜色”对话框	3	ShowColor	从标准色中选取或创建要使用的颜色
“字体”对话框	4	ShowFont	选取基本字体及设置想要的字体属性
“打印”对话框	5	ShowPrinter	选取打印机同时设置一些打印参数
“帮助”对话框	6	ShowHelp	与自制或原有的帮助文件取得连接

通用对话框的特殊属性设置：

在通用对话框的使用过程中，除了上面的基本属性外，每种对话框还有自己的特殊属性。这些属性可以在属性窗口或代码中进行设置，也可以在通用对话框控件的属性对话框中设置。对窗体上的通用对话框控件单击鼠标右键，在弹出的快捷菜单中选择“属性”，即可调出通用对话框控件属性对话框，如图 5-7 所示。该对话框中有 5 个选项卡，可以分别对不同类型的对话框设置属性。例如，要对字体对话框设置，就选定字体选项卡。

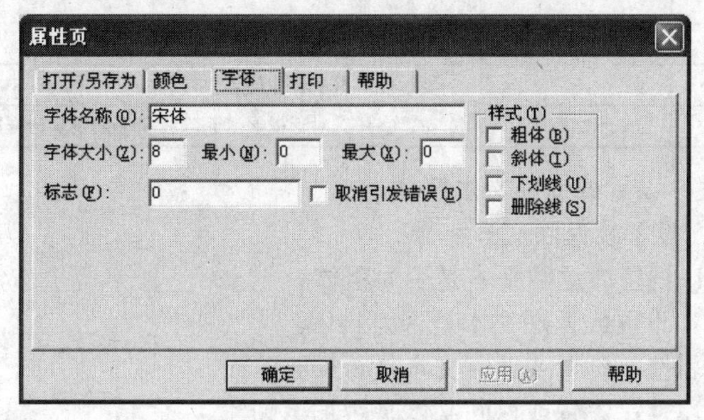

图 5-7　通用对话框控件“属性页”对话框

1．“打开”对话框的属性设置

FileName 属性：文件名称，表示用户要打开文件的文件名（包含路径）。

FileTitle 属性：文件标题，表示用户要打开文件的文件名（不包含路径）。

Filter 属性：过滤器属性，用于确定文件列表框中所显示文件的类型，是由一组元素或由“|”分开的分别表示不同类型文件的多组元素组成。

FilterIndex 属性：过滤器索引属性，整型，表示用户在文件类型列表框中选定了第几组文件类型。

例如：需要在“文件类型”列表框中显示以下 3 种类型的文件。

Text Files (*.TXT)

BITMAP (*.bmp)

ALL Files (*.*)

那么 Fileter 属性应设为：

Text Files (*.TXT)| *.TXT| BITMAP (*.bmp)| *.bmp| ALL Files (*.*)|*.*

如果选定所有文件*.*则 FilterIndex 属性的值为 3。

InitDir 属性：初始化路径属性，用来指定“打开”对话框的初始目录。

2．“另存为”对话框的属性设置

DefaultExt 属性：表示默认扩展名。

3．“颜色”对话框的属性设置

Color 属性：返回或设置通用对话框的颜色。

例如：Text1. ForeColor=CommonDialog1. Color

4. “字体”对话框的属性设置

Flags 属性：设置显示字体的类型。在显示“字体”对话框之前必须设置 Flags 属性，否则将发生不存在字体的错误，具体参数值见表 5-4。

表 5-4 “字体”对话框 Flags 属性设置值

对话框	值	说明
cdlCFScreenFonts	1	显示屏幕字体
cdlCFPrinterFonts	2	显示打印机字体
cdlCFBoth	3	显示打印机字体和屏幕字体
cdlCFEffects	256	在“字体”对话框显示删除线和下划线复选框以及颜色组合框

FontName 属性：设置或返回文本字体。

FontSize 属性：设置或返回文本字号。

FontBold 属性：设置或返回文本是否为粗体。

FontItalic 属性：设置或返回文本是否为斜体。

FontStrikethru 属性：设置或返回文本是否加删除线。

FontUnderline 属性：设置或返回文本是否加下划线。

Color 属性：返回或设置选定的字体颜色。

5. “打印”对话框的属性设置

Copies 属性：设置或返回打印份数。

FromPage 属性：设置或返回打印起始页号。

ToPage 属性：设置或返回打印终止页号。

例如：

```
I = CommonDialog1. Copies
for m=1 to i
Printer. Print Text1. Text '打印文本框中的数据
Printer. NewPage          '换页
Next i
Printer. EndDoc           '结束文档打印
```

通用对话框使用用户的应用程序和其他软件在界面使用上统一规范，同时大大减少了编程工作量。

5.3 任务 3 登录对话框设计

利用自定义对话框生成登录对话框和帮助对话框。

5.3.1 任务情境

设计一个对话框，要求用户输入用户名和密码，如果输入正确，显示“登录成功”并打开一个“展示屏幕”窗体，用户单击该窗体退出。如果输入 3 次不正确显示“密码错误”

并退出。

单击“确定”按钮，窗体开始检查录入的用户名和密码是否和程序中设计的字符串相等，如果用户名不等显示“用户名错误，请重新输入”；如果密码不等显示“无效的密码，请重试！”；如果输入次数已达 3 次，显示“您的输入次数已到，不能登录！”并卸载窗体，直接单击“取消”按钮，窗体被卸载。如图 5-8～图 5-10 所示。

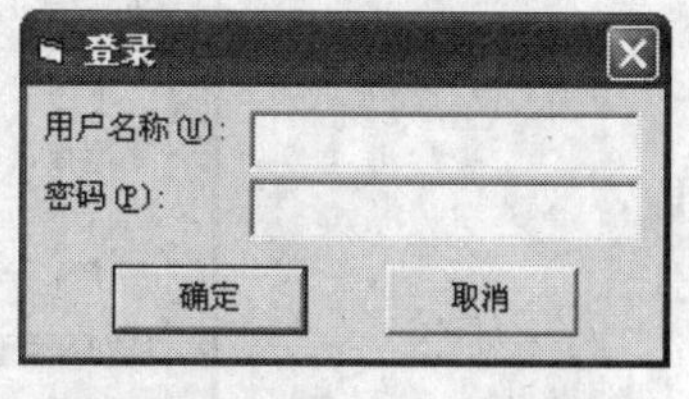

图 5-8 “登录”对话框模板

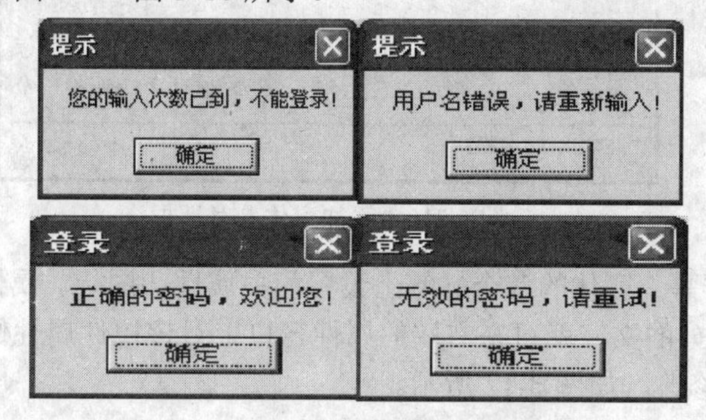

图 5-9 “登录”对话框中的消息框

图 5-10 “展示屏幕”对话框

5.3.2 任务分析

此类对话框是使用非常广泛的窗体，可以用两种方法来实现。第一种完全自定义“登录”窗体，自己添加窗体上的两个标签、两个文本框以及两个按钮和“展示屏幕”窗体上的所有控件。这种方法的设计在前面的控件章节已经讲过。第二种方法是利用对话框模板生成一个登录对话框和一个“展示屏幕”对话框，然后为其编写相关的代码以及属性设置。这里采用第二种方法，只需对代码做少量修改，就可以更简单快捷地获得美观大方实用的两个窗体。

5.3.3 任务实施

1）新建一个工程。

2）点击“工程→添加窗体”菜单项，选择新建选项卡下的“登录对话框”，单击“打开”，如图 5-11 所示。

3）点击“工程→添加窗体”菜单项，选择新建选项卡下的“展示屏幕”窗体，单击“打开”，如图 5-11 所示。

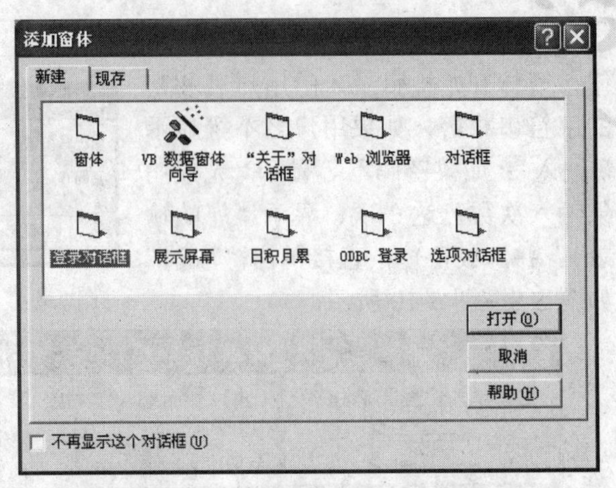

图 5-11 “添加窗体”对话框

4）在“展示屏幕”窗体的各个标签上设置相关属性和图标。属性设置的时候，只需点击窗体上的各个部分的文字就可在右端的属性窗口上对该控件属性修改。主要是一些标签的 Caption 属性的修改，如图 5-12 所示。

图 5-12 设计时的“展示屏幕”窗体

5）在登录窗体上分别双击“确定”和“取消”按钮，进入代码窗口，在相应的事件 Sub 块中添加如下代码。

```
Option Explicit
Public i As Integer
Public LoginSucceeded As Boolean

Private Sub cmdCancel_Click ()
                                        '设置全局变量为 false
                                        '不提示失败的登录
    LoginSucceeded = False
    Me. Hide
End Sub
```

```
Private Sub cmdOK_Click ()
                                                    '检查正确的密码
 If txtUserName = "vb" Then
     If i < 3 Then
         If txtPassword = "123456" Then
                                                    '将代码放在这里传递
                                                    '成功到 calling 函数
                                                    '设置全局变量时最容易的
             LoginSucceeded = True
             MsgBox "正确的密码，欢迎您!", , "登录"
             Me. Hide
             Load frmSplash
             frmSplash. Show
         Else
             MsgBox "无效的密码，请重试!", , "登录"
             txtPassword = ""
             txtPassword. SetFocus
             SendKeys "{Home}+{End}"
             i = i + 1
         End If
     Else
      MsgBox "您的输入次数已到，不能登录!", , "提示"
      LoginSucceeded = False
      Me. Hide
     End If
  Else
   MsgBox "用户名错误，请重新输入!", , "提示"
   txtUserName = ""
   txtUserName. SetFocus
  End If
End Sub

Private Sub Form_Load ()
   i = 1
End Sub
```

6）在“展示屏幕”窗体的空白处单击鼠标右键查看代码，但不需要更改。

7）在“工程”菜单中选择“工程属性”并设置工程名称、版本号等属性值，点击“确定”按钮。

8）运行程序。

5.3.4 知识提炼

在本任务实施的时候，设计者一定会发现，代码窗口中的很多行代码都是系统已经写好的，只需要做相应的修改和添加就可以为我所用，非常的快捷方便，编码数量少，控件的外观简洁大方。因此利用对话框模板，是快速生成形式美观、符合要求的对话框的有效手段之一，使用该种方法可以拓展生成对话框的形式。

可以通过点击“工程→添加窗体”菜单项，弹出“添加窗体”对话框，在其中的“新建”选项卡下，有许多常用对话框的模板。在这些模板产生的对话框窗体中，系统自动生成的相关代码已经存在，用户只需要将自己设置的相关属性和要添加的代码加入其属性窗口和代码中即可。

完全自定义对话框的显示与关闭需要通过代码进行控制，显示可通过窗体的 Show 方法实现，关闭可通过 Unload 方法实现。

也可以通过“现存”选项卡将用户自己的模板添加到 Visual Basic 工程环境，作为资源反复使用。

日积月累　　Option 语句

Visual Basic 中的 Option 语句是针对编译器的语句，对模块的语法规则进行规范约束。通常在模块级别中使用，必须写在模块的所有过程之前。

常用的 Option 语句有 Option Base、Option Compare 和 Option Explicit。

1. Option Base 语句

Option Base 语句用来声明数组下标的默认下界。

语法

Option Base {0 | 1}

说明　由于下界的默认设置是 0，因此无需使用 Option Base 语句。如果使用该语句，则必须写在模块的所有过程之前。一个模块中只能出现一次 Option Base，且必须位于带维数的数组声明之前。

2. Option Compare 语句

用于声明字符串比较时所用的默认比较方法。

语法

Option Compare {Binary | Text | Database}

说明　Option Compare 语句为模块指定字符串比较的方法（Binary、Text 或 Database）。如果模块中没有 Option Compare 语句，则默认的文本比较方法是 Binary。两列字符串的比较。在英文中，二进制比较要区分大小写；文本比较则不区分大小写。

3. Option Explicit 语句

Option Explicit 语句强制显式声明模块中的所有变量。

语法

Option Explicit

说明

如果模块中使用了 Option Explicit，则必须使用 Dim、Private、Public、ReDim 或 Static 语句来显式声明所有的变量。如果使用了未声明的变量名在编译时间会出现错误。

本章小结

本章通过 3 个任务，为用户提供了学习 Visual Basic 中各类对话框的方法。输入对话框、消息框、通用对话框、对话框模板以及前面控件章节中的自定义窗体的设计，使设计 Visual Basic 程序的读者可以有效地组合各类传递消息的界面，获得数据，显示信息，连接各个应用模块。

实战强化

1）实现一个打折显示的窗口，要求用户输入某商品的订购数量（0～100 之间），按下“确定”按钮后显示根据数量给予的折扣：10 件以下无折扣，11～19 件九折，20～29 件八折，30～49 件七折，50～79 件六折，80～100 件五折，如果超出了 0～100 的范围，显示超出范围并等待重新输入，如果选择了“取消”按钮，则直接退出，如图 5-13 所示。使用输入对话框和消息框完成。

图 5-13 “商品订购打折信息”窗体

提示：本例可以参照任务 1 来实现。在确定按钮中要设置多个条件判断语句来完成不同消息框的显示。条件判断语句可使用 Select Case 语句实现。

2）在窗体上显示一个文本框可以实现文本的编辑，带有 3 个按钮分别是“打开…”、“另存为…”、“颜色…”，并实现对文本文件的打开、文本内容的存储、文本颜色的改变，如图 5-14 所示。

提示

命令按钮的事件过程可参照任务 2。要使用通用对话框“打开”“另存为”、“颜色”和“打印”对话框。“打印”对话框的属性设置可参照例题中的属性设置。

3）利用工程中的“添加窗体”菜单项，生成一个“对话框”模板，设计一个登录对话框，并在代码窗口内设计相关内容，使之完成与任务 3 相同的功能，如图 5-15 所示。

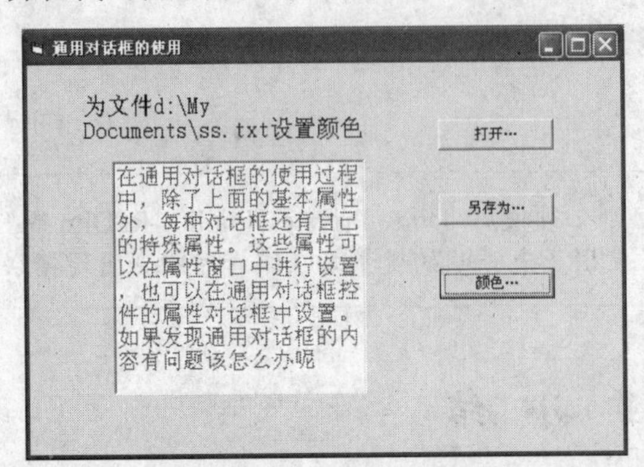

图 5-14 “文本文件的打开、保存和设置颜色”窗体

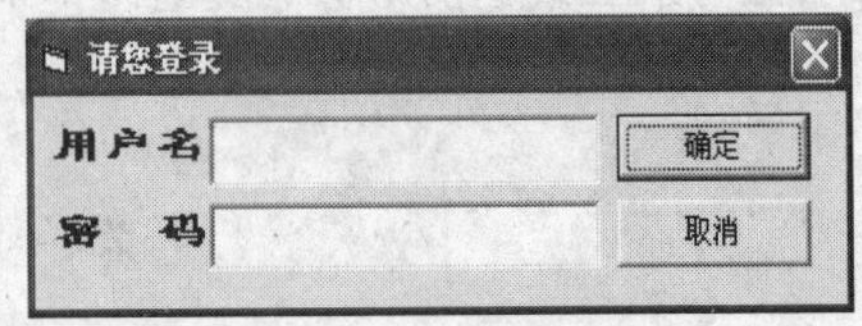

图 5-15 “请您登录”窗体

第6章

图形图像处理

Visual Basic 特点

Visual Basic 提供了丰富的图形功能，既可以直接使用图形控件，也可以通过图形方法在窗体中输出文字和任意形状的图形，还可以作用于打印机对象。Visual Basic 也提供了在窗体上调用和显示各类图片的功能，图片框和图像框控件的使用可以使用户的界面窗体更加美观、友好。

工作领域

图形程序界面已经成为程序设计的主流，图形图像在各种类型的窗体中均有应用。同时在应用程序中需要绘制各类矢量图形的要求，Visual Basic 也可以基本满足需要，增加应用程序界面的趣味性，其可视性的操作也方便用户使用。

技能目标

通过本章内容学习和实践，能够掌握 Visual Basic 语言中的关于图形图像处理的基本方法，掌握各类图形控件，利用相关的绘图方法绘制基本的图形，设置颜色、线型、填充样式等，以及利用图像控件及相关方法显示图片或者制作小型动画。

6.1 任务1 美丽的电视发射塔

利用 Visual Basic 图形处理中 Line、Pset、Circle、Cls 方法，设计完成对电视发射塔的图形设计。

6.1.1 任务情境

在窗体上绘图是应用程序常见的设计手段。本任务使用 Visual Basic 的各类图形方法在窗体上绘制一组图案。程序运行开始，就在窗体上显示出绿色的电视发射塔身和不断发散开来的彩色电波。鼠标在窗体的任意位置单击后，计算机屏幕上擦除所有图形。运行结果如图 6-1 所示。

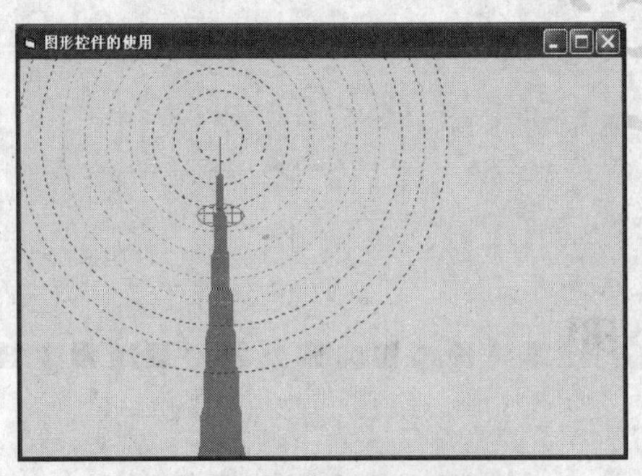

图 6-1 “美丽的电视发射塔”窗体

6.1.2 任务分析

在该任务中，可以发现整个图形由 3 部分组成，发射塔的塔身、发射塔上半部分的椭圆体和电波。其中塔身是多条不同宽度的直线叠加获得的；而发射塔上部的椭圆形突起部分内有网格状的填充。最后，电波的发射是形成了一个又一个的虚线型圆，利用赋予圆不同的颜色和半径而获得了这样的效果。在操作中需要在窗体上画出塔身和椭圆，然后生成若干个圆形。并为这 3 部分提供颜色、填充形式、线型、线宽。

由于要产生电波不断向外发散的效果，需要添加一个定时器控件，设定一定的时间间隔画圆，在画圆的时候随机的给出为圆的颜色值和变化的半径值。

可以利用 Visual Basic 所提供的图形处理方法实现这一目的。

1）用 Line (Xstart, Ystart)-(Xend, Yend) 绘制塔身。

2）用 Circle (x, y) 画椭圆，并填充，绘制塔身上部的椭圆形突起部分。

3）用 Pset (x, y) 画点，确定塔尖发射的中心点，用 Circle (x, y) 画圆，绘制电波，利用定时器控件的特性，使电波延时向外发送。

4）用 Cls 清除屏幕遗留下来的痕迹。

在窗体上绘制图形必须要提供一种指示位置的坐标，参考坐标位置，设定需要确定绘图的位置，然后根据设定的位置画出图形。假如默认窗体的左上角为坐标原点，那么所有的绘制过程的位置都是相对于该原点描述的。

6.1.3 任务实施

1）新建一个工程。

2）在窗体上添加一个时钟控件，设置相关属性如下，见表 6-1。

表 6-1 在属性窗口中设置属性

	控 件 名	属 性 名	属 性 值
窗体	Form1	Caption	图形控件的使用
		AutoreDraw	True
时钟控件	Timer1	Interval	100

3）在窗体上双击，进入代码窗口，在窗体的 Load 事件和 Click 事件以及定时器的 Timer 事件的 Sub 块中添加如下代码。

```
Dim i As Integer                                 '设置生成直线的循环变量
Dim j As Integer                                 '设置电波发送的循环变量
Dim r As Byte, g As Byte, b As Byte

Private Sub Form_Click ()
    Timer1. Interval = 0                         '设置定时器的时间间隔为 0
    Cls                                          '清除屏幕
End Sub

Private Sub Form_Load ()
    'BackColor = RGB (0, 0, 0)                   '实际运行中可设置背景色为黑色
                                                 '塔身的生成
    j = 0
    DrawWidth = 1                                '设置线宽
    PSet (ScaleWidth / 3, 1000)                  '在三分之一宽度和高度 1000 处画点
    ForeColor = RGB (0, 255, 0)                  '设置前景色为绿色
    For i = 1 To 50 Step 5                       '设置循环生成直线
      DrawWidth = i                              '设置直线宽度值为循环变量
      Line –Step (0, ScaleHeight / 10)           '从当前位置按步幅 ScaleHeight / 10 画线
    Next i
                                                 '生成塔上部的突起
    DrawWidth = 1                                '重新设置线宽
    FillStyle = 6                                '设置填充样式为十字线
    FillColor = ForeColor                        '设置填充线的颜色为前景色
    Circle (ScaleWidth / 3, 2000), 300, , , , 0.5 '画横向椭圆
End Sub

Private Sub Timer1_Timer ()
    FillStyle = 1                                '图形方法生成的圆或方框的模式为透明
    DrawStyle = 2                                '输出的线型的样式为虚线
    r = 255 * Rnd                                '生成的红色随机参数
    g = 255 * Rnd                                '生成的绿色随机参数
    b = 255 * Rnd                                '生成的蓝色随机参数
    j = j + 1
    Circle (ScaleWidth / 3, 1000), 300 * j, RGB (r, g, b)
                                                 '以定时器规定的时间间隔画半径相差 300 的颜色随机的圆
  If j = 10 Then j = 0   '
End Sub
```

6.1.4 知识提炼

在 Visual Basic 中提供了一系列用于作图的控件和图形方法，利用这些控件或方法可以在窗体和控件中画出基本的图形，包括点、直线、矩形、圆、椭圆等。利用这些基本图形还可以组合得到更复杂的图形。

标准控件中包含了 2 种图形控件，直线（Line）控件和形状（Shape）控件。Visual Basic 常用的图形方法有 Line、Circle、 Pset、Point、Cls 等。本次任务涉及的知识点主要是直线（Line）和形状（Shape）控件以及相关的图形属性和图形方法。

在 Visual Basic 中绘制图形一般需要 4 个步骤：

1）先定义图形载体窗体对象或图形框对象的坐标系。

2）指定线宽、线型、色彩、填充等属性。

3）指定画笔的起始点和终止点位置或使用图形控件绘图。

4）调用绘图方法绘制图形或改变图形控件的属性。

1. Visual Basic 的坐标系统

在 Visual Basic 中每个容器都有一个坐标系，以便实现对对象的定位，容器可以采用默认的坐标系，也可以采用用户自定义的坐标系。构成一个坐标系统需要 3 个要素：坐标原点、坐标度量单位和坐标轴的方向。

1）默认坐标系。当新建一个窗体时，新窗体采用默认坐标系，坐标原点在容器的左上角，横向向右为 x 轴正方向，纵向向下为 y 轴正方向，窗体的默认大小为：Height=3600、Width=4800、ScaleHeight=3195、ScaleWidth=4680，度量单位为 Twip。其中实际可用高度和宽度由 ScaleHeight 和 ScaleWidth 指定。可以通过属性窗口或鼠标拖曳改变 Height 和 Width 的值，如图 6-2 所示。

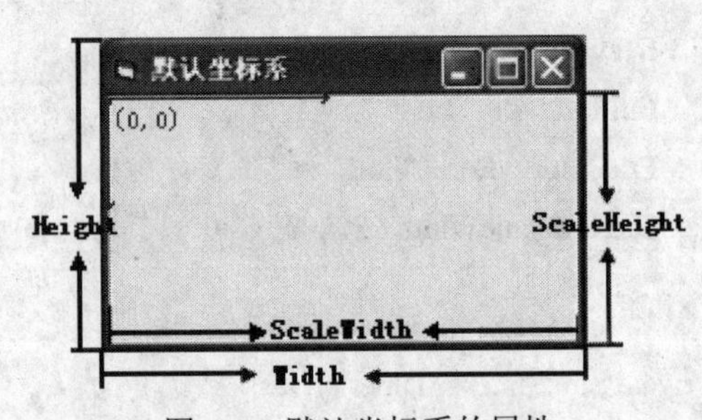

图 6-2 默认坐标系的属性

2）自定义坐标系。在创建坐标系统时，Scale 方法可以帮助设置一个坐标系，它可以定义 Form、PictureBox 或 Printer 的坐标系统。Scale 方法可以使坐标系统重置到所选择的任意刻度，Scale 方法对运行时的图形语句以及控件位置的坐标系统都有影响。

语法：对象名.Scale [(xLeft, yTop)-(xRright, yBottom)]

对象名：可以是窗体、图形框或打印机，默认为带有焦点的当前窗体。

Step：表示采用当前作图位置的相对值。

(xLeft, yTop)：对象的左上角的坐标值。

(xRight, yBottom)：对象的右下角的坐标值。

窗体或图形框的 ScaleMode 属性决定了坐标所采用的度量单位，默认值为 Twip。

任何时候在程序代码中使用 Scale 方法都能有效和自然地改变坐标系统，当 Scale 方法不带参数时，则自动取消用户自定义的坐标系，而采用默认坐标系。

3）设置绘图坐标。绘图方法的水平或垂直坐标设置。

语法：

对象名.CurrentX[=x]

对象名.CurrentY[=y]

x：确定水平坐标的数值。

y：确定垂直坐标的数值。

坐标从对象的左上角开始测量，默认以 Twip 为单位，编程过程中不同的图形方法 CurrentX 属性和 CurrentY 属性的设置值会有所变化。例如，Circle 方法默认的 CurrentX 属性和 CurrentY 属性为对象的中心；Cls 方法默认的 CurrentX 属性和 CurrentY 属性为 (0, 0)；Line 方法默认的 CurrentX 属性和 CurrentY 属性为线终点；Print 方法默认的 CurrentX 属性和 CurrentY 属性为下一个打印位置；而 Pset 方法默认的 CurrentX 属性和 CurrentY 属性为画出的点的坐标。

2．线宽、线型、色彩、填充等属性的设置

（1）设置线宽　DrawWidth 设置所画线的宽度或点的大小。以像素为度量单位，最小值为 1。

语法：对象名.DrawWidth [=Value]

（2）设置线型　DrawStyle 设置所画线的形状。根据所赋的数值绘制图形的线条样式发生该变。

语法：对象名.DrawStyle [=Value]

Value 的值决定其线型的样式，设置值见表 6-2。

表 6-2　DrawStyle 属性值与样式对应表

常　数	设 置 值	说　明
VbSolid	0	实线
VbDash	1	虚线
VbDot	2	点线
VbDashDot	3	点划线
VbDashDotDot	4	双点划线
VbInvisible	5	无线
VbInsideSolid	6	内收实线

（3）设置绘图模式属性　DrawMode 用于返回或设置一个值，以决定图形方法的输出外观或者 Shape 及 Line 控件的外观。具体的说，就是设置一种所画形状的颜色与屏幕已存在颜色的合成方式。

语法：对象名.DrawMode [=Value]

Value 的值决定其颜色合成样式，Value 的值取 1～16，常用的设置值见表 6-3。

表 6-3 DrawMode 的属性值表

常 数	设 置 值	说 明
VbBlockness	1	黑色
VbInvert	6	反转色
VbXorPen	7	画笔或显示颜色之一
VbNop	11	无操作
VbCopyPen	13	复制笔（默认值）前景色指定的颜色
VbWhiteness	16	白色

（4）设置边框

1）BorderStyle 属性设置或返回对象的边框样式。

语法：对象名.BorderStyle [=Value]

Value 的值决定其线型的样式，设置值见表 6-4。

表 6-4 BorderStyle 属性设置表

常 数	设 置 值	说 明
VbSTransparent	0	透明
VbBSSolid	1	实线（默认值）边框处于形状边缘的中心
VbBSDash	2	虚线
VbBSDot	3	点线
VbBSDashDot	4	点划线
VbBSDashDotDot	5	双点划线
VbBSInsideSolid	6	内收实线。边框的外边界就是形状的外边缘

2）BorderWidth 属性设置和返回控件对象边框的宽度。

语法：对象名.BorderWidth [=Value]

Value 的值决定其线型的样式，设置值范围为 1～8192。

用 BorderWidth 和 BorderStyle 属性来指定所需的 Line 或 Shape 控件的边框类型。表 6-5 给出了 BorderStyle 属性设置值对 BorderWidth 属性的影响。

表 6-5 BorderStyle 属性对 BorderWidth 属性的影响

边 框 样 式	对 BorderWidth 属性的影响
0	忽略 BorderWidth 的设置
1-5	边框宽度从边框中心扩大，控件的宽度和高度从边框的中心度量
6	边框宽度在控件上从边框的外边向内扩大，控件的宽度和高度从边框的外面度量

3）BorderColor 属性用于设置和返回控件对象边框的颜色。

语法：对象名.BorderColor[=color]

color：值或常数，用来确定边框颜色，既可以是标准 RGB 颜色（使用调色板或在代码中使用 RGB 或 QBcolor 函数指定的颜色），也可以是系统默认的颜色（由系统颜色常数指定的颜色）。

（5）设置色彩

1）BackColor：返回或设置背景色。

语法：对象名.BackColor[=color]

2）ForeColor：返回或设置前景色。

语法：对象名.ForeColor[=color]

3）设置颜色使用 RGB 函数或者 QBColor 函数，RGB 函数颜色取值见表 6-6。

语法：RGB (red, green, blue)

表 6-6　RGB 函数颜色取值

参　数	说　明
Red, green, bule	必要的参数，分别代表颜色中的红、绿、蓝色成分，数值范围都为 0～255

语法：QBColor (Value)

Value 的值取 0～15 的整数值，每个值代表一种颜色。

任意颜色属性的设置都能使用以上两种函数。还可以使用颜色的常数如 vbRed、vbGreen、vbBlue、vbWhite、vbYellow 等。

（6）设置填充效果

1）FillColor。指定填充图案的颜色

语法：对象名.FillColor[=color]

默认情况下，FillColor 属性值设置为 0（黑色），除 Form 对象外，如果 FillStyle 属性设置为默认值 1（透明），则忽略 FillColor 属性设置值。

2）FillStyle。设置填充图案的样式

语法：对象名.FillStyle [=value]

表 6-7　FillStyle 的属性值与填充形式对应表

常　数	设 置 值	说　明
VbSSolid	0	实线
VbSTransparent	1	（默认值）透明
VbhorizontalLine	2	水平直线
VbVerticalLine	3	垂直直线
VbUpwardDiagonal	4	上斜对角线
VbDownWardDiagonal	5	下斜对角线
VbCross	6	十字线
VbDiagonalCross	7	交叉十字线

3. 图形控件

在工具箱上有两个比较重要的图形控件，形状控件（Shape 控件）和画线工具控件（Line 控件）。使用以上两个控件可绘制多种图形和线条。在工具箱上可以看到这两个控件，如图 6-3 所示。第 4 章已经介绍了 Shape 控件，这里只介绍 Line 控件。

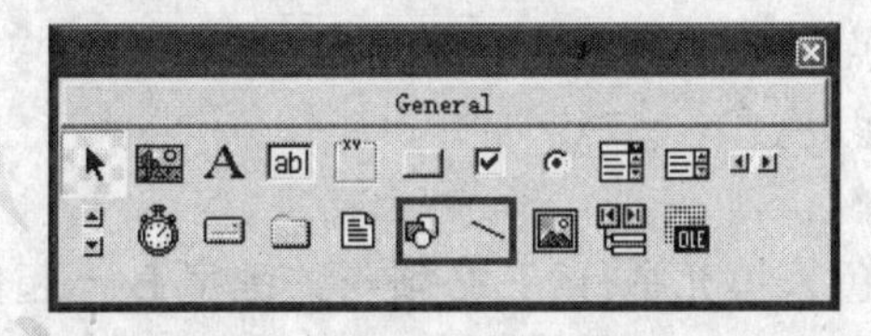

图 6-3　工具箱上的直线和形状控件

画线工具控件（Line 控件）：

Line 控件是图形工具，该图形控件主要用于修饰窗体和显示直线。可以在窗体或其他容器控件中画出水平线、垂直线或者对角线。

语法：

对象名.X1 [=value]

对象名.Y1 [=value]

对象名.X2 [=value]

对象名.Y2 [=value]

通过 (X1, Y1) 和 (X2, Y2) 两点画一条直线。

Shape 控件和 Line 控件的主要用途是增强窗体的外观，可以在窗体或图片框上放置，在程序运行中这些控件是位置固定的。在程序代码中可以引用 Shape 控件和 Line 控件，但实际应用会受到以下限制。

Shape 控件和 Line 控件没有事件，在运行中不能响应系统产生的事件或用户操作。

Shape 控件和 Line 控件只有有限的属性和方法，在实际中很少使用，但改变它们的属性值可以产生各种视觉效果。

Shape 控件和 Line 控件没有 TabIndex 属性，运行时不能用鼠标或键盘访问这些控件。

4. 图形方法

使用图形方法能使图形设计更方便，并减少程序代码。用图形方法创建图形是在程序代码中进行的，绘图效果需要在运行应用程序时才能看到，对于界面上的简单绘图，图形方法不能代替图形控件的作用。

1）Pset 方法。

功能：在指定对象的指定位置画指定颜色的点。

语法：

对象名.Pset (x, y)[,Color]

对象名：表示点绘制于的对象，可以是窗体、图形框或打印机，默认为当前窗体。

(x, y)：点的坐标。

Color：设置点的颜色，默认值为前景色。如果设置点的颜色为背景色就可以擦除该点。

2）Line 方法。

功能：在对象的两个指定点之间画指定颜色的直线、矩形或填充框。

语法：对象名.Line [[Step](x1, y1)- [Step](x2, y2) [,Color] [,B[F]]

对象名：表示直线绘制于的对象，可以是窗体或图形框，默认为当前窗体。

Step：表示采用当前作图位置的相对值。

(x1, y1)：为线段的起点坐标或矩形的左上角坐标。

(x2, y2)：为线段的终点坐标或矩形的右下角坐标。

Color：线段或矩形的颜色。

B：表示画矩形。

F：表示用画矩形的颜色来填充举行，F 必须与关键字 B 一起使用。如果只用 B 不用 F，则矩形的填充由 FillColor 和 FillStyle 属性决定。

例如：

```
Line (200, 500)-(1000, 500), RGB(0, 0, 255)      '深蓝色水平直线
Line (1500, 500)-(2500, 1000)                    '斜线
Line (3000, 100)-(3000, 1000)                    '垂直直线
Line (3300, 500)-(4000, 1000), , B               '透明填充的矩形
FillStyle = 0
FillColor = QBColor (2)
Line (4500, 500)-(5000, 1200), , B               '绿色实心填充的矩形
FillStyle = 0
ForeColor = QBColor (12)
Line (5800, 500)-(6200, 1200), , BF              '亮红色前景色实心填充的矩形
Line (6500, 600)-(7500, 800)                     '3 条线组合成的三角形
Line -(6800, 900)
Line -(6500, 600)
```

运行结果如图 6-4 所示。

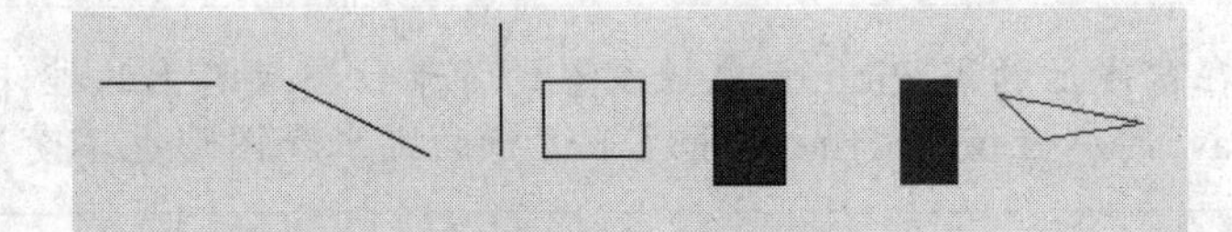

图 6-4　Line 方法示例

3）Circle 方法。

功能：画圆、椭圆、扇形、圆弧或楔形饼块。

语法：对象名.Circle[Step](x, y), 半径[, [Color][, [起始点][, [终止点] [, 长短轴比率]]]]

对象名：表示 Circle 绘制于的对象，可以是窗体、图形框或打印机，默认为当前窗体。

Step：表示采用当前作图位置的相对值。

(x, y)：为圆心坐标。

起始点、终止点：圆弧和扇形通过参数起始点和终止点控制，采用逆时针方向绘弧，以弧度为单位，取值在 0～2π，当在起始点和终止点前加一负号时，表示画出圆心到圆弧的径向线。参数前出现的负号并不能改变绘图时坐标系中旋转方向，该旋转方向总是起始点按逆方向画到终止点。

Color：线段或矩形的颜色。

长短轴比率：指定所画椭圆的水平长度和垂直长度比。该参数是正的浮点数，不能为负。控制绘制的图形是圆还是椭圆。小于 1，椭圆沿垂直轴拉长；大于 1，椭圆沿水平轴拉长。默认值为 1，表示绘制圆形。

 注意	使用 Circle 方法可以省略中间的参数，但分隔的逗号不能省。

例如：

```
Circle (1000, 2000), 500
```

```
Circle (2500, 2000), 500, RGB (255, 0, 0), -0.0001, -1.83
Circle (4000, 2000), 500, , , , 0.5
Circle (5000, 2000), 500, , -0.8, 1.9
```

得到的结果如图 6-5 所示。

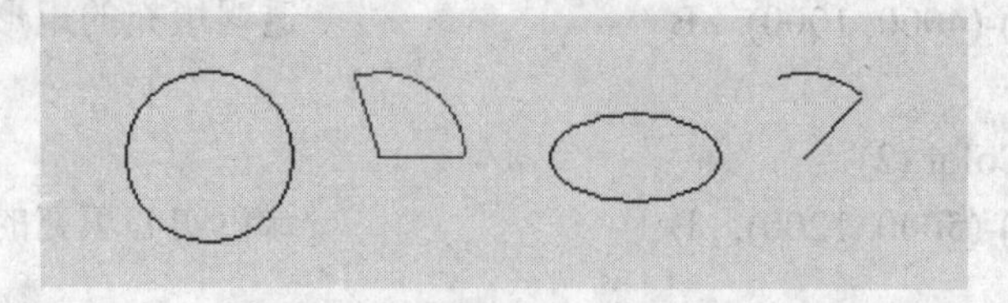

图 6-5　Circle 方法示例

4）Cls 方法。

Cls 方法用于清除运行时窗体或图形框所生成的图形和文本。

语法格式如下：

对象名.Cls

对象名：表示图形绘制于的对象，默认为当前窗体。

注意　设计时放在窗体上的用 Picture 属性设置的背景位图或其上的控件不受影响，设置 AutoReDraw 的属性值为 True 的情况下运行的文本和图形也不受影响。

6.2　任务 2　带有节日提醒的个性月历设计

利用图片框控件和图像框控件显示 gif 和 jpg 格式的文件，生成一个能够翻页和显示月份的月历。

6.2.1　任务情境

生成一个窗体，创建一个能够翻页的月历，显示对应的月份，并显示所有的节日列表，如图 6-6 所示。执行程序，在展开的窗体中拖动滚动条可以看到左边图片和月份显示的变化，拖动文本框的上下和左右滚动条即可查看节日列表。

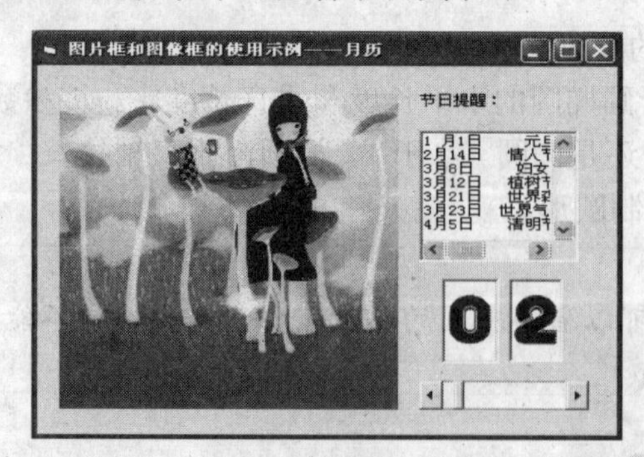

图 6-6 “图片框和图像框的使用示例——月历”窗体

6.2.2 任务分析

图形控件或图形方法用来创建或生成图形。在计算机系统中（或通过其他途径）可以得到许多现成的图形或图像，这些现成的图形图像都可以直接用于 Visual Basic 的应用程序设计。Visual Basic 用图像控件或图片框控件装入这类图形。

本任务窗体的主要功能是显示各月份的数字和图片，显示整个年度的所有节日，通过调整滚动条使图片和月历发生相应的变化，从而获得像能够翻页的活动月历一样的窗体。我们可以利用 Visual Basic 所提供的图形框控件和图像框控件以及文本框和滚动条实现这一目的。

1）用图像框控件显示月历的封面图片，用图片框控件显示月份，用 LoadPicture 函数装载图片。

2）用文本框显示 jrtx.txt 文件的内容。

3）设置滚动条的最小值和最大值，使之滚动产生的数值在 1～12。

4）用滚动条的 HScroll1_Change 事件来控制图像框和两个图片框中图片的显示。

实现任务需要在窗体上创建本任务需要很多的图片文件，在文件夹有 13 张 jpg 格式的文件作为左端图片的显示，其中的一张作为月历的封面在窗体载入时呈现，其他的 12 张翻页显示每个月份。还有 10 张.gif 格式文件，内容为数字 0～9 的图片文件，为了在实际使用中使用循环变量直接装载文件，将这些图片文件的名字已经改为“数字＋扩展名”的形式。

显示月份的两个图片框中的内容是独立的，在窗体载入的时候，将两个图片框内的内容都显示为 0，然后通过滚动条的变化设置这两幅图片。为了组成 1～12 的数字，在程序段，需要将个位数和十位数通过判定数值是否大于 10 来确认十位数上的图片显示为 0 或 1，而个位数的图片显示为数值与 10 的差或者数值本身。用这样的方法来获得月份变化的效果。

节日提醒下的文本框需要显示一年中的重要节日，将所有的节日录入 jrtx.txt 的文件中，在窗体装载的时候将该文件的所有内容显示在该文本框中。为了使用户可以上下和左右滚动观看，需要设置滚动条和多行显示的属性。文件的使用方法会在下一章具体讲解，本章内我们只需要认可这样一种使用文件的方法。

6.2.3 任务实施

1）新建一个工程。

2）在窗体上添加一个文本框控件 TextBox、一个标签控件 Label、一个图像框控件 Image、一个水平滚动条控件 HscrollBar 和两个图片框控件 Picture，并设置相关属性见表 6-8。

表 6-8 在属性窗口中设置属性

	控件名	属性名	属性值
窗体	Form1	Caption	图片框和图像框的使用示例——月历控件的使用
图片框	Picture1	Autosize	True
	Picture2	Autosize	True
标签	Label1	Caption	节日提醒

（续）

	控件名	属性名	属性值
图像框	Image1	Stretch	True
水平滚动条	HscrollBar1	Max	12
		Min	1
文本框	Text1	MultiLine	True
		ScrollBars	3
		Locked	True

3）在窗体上双击，进入代码窗口，在窗体和的 Load 事件和 HScroll1 的 Change 事件的 Sub 块中添加如下代码。

```
Dim i As Integer
Private Sub Form_Load ()
    Image1. Picture = LoadPicture (App. Path & "\yl\js.jpg")
    Label1. Caption = "节日提醒："
    Open App. Path & "\" & "jrtx. txt" For Input As #1          '以顺序方式打开文件
    Text1. Text = ""
    Do Until EOF (1)                                             '文件未到尾部
        Line Input #1, newline                                   '读文件中的一行到变量 newline 中
        Text1. Text = Text1. Text + newline + Chr (13) + Chr (10)
    Loop
    Close #1
    Picture1. Picture = LoadPicture (App. Path & "\yl\0.gif")
    Picture2. Picture = LoadPicture (App. Path & "\yl\0.gif")
End Sub

Private Sub HScroll1_Change ()
    i = HScroll1. Value
    Image1. Picture = LoadPicture (App. Path & "\yl\" & i & ".jpg")
    If i < 10 Then
        Picture1. Picture = LoadPicture (App. Path & "\yl\0.gif")
        Picture2. Picture = LoadPicture (App.Path & "\yl\" & HScroll1. Value & ".gif")
    Else
        i = i - 10
        Picture1. Picture = LoadPicture (App. Path & "\yl\1.gif")
        Picture2. Picture = LoadPicture (App. Path & "\yl\" & i & ".gif")
    End If
End Sub
```

4）按“F5”运行程序。

6.2.4 知识提炼

任务 2 的主要知识点是图片框控件和图像框控件的使用，它们是工具箱里的两个常用的控件，主要用来显示图形或图片如图 6-7 所示。

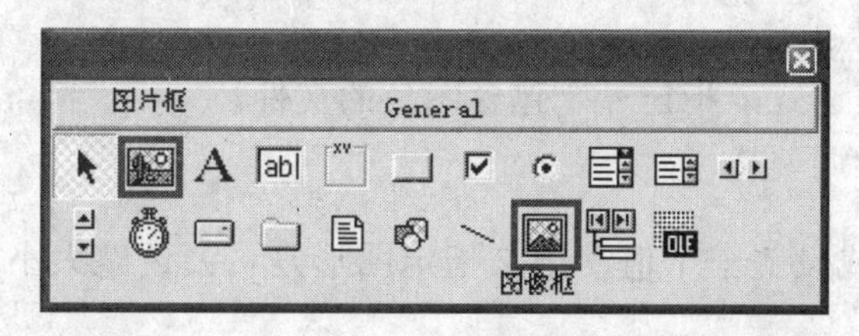

图 6-7 工具箱上的图片框控件和图像框控件

图片框（PictureBox）控件

该控件作为其他控件的容器，可以显示图形方法或 Print 方法的输出。图片框控件可用来显示各种图形，而且支持多种图片格式，如位图(.bmp/.dib)、图标(.ico)、图元文件(.wmf)、增强形图元文件（.emf)、JPEG 格式（.jpg）或 GIF 格式（.gif）文件等。

图片框（PictureBox）控件既可以用来显示图形，也可以用来作为其他控件的容器和绘图方法输出或显示 Print 方法输出的文本。

1. Picture 属性

语法：对象名.Picture [=picture]

对象名：对象表达式。

picture：字符串表达式，指定一个包含图片的文件。

在图片框中显示图片是由 Picture 属性决定的，添加图片的两种方法如下。

1）在设计时加载。在属性窗口中找到 Picture 属性。单击右边的“...”按钮，就会出现打开文件对话框，选择要添加的图片。

2）在运行时加载。在运行时可以通过 Loadpicture 函数来设置 Picture 属性，也可以将其他控件的 Picture 值赋给 PictureBox 控件的 Picture 属性。

2. Autosize 属性

设置图片框的大小是否随着加载图形的大小而自动变化。

语法：对象名.Autosize [=Boolean]

对象名：对象表达式。

boolean：一个用来指定是否能够调整图形大小的布尔表达式。

加载到图片框中的图形保持其原始尺寸，图片框不提供滚动条，如果图片比控件大，超出部分将被裁减掉；若需要使图片完整显示，可设置 Autosize 属性为 True。

图像（Image）控件

图像控件也可以用来显示图形。图像控件可以显示的格式包括位图、图标、图元文件、增强形图元文件、JPEG 或 GIF 文件。除此之外，图像控件还可以响应 Click 事件，可代替命令按钮，或作为工具条的项目。

1. Picture 属性

功能：用于返回或设置控件中要显示的图片。

语法：对象名.Picture [=picture]

对象名：对象表达式。

picture：字符串表达式，指定一个包含图片的文件。

2. Stretch 属性

功能：用于返回或设置一个值，用来指定图形是否要调整大小以适应 Image 控件的大小。

语法：对象名.Stretch [=boolean]

对象名：对象表达式。

boolean：一个用来指定是否能够调整图形大小的布尔表达式。

注意

Stretch 属性和 Autosize 属性的不同之处在于前者调整图片适应图像框控件，后者调整图片框控件适应图片。

图像控件使用的系统资源比图片框控件少，而且重新绘图速度快，但它只支持图片控件的一部分属性、事件和方法，而图片框控件具有作为其他控件提供容器和支持图形方法的功能。图像控件和图片框控件支持相同的图片格式，但是图像控件中可以调整图片的大小使之适合控件的大小，而在图片框控件中却不能这样做。

图像处理函数

1. LoadPicture 函数

功能：将图形载入各类控件的 Picture 属性或 Icon 属性中。

语法：LoadPicture ([FileName], [Size], [Colorepth], [x, y])

FileName：字符串表达式知道能够一个文件名，可以包括文件夹和驱动器，如果未指定文件名，LoadPicture 清除图像或 PictureBox 控件。

Size：可选项，如果 FileName 是一个光标或图标文件，指定想要的图像大小。

Colorepth：可选项，如果 FileName 是一个光标或图标文件，指定想要的颜色深度。

x, y：必须成对使用，如果 FileName 是一个光标或图标文件，指定想要的宽度和高度，只有当 Colorepth 设为 vbPCustom 时，才使用 x 和 y。

例如：Form1. Icon=LoadPicture (“c:\tp\heart.ico”)

2. SavePicture 函数

功能：将对象或控件的 Picture 或 Image 属性的图形保存到文件中。

语法：SavePicture Picture, stringexpression

Picture：产生图形的图片框控件或图像框控件名。

Stringexpression：要保存的图形文件名。

例如：SavePicture Image1, “d:\ss\abc.jpg” 将对象 Image1 中的图片保存到 D 盘 ss 文件夹下的名为 abc.jpg 文件中。

日积月累　　　　　　**动画技术**

动画是利用了人眼的视觉暂留特性，快速地展示静态的若干张连续的图片，产生动态变化的技术形式。动画技术能够使屏幕上显示出来的画面或画面的一部分按照一定的规律在屏幕上活动，产生活动的效果。将图像框和图片框与定时器结合，利用定时器的时间间隔属性设置，在图像框和图片框中不断装载不同的图片就会在视觉上产生图片的动态效果。

本章小结

本章内容讲授了关于 Visual Basic 中图形图像的处理方法，简单的图形既可以通过工具箱上的控件在设计时绘制在窗体、图片框、打印机上，也可以通过图形方法在运行时绘制在窗体、图片框、打印机上。需要装载到窗体上的图片可以通过 Visual Basic 提供的图片框和图像框来载入，设计时使用 Picture 属性，运行时使用 LoadPicture 函数。利用定时器的特性，结合图片框和图像框可以实现小型动画的设计。

实战强化

1）在窗体中生成如图 6-8 所示的“闪动的图案”窗体。设置图形填充图案、颜色线形和线宽等，所有的图形生成都在代码中实现，其中直线是动态向外延展。

提示　可参考任务 1 在定时器中的代码设计。

2）生成一个风景画册如图 6-9 所示，通过滚动条，可以查看全部 6 张风景图片。

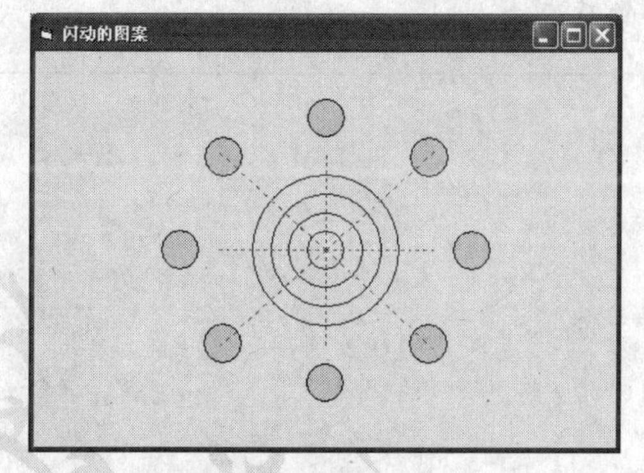

图 6-8 “闪动的图案”窗体

图 6-9 “风景画册”窗体

提示

使用形状控件画出矩形像框；使用图像框并设置图像框的 stretch 属性。

3）提供了 4 张不同颜色的蝴蝶图片，生成一个蝴蝶变色并沿着窗口从左到右不断平行移动的小动画，如图 6-10 所示。

提示

使用图像框并设置图像框的 left 属性。

4）利用图像框和定时器制作一个小型动画。在该窗体上点击“演示”按钮，左端的图像框中的图片开始快速显示，就好象一只手快速地打开手指数数一样。图片上端的标签快速显示从 1 到 100 的数值，底端的进度条也随着数字的增大不断向右推进直到 100 结束。如果点击“停止”按钮，画面就会静止下来，停在装入图像框中的那幅图片上。如果点击“退出”按钮，则卸载窗体，运行结束，如图 6-11 所示。

图 6-10 “变色蝴蝶”窗体

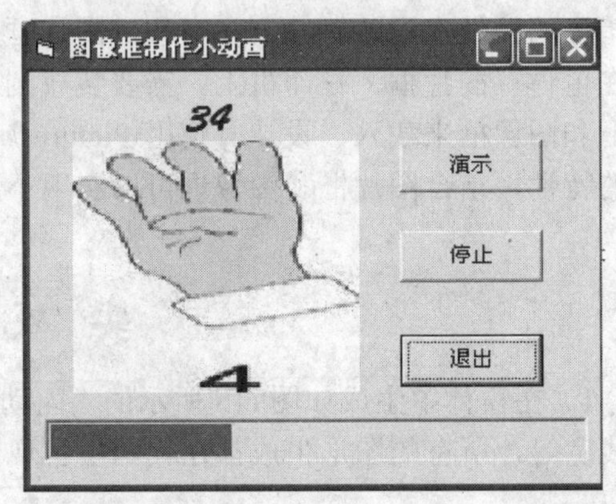

图 6-11 “图像框制作小动画”窗体

提示

在 tp 文件夹下保存有 5 张文件名为数字+gif 形式的文件，使用定时器控件并设置 Timer 事件控制标签、图像框和进度条的改变。

第7章 文件处理

Visual Basic 特点

文件处理是 Visual Basic 的强大处理能力之一，它为用户提供了多种处理文件的方法及大量与文件系统有关的语句、函数和控件，用户使用这些技术可以实现对顺序文件、随机文件和二进制文件的读写操作。利用 Visual Basic 提供的语句以及文件系统控件编写应用程序可以非常方便地打开、读写、查看、关闭文件。

工作领域

计算机中的程序都是以文件的形式保存。大部分的文件都存储在磁盘上并由程序进行读取和保存。程序运行过程中所产生的大量数据也都需要输出到磁盘介质上进行保存。Visual Basic 的应用程序设计中会大量应用文件处理功能。

技能目标

通过本章内容学习和实践，能够掌握 Visual Basic 语言中的关于文件的创建、打开、调用、关闭等基本使用方法，了解文件使用的各种形式，能够使用 Visual Basic 提供的文件系统控件方便地使用文件系统。

7.1 任务1 登录对话框设计

利用存储在文件中的用户信息，检测用户的登录和注册信息，并提示是否允许登录。

7.1.1 任务情境

生成一个登录对话框，等待用户输入用户名和密码。在输入用户名和密码后，按下“登录”按钮，应用程序通过与文件的信息进行比较，检查是否为有效用户名和密码，并给予响应。如果按下“注册”按钮，将该窗口中两个文本框中的内容与所有有效用户名和密码对照，如果没有相同的用户名允许注

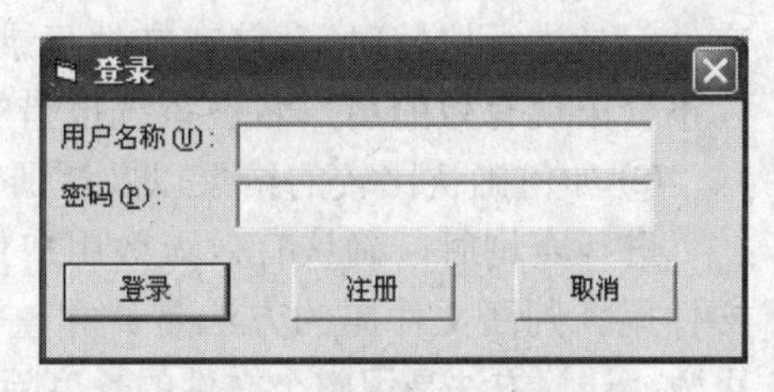

图7-1 “登录”对话框界面

册，并将信息写入文件，否则提示用户重新输入用户名和密码。

7.1.2　任务分析

登录对话框我们已经非常熟悉，在该任务中界面控件只增加了一个注册按钮，但是该对话框与以前的窗体不同的是：用户名和密码并不是程序代码中的某个字符串，而是一个文件中的一条记录。在窗体载入时，打开该文件，然后对照每一条记录去查找用户录入的记录是否为有效的用户名和密码，如果存在该记录并和用户输入吻合就显示用户登录成功。否则要求用户重新输入。用户如果要求注册，系统就会检查该文件的全部用户名，如果有重名，则不能注册并要求重新输入。注册成功后，可以以注册的用户名和密码再次登录。

本次任务需要解决的关键问题有以下几个。

1）使用何种文件以及该类文件如何打开、读取、写入和关闭。

解决方法：使用随机文件以及该类文件的 Open、Get、Put、Close 命令完成各项操作。访问随机文件的程序框架要由以下 4 部分组成。

① 定义记录类型及其变量。

② 打开随机文件。

③ 将记录写入随机文件，或者从随机文件读出记录。

④ 关闭随机文件。

2）文件的内容为若干组用户名和密码，系统如何确认各组用户名和密码的分界。

解决方法：随机文件中，每一条记录都有记录号且长度全部相同，利用这一点，可以方便地找到某条特定记录中的某个字段信息。记录的数据类型是由 Type 语句定义的用户自定义数据类型。

例如：以下定义的 Student 类型可创建由 3 个字段组成的 28 个字节的记录。

```
Type Student    '定义自定义数据类型
Sno As String * 10
Sname As String * 6
Sdarpt As String *12
End Type
```

本次任务用户名和密码的设置长度最长为各 10 个字符，本文件记录的长度为 20 个字符，数据类型名定义为 record。

① 用户输入的用户名和密码如何与文件中的内容比较。

解决方法：写入文件中的字符串长度不一定恰好与记录长度相等，如果小于记录长度，系统会在其后面填充空格，如果大于记录长度，该字符串会被截断。当用户输入的信息和文件记录进行比较时，存储在文件记录内的用户名和密码需要先进行删除两端空格符处理，才不会出现有效的用户名被系统报错的情况。

② 如何确认比较的结果以及注册的新用户信息要如何写入文件。

进行查询时，确认有效无效用户信息的条件为是否和文件中某条记录相等或者到达了文件尾。判断文件尾的方法是计算整个文件中的记录个数，并把该记录个数作为循环的终止数。计算方法是用整个文件的长度除以记录的长度，文件的长度可以通过 LOF 函数计算获得，LOF () 以字节为单位返回用 Open 语句打开的文件的大小。

新用户注册需要确认该文件中没有此用户名，所以注册的前提仍然是文本框内容与文件内容的比较，不同的是，比较的结果为没有找到时，将两个文本框的内容写入文件。

注意

本任务虽然使用了随机文件，但由于文件内容排列不是依据用户名或密码的某种顺序，而是完全取决于用户注册的顺序，所以整体上是无序的，因而用户名和密码的检索仍然是一个按照记录号顺序检索的过程。

7.1.3 任务实施

1）新建一个工程。

2）在菜单中选择“工程→添加窗体”，选择“添加窗体”对话框中的“登录”对话框，单击“打开”按钮，生成一个窗体。

3）在该窗体上调整边框的大小，并在两个按钮之间，创建一个按钮，设置该按钮的边界大小属性，并与另外两个按钮底端对齐，其所有的属性设置见表 7-1。

表 7-1 “登录”对话框的属性设置

	控 件 名	属 性 名	属 性 值
命令按钮	Command1	Caption	注册
	Cmdok	Caption	登录

4）在窗体上分别双击“登录”和“注册”按钮，进入【代码】窗口，在相应的 Click 事件 Sub 块中添加如下代码。

```
Private Type record                                          '定义自定义数据类型
    usename As String * 10                                   '用户名字符的最大长度为 10
    usemima As String * 10                                   '密码字符的最大长度为 10
End Type
Dim myrecord As record                                       '定义一个自定义类型的变量

Private Sub cmdCancel_Click ()
    Me. Hide                                                 '隐藏窗体
End Sub

Private Sub cmdOK_Click ()
    Dim i As Integer                                         '定义循环变量
Dim n As Integer                                             '定义记录总个数变量
    Open App. Path & "\mima. txt" For Random As #1 Len = Len (myrecord)  '打开文件
    n = LOF (1) / Len (myrecord)                             '求记录总个数
    For i = 1 To n
        Get #1, i, myrecord                                  '读取第 i 条记录
        If txtUserName = Trim (myrecord. usename) And txtPassword = Trim (myrecord. usemima) Then
```

第7章 文件处理

```
                                                '和用户输入文本框的内容比较
        MsgBox "正确的用户名和密码，欢迎您!", , "登录"
        Me. Hide '
        Exit For                                '如果在某个记录比较成功，从循环中跳出
        Close #1                                '关闭文件
        End If
    Next i
    If i > n Then                               '文件与文本框内容比较不成功
      MsgBox "无效的用户名和密码，请重试!", , "登录"
      txtUserName. SetFocus                     '重设焦点
      txtUserName = ""                          '文本框清空
      txtPassword = ""
      SendKeys "{Home}+{End}"
      Close #1
    End If
End Sub

Private Sub Command1_Click ()
    Dim i As Integer
    Dim n As Integer
    Open App. Path & "\mima. txt" For Random As #1 Len = Len (myrecord)
     n = LOF (1) / Len (myrecord)
     For i = 1 To n
        Get #1, i, myrecord
        If txtUserName = Trim (myrecord. usename) Then    '和文件中某个有效用户重名
          MsgBox "和已有的用户名重名，请重试!", , "注册"
          txtUserName. SetFocus
          txtUserName = ""
          txtPassword = ""
          SendKeys "{Home}+{End}"
          Close #1
          Exit For
       End If
     Next i
     If i > n   Then                            '文本框内容和文件比较不成功
         myrecord. usename = txtUserName         '把文本框内容赋值给自定义类型变量
         myrecord. usemima = txtPassword
         Put #1, n + 1, myrecord                '把该变量写入随机文件
         txtUserName. SetFocus                  '重设焦点
```

```
        txtUserName = ""                                '清空文本框
        txtPassword = ""
        SendKeys "{Home}+{End}"
        Close #1                                        '关闭文件
    End If
End Sub
```

5）按下“F5”运行程序。

7.1.4 知识提炼

文件是存储在外部介质上的数据或信息的集合，用来永久保存大量的数据。计算机中的程序和数据都是以文件的形式进行存储的，大部分的文件都存储在诸如硬盘、光盘以及磁带等辅助设备上，并由程序读取和保存。在程序运行过程中所产生的大量数据往往也都要输出到磁盘介质上进行保存。

数据必须以某种特定的方式存放，这种特定的方式称为文件结构，Visual Basic 的文件由记录组成，记录由字段组成，字段由字符组成。

根据数据访问方式，文件可分为顺序访问、随机访问和二进制访问，相应的文件可分为顺序文件、随机文件和二进制文件。

在 Visual Basic 中无论是什么类型的文件，一般都按照以下 3 个步骤进行。

（1）打开（或创建）文件　一个文件必须打开或创建后才可以操作。如果文件已经存在，则打开该文件；如果不存在，则创建该文件。

（2）根据打开文件的模式对文件进行读写操作　在打开（创建）的文件上执行所要求的输入/输出操作。在文件处理中，把内存中的数据存储到外部设备并作为文件存放的操作叫做写数据，把数据文件中的数据传输到内存程序中的操作叫做读数据，一般来说，内存与外设间的数据传输中，由内存到外设的传输叫做输出或写，而外设到内存的传输叫做输入或读。

（3）关闭文件　对文件读写完成后，要关闭文件并释放内存。

这里将文件的处理按照 3 种不同的文件形式分别讲解。

1．顺序文件

顺序文件是最常用的一种文件类型，数据以字符的形式存储。访问规则简单，按顺序进行，写顺序文件时各种类型的数据自动转换成字符串后写入文件，读文件时既可按原来的数据类型读，也可按文本文件来一行一行、一个字符一个字符地读。在顺序文件中查找数据比较麻烦，需要按顺序逐一查找，而且不能同时对文件进行读写操作。

（1）打开文件

语法：

```
Open  文件名  For[Input] [Output] [Append] [Lock] As [#] Filenumber [Len=Buffersize]
```

文件名：字符串表达式，可包括文件路径，必选项。

Input：顺序输入模式，以顺序方式从文件中读取数据。

Output：顺序输出模式，以顺序方式向文件中写入数据。

Append：顺序输出模式，将文件指针设置在文件的结尾，所有写入的内容就添加在文件原有内容之后，Print#或 Write#语句可以用于这种操作。

Lock：指明其他进程对打开文件所允许的操作，包括 shared、lock read、lock write、lock read write 等操作。

Filenumber：必要的参数，任何有效的文件号。

Buffersize：设置缓冲区的字节数。

注意

以 Input 方式打开顺序文件时，该文件必须是已经存在的文件，否则会产生一个错误。但以 Output 或 Append 模式打开一个不存在的文件时，Open 语句可以先创建文件再打开。

以 3 种模式任意一种打开文件后，进行其他类型的操作需要重新打开这类文件时，要先关闭该文件。例如：对以 Input 方式打开的文件进行修改，若要保存修改后的内容，应先关闭该文件，再以 Output 模式打开，并把文件内容写回到文件中。

（2）读操作

1）Input #语句

语法：

```
Input #Filenumber Varlist
```

功能：返回从打开的顺序文件中读出数据并将数据复制给变量。

Filenumber：必要的参数，任何有效的文件号。

Varlist：必要的参数，用逗号分界的变量列表，将文件中读出的值分配给这些变量。这些变量不可能是一个数组或对象变量。但是，可以使用变量描述数组元素或用户定义类型的元素。

该语句只能读取以 Input 或 Binary 方式打开的文件，读出数据时，不必经过修改就可直接将标准的字符串或数值数据复制给变量，输入数据中的双引号（“”）将被忽略。

2）Line Input 语句

语法：

```
Line Input #Filenamber Varname
```

功能：返回从打开的顺序文件中读出一行并分配给字符串变量。

Filenumber：必要的参数，任何有效的文件号。

Varname：必要的参数，一个有效的变量名，将读出的数据放入其中。

只从文件中读出一行字符，直到遇到回车符（Chr (13)）或回车换行符（Chr (13) + Chr (10)）为止。赋给变量时不包括回车换行符。

（3）写操作

1）Print #语句

语法：

```
Print #Filenumber, [Outputlist]
```

功能：将格式化显示的数据写入顺序文件中。

Filenumber：必要的参数，任何有效的文件号。

Outputlist：可选的参数，表达式或是要打印的表达式列表。

2）Write #语句

语法：

```
Write #Filenamber, [Outputlist]
```

功能：将数据写入顺序文件。

Filenumber：必要的参数，任何有效的文件号。

Outputlist：可选的参数，要写出入文件的数值表达式或字符串表达式，用一个或多个逗号将这些表达式分开。

Print #和 Write #的区别是：

Print #写入的字符型数据不在字符串两端放置引号，而 Write #在字符串两端放置引号，并且自动用逗号分隔每个表达式。在最后一个字符写入文件后，插入一个新行的字符即回车换行符（Chr (13) +Chr (10))。

（4）关闭文件

语法：

```
Close [#][Filenumberlist]
```

Filenumberlist：可选的参数，表示为文件号的列表，如果省略，将关闭 Open 语句打开的所有活动文件。Close 语句用于以 Output 和 Append 模式打开的文件时，语句执行后将文件缓冲区的内容全部写入文件并释放缓冲区所占用的内存。

2．随机文件

随机文件是由一条条记录所组成的集合。在随机文件中，每条记录的长度都是完全相同的，并且都有一个记录号，因而可以根据记录号计算出记录在文件中的存储位置，然后按照记录号直接读/写，也就是可以随机访问，而不必像顺序文件那样要按顺序读/写。

需要注意的是，记录与记录之间没有特殊的分隔符号。

1）打开文件

语法：

```
Open 文件名 For Random[Access access] [Lock] As[#] Filenumber [Len=Reclength]
```

Random：随机方式读取，按记录号直接读取。

access：可选的参数，打开文件所允许的操作，有 3 种方式：只读（read）、可写（write）和读写均可（readwrite）。

Filenumber：必要的参数，任何有效的文件号。

Reclength：可选的参数，记录长度。

2）读操作

语法：

```
Get [#]Filenumber, [Recnumber], Varname
```

功能：把记录复制到变量中。

Filenumber：必要的参数，任何有效的文件号。

Recnumber：可选的参数，指出了所要读的记录号。

Varname：必要的参数，一个有效的变量名，将读出的数据放入其中。

3）写操作

语法：

```
Put[#]Filenumber, [Recnumber], Varname
```

功能：把记录添加或替换到随机文件中。

Filenumber：必要的参数，任何有效的文件号。

Recnumber：可选的参数，记录号或字节数指明在此处开始写入。

Varname：必要的参数，包含要写入磁盘的数据的变量名。

4）关闭文件

语法：

```
Close [#][Filenumberlist]
```

Filenumberlist：可选的参数，表示为文件号的列表，如果省略，将关闭 Open 语句打开的所有活动文件。

3．二进制文件

二进制文件是二进制数据的集合，它存储空间的利用率高，执行不太方便，读写工作量较大。二进制文件的访问与随机文件的访问相似，不同的是二进制文件以字节为单位进行读写，而随机文件以记录为单位进行读写。二进制文件也可当作随机文件来处理。如果把二进制文件中的每一个字节看做是一条记录，则二进制文件就成了随机文件。

1）打开文件

语法：

```
Open 文件名 For Binary  As [#]Filenumber
```

文件名：必要的参数，任何有效的文件名。

Binary：打开文件的方式为二进制方式。

Filenumber：必要的参数，任何有效的文件号。

二进制文件一经打开，就可以同时进行读写操作，但一次读写的数据是以字节为单位的，任何类型的文件都可以以二进制的形式打开，因此二进制文件能提供对文件的完全控制。

2）读操作

```
Get [#]Filenumber, [renumber], varname
```

其参数同随机文件。

3）写操作

```
Put[#]Filenumber, [renumber], varname
```

其参数同随机文件。Put 语句将变量的内容写入到所打开文件的指定位置，一次写入的长度等于变量的长度。如果忽略位置参数，则表示从文件指针所指的位置开始写入数据，写入后文件指针会自动后移。文件刚打开时指向第一个字节。

4）关闭文件

```
Close [#][Filenumber]
```

其参数同随机文件。

7.2 任务2 文件处理

使用文件系统控件以及驱动器和目录的Change事件、文件的Click事件，浏览图片或文本的内容。

7.2.1 任务情境

在窗体上选中驱动器、目录以及文件夹下的某个图片文件，右端会显示该图片。如果选择的是某个文本文件就会显示文本文件内的内容，如图7-2所示。该任务在应用程序的开发过程中，较为常用，每当需要查找所需文件以及对文件的内容稍做浏览的时候，就需要这样的窗体。系统常见的形式是显示一个图片文件的预览，而本任务与系统常见的窗体不同的是，如果选择的文件是文本文件（*.txt），在图片文件预览的位置出现的是一个文本框，显示文本文件的内容；如果在文件列表框中选择的是图片文件（*.jpg; *.gif; *.bmp），文本框会隐藏，在该处将出现一个图像框显示图片的预览。

图7-2 “文件系统控件的使用”窗体

7.2.2 任务分析

本任务在运行过程中使用各种文件系统控件查看不同的路径并找到用户需要的文件，再做进一步的处理。在Visual Basic的工具箱上能够看到这3个文件系统控件，分别是驱动器列表框控件、目录列表框控件、文件列表框控件。使用这3个控件可以为用户提供连接驱动器、各级目录和各个文件的方法。

在设计中需要解决以下几个关键问题。

1）如何找到要显示或浏览的文件。

解决方法：利用工具箱上的驱动器列表框控件、目录列表框控件、文件列表框控件，设置要查找文件的相关路径，且改变文件系统控件的属性会触发各控件的Change事件。

2）文本框和图像框在同一位置显示，如何在某种条件下显示其中之一。

解决方法：设置其中之一的控件的可见属性为假，而另一控件的可见属性为真。

如：Image1. Visible = False ‘图像框隐藏

Text1. Visible = True ‘文本框显现

3）以何种条件判断该显示文本框和图像框中的哪一个。

解决方法：区别所选文件的扩展名，把获得的结果作为区分怎样显示两种不同类型文件的条件。

如：p = File1. Path & "\" & File1. FileName

LCase$ (Right (p, 3)) = "txt"

4）显示文本文件和图片文件的方法。解决方法：显示文本的内容，利用第 7 章中关于文件打开、读写、关闭的知识。显示图片的内容利用第 6 章图形图像处理部分的知识。

7.2.3 任务实施

1）新建一个工程。

2）在窗体上添加一个驱动器列表框控件 DriveListBox、一个目录列表框控件 DirListBox、一个文件列表框控件 FileListBox、一个图像框 Image 以及一个文本框 Text，分别进行属性设置，见表 7-2。

表 7-2 文本和图片浏览器窗体的属性设置

	控 件 名	属 性 名	属 性 值
窗体	Form1	Caption	文件系统控件的使用
文件列表框	File1	pattern	*.txt; *.jpg; *.gif; *.bmp
图像框	Image1	stretch	True
Text	Text1	Multiline	True

3）在窗体上双击，进入代码窗口，在添加的各个控件的相应事件 Sub 块中添加如下代码。

```
Dim p As String
Private Sub Dir1_Change ()
    File1. Pattern = "*.txt; *.jpg; *.gif; *.bmp"          '设置可显示的文件模式
    File1. Path = Dir1. Path                                '将目录列表框的路径赋给文件列表框
End Sub

Private Sub Drive1_Change ()
    Dir1. Path = Drive1. Drive                              '将驱动器的 Drive 属性值赋给目录路径
End Sub

Private Sub File1_Click ()
    p = File1. Path & "\" & File1. FileName                 '文件列表框内选择的文件的路径
    If LCase$ (Right (p, 3)) = "txt" Then                   '判断字符串尾部的 3 个字符
        Image1. Visible = False                             '图像框隐藏
        Text1. Visible = True                               '文本框显现
        Open p For Input As #1                              '打开文件
        Text1. Text = ""
```

```
        Do Until EOF (1)
            Line Input #1, newline                         '逐行读取文件到变量 newline 中
            Text1. Text = Text1. Text + newline + Chr (13) + Chr (10)
        Loop
        Close #1
    Else
        Image1. Visible = True                             '否则，图像框显现
        Text1. Visible = False                             '文本框隐藏
        Image1. Picture = LoadPicture (p)                  '装载图片
    End If
End Sub
```

4）运行程序。

7.2.4 知识提炼

为了用户方便地利用文件系统，Visual Basic 提供了两种方法：一种是利用通用对话框控件（CommonDialog）提供的通用对话框，另一种就是使用 Visual Basic 提供的文件系统控件自行创建对话框。使用后者创建访问文件系统的对话框更加直观。

Visual Basic 提供了 3 个文件系统控件，分别是驱动器列表框（DriveListBox）、目录列表框（DirListBox）和文件列表框（FileListBox），在工具箱上即可看到，如图 7-3 所示。

图 7-3　工具箱上的文件系统控件

驱动器列表框（DriveListBox）控件

驱动器列表框是一个下拉式列表框，是一个包含有效驱动器的列表控件，默认状态下显示当前驱动器名。运行时，该控件获得焦点时，可输入任何有效的驱动器标识符或者在 DriveListBox 控件的列表中选择一个有效的磁盘驱动器，若从中选定驱动器，该驱动器就出现在列表框的顶端。每当选择了新的驱动器后将触发一个 Change 事件。下面给出 DriveListBox 控件的主要属性和主要事件如下。

1. Drive 属性

语法：对象名.Drive [=drive]

功能：用于在运行时设置或返回所选择的驱动器，默认值为当前驱动器，设计时不可用。

drive：字符串表达式，指定所选择的驱动器。

2. List 属性

语法：对象名.List (index) [=string]

功能：用于设置或返回控件的列表部分的项目，列表是一个字符串数组，数组的每一项都是一个列表项目，在运行时是只读的。

Index：列表中具体某一项目的索引号。第一个项目的索引为 0，最后一个项目的索引为 ListCount-1。

String：字符串表达式，指定列表项目。

3. Change 事件

用于改变所选择的驱动器，该事件在选择一个新的驱动器或通过代码改变 Drive 属性的设置时发生。

Private sub 对象名_Change ([index As Integer])

Index：一个整数，用来唯一地标识一个在控件数组中的控件。

目录列表框（DirListBox）控件

目录列表框可以显示指定驱动器上的目录结构，一般从根目录开始显示用户系统的当前驱动器目录结构。当前目录名被突出显示，而且显示的目录是按目录层次依次缩进，在目录列表框中，当前目录的子目录也缩进显示。在列表框中上、下移动时，将依次突出显示每个目录项。下面给出 DirListBox 控件的主要属性。

1. List 属性

语法：对象名.List (index) [=string]

功能：用于设置或返回控件的列表部分的项目，列表是一个字符串数组，数组的每一项都是一个列表项目，在运行时是只读的。

Index：列表中具体某一项目的索引号。

String：字符串表达式。

2. ListIndex 属性

语法：对象名.ListIndex [=index]

功能：用于在设置或返回控件中当前选择项目的索引，在设计时不可用。

index：数值表达式，指定当前项目的索引号。

注意

DirListBox 和 DriveListBox 不同的是，DirListBox 并不在操作系统级设置当前目录，而只是突出显示目录并将其 ListIndex 设置为-1，如图 7-4 所示。

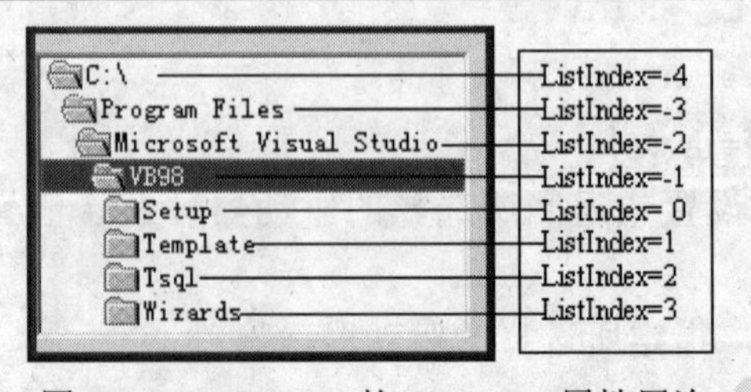

图 7-4　DirListBox 的 ListIndex 属性层次

3. Path 属性

语法：对象名.Path[=Pathname]

功能：用于返回或设置当前路径。在设计时不可用。

Pathname：一个用来计算路径名的字符串表达式。

注意

Path 属性的值是一个指示路径的字符串，例如: C:\program\VB98 或 C:\Windows\System。对于 DirListBox 控件，在运行时当控件被创建时，其默认值是当前路径。

文件列表框（FileListBox）控件

用于将属性指定的目录下所选文件类型的文件列表显示出来，一般和 DriveListBox、DirListBox 控件一起使用。下面给出 FileListBox 控件的主要属性和事件。

1. FileName 属性

语法：对象名.FileName [=Pathname]

功能：用于设置或返回所选文件的文件名，在设计时不可用。

Pathname：字符串表达式，指定路径和文件名。

注意

FileName 属性和 CommonDialog 控件的 FileName 属性不同，不包含路径名。将 FileListBox 控件的 Path 属性和 FileName 属性中的字符串连接起来可获得带路径的文件名。如果 Path 属性的最后一个字符不是目录分隔号（\），应在连接两个属性值的字符串中加入一个“\”符号。

2. Path 属性

语法：对象名.Path[= Pathname]

功能：用于返回或设置当前路径，在设计时不可用。

Pathname：一个用来计算路径名的字符串表达式。

3. Pattern 属性

语法：对象名.Pattern[=Value]

功能：用于返回或设置一个值，指示运行时显示在 FileListBox 控件中的文件的扩展名。

Value：一个用来指定文件规格的字符串表达式。例如“*.*”或“*.frm”。默认值是“*.*”，可返回所有文件的列表。除使用通配符外，还能够使用以分号（;）分隔的多种模式。

4. PathChange 事件

当路径被代码中的 FileName 或 Path 属性的设置所改变时，PathChange 事件发生。

Private sub 对象名_PathChange ([Index As Integer])

Index：一个整数，用来唯一地标识一个在控件数组中的控件。

5. PatternChange 事件

当文件的列表样式，如“*.*”，被代码中对 FileName 或 Path 属性的设置所改变时，此事件发生。

Private sub 对象名_PatternChange ([Index As Integer])

Index：一个整数，用来唯一地标识一个在控件数组中的控件。

这 3 个文件系统控件能够自动地从操作系统中获取一些信息，应用程序可以访问这些信息，或通过控件属性获取各控件的信息。通常，这些系统控件通过一些特殊属性和事件相互联系起来，以查看驱动器、目录和文件。系统控件可以用多种方法混合、匹配文件，使文件操作十分灵活，这是 CommonDialog 控件无法做到的。

日积月累　　使用窗口检测变量值

Visual Basic 6.0 提供了 3 种检测变量值得方法。即：本地窗口、立即窗口和监视窗口，如图 7-5 所示。这 3 个窗口都是在中断模式下使用，在中断模式下从“视图”菜单中可以打开这些窗口。为了使应用程序进入中断模式，需要在代码中设置断点，一旦程序中设置了断点，程序运行到断点时就会停下来，以便程序员对程序进行调试。图 7-6 就是断点和程序运行至断点的情形。

视图(V)　工程(P)　格式(O)　调试(D)
代码窗口(C)
对象窗口(B)　Shift+F7
定义(D)　Shift+F2
最后位置(N)　Ctrl+Shift+F2
对象浏览器(O)　F2
立即窗口(I)　Ctrl+G
本地窗口(S)
监视窗口(H)

图 7-5　3 个调试窗口

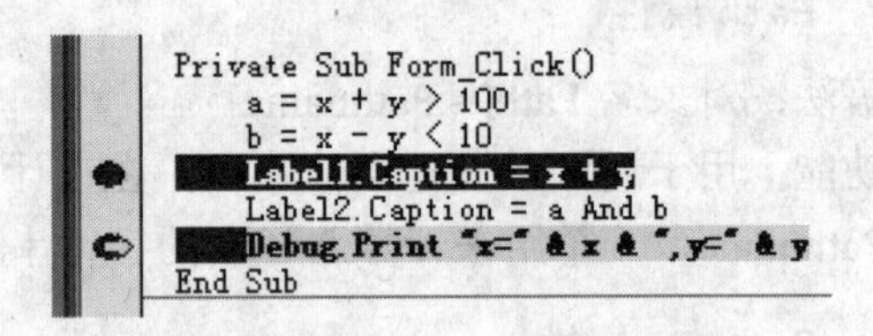

图 7-6　程序运行至断点的情形

在需要设置断点的代码行左侧的“边界指示区”单击鼠标左键，就可以设置断点“●”，再一次在代码行左侧的“边界指示区”单击鼠标左键，就会取消断点。

1. 本地窗口

本地窗口用来检查一个过程的所有变量的值。在中断模式下，本地窗口列出了当前的过程中的所有变量及当前值，用户还可以修改这些变量的值，以便调试程序。本地窗口同时还会列出当前过程的所有对象的属性和属性值，如图 7-7 所示。

2. 立即窗口

立即窗口用来检查一个过程的某个变量或属性或表达式的值。使用方式有两种，一种是使用语句：“Debug. Print 变量名或表达式”，将这条语句加到代码中，会把结果输出到立即窗口，这时程序不需要在中断模式下运行。另一种是用命令方式使用立即窗口，即在立即窗口中输入命令，程序需要在中断模式下运行。常用的命令是显示命令“?”和赋值命令“=”，例如：“?x”、“?Label1. Caption”，分别是显示变量 x 的值和显示控件 Label1 的属性 Caption 值，“x=25”用来改变变量 x 的值，如图 7-8 所示。

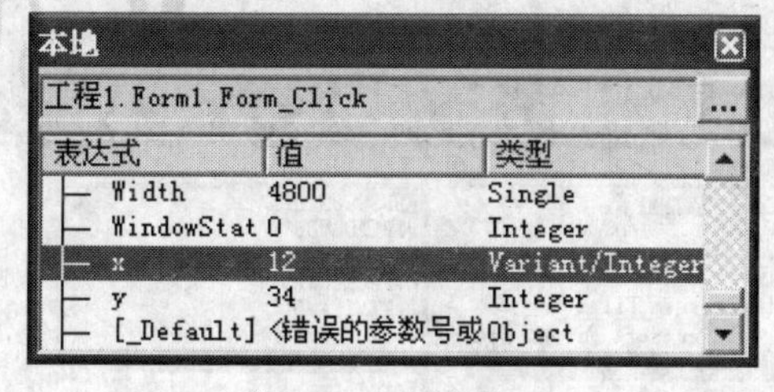

图 7-7　本地窗口

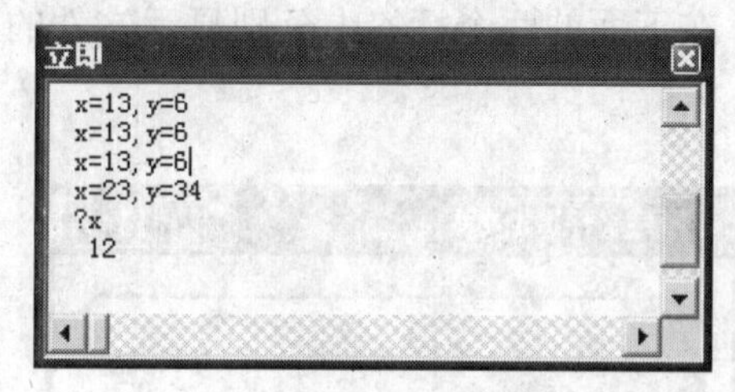

图 7-8　立即窗口

3．监视窗口

监视窗口展示的是用户正在监视的某个变量或表达式的值，程序需要在中断模式下运行。

要设置欲监视的变量或表达式，必须把它添加到监视窗口。为此，可以选择“调试”菜单中的“添加监视”选项。此时，屏幕将弹出“添加监视”对话框，如图 7-9 所示。对话框允许用户键入要在表达式中查看的变量名。当程序运行至断点时，需要监视的变量或表达式的值就会显示到监视窗口，如图 7-10 所示。

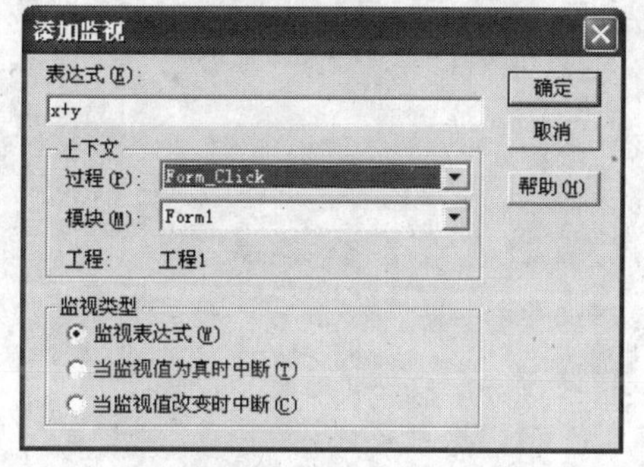

图 7-9　“添加监视”对话框

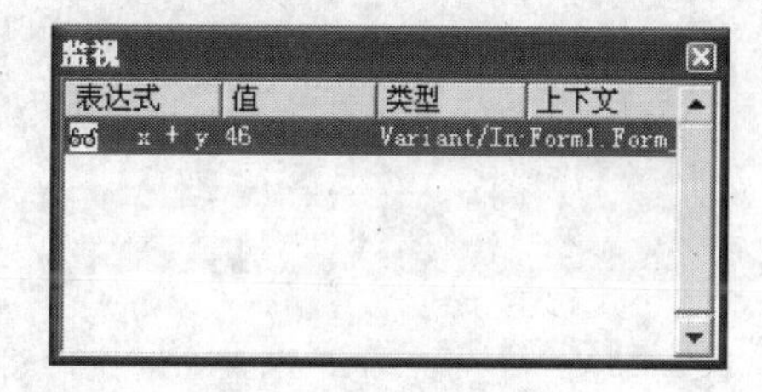

图 7-10　监视窗口

本 章 小 结

本章主要讲授关于文件处理的相关知识，文件的处理在 Visual Basic 中常用的有两种形式，第一利用与文件系统有关的语句和函数，实现对各类文件的读写操作；第二利用 Visual Basic 的文件系统控件实现与存储于各个驱动器、目录下的各类文件的连接，以获得用户的选择，并对选择的结果做相应的处理。

实 战 强 化

1）生成如图 7-11 所示的窗体，以顺序方式打开一个文本文件 xsjl.txt，并在其尾部增加文字并保存。点击“添加数据”按钮将左侧 3 个文本框的内容添加到文件中，点击“更新文本”按钮，将本次打开窗体后添加的内容显示在右侧文本框内。

2）生成如图 7-12 所示的窗体，改变驱动器列表框、目录列表框以及文件列表框中的值，在下面的两个标签中分别显示文件的路径和文件的名称。

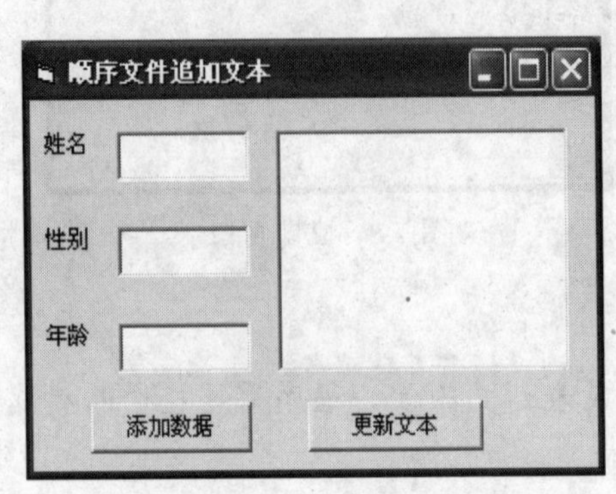

图 7-11 “顺序文件追加文本”窗体

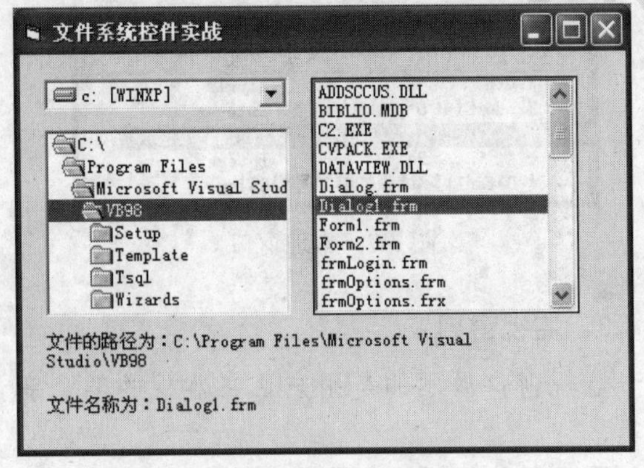

图 7-12 “文件系统控件实战”窗体

第8章

数据库编程

Visual Basic 特点

随着信息化建设的不断发展，数据库技术已成为计算机应用中的一个重要组成部分。Visual Basic 提供了一个强大的数据库开发平台，很多应用程序开发者都选择了 Visual Basic 作为数据库前台应用程序的开发工具。

工作领域

在实际工作中，程序设计面临着许多数据处理任务。比如学生信息管理系统中，需要显示学生基本信息，需要插入、删除和修改成绩信息。在各种信息管理系统中，需要存储和管理大量数据。在实际工作中，涉及数据库处理的任务比比皆是，数据库技术具有良好的实用价值，因此学习和掌握数据库管理和编程技术，是我们今后工作内容的一个重要方面。

技能目标

通过本章内容学习和实践，希望大家能够掌握常见的数据库管理系统的基本内容，能够获得访问数据库的基本技术和数据库的编程技能，以适应将来不同岗位对数据库处理的要求。

8.1 任务1 学生信息浏览

在窗体对象的 Load、Click 事件中，利用窗体对象的 Print 方法，完成屏幕文字输出设计。

8.1.1 任务情境

数据库（DataBase）是以一定的组织方式将相关的数据组织在一起，存放在计算机外存储器，能为多个用户共享，与应用程序彼此独立的一组数据的集合。

Visual Basic 中使用的数据库是关系数据库。在关系数据库中，将相关数据按行和列的形式组织成二维表格即为数据表（Table）。一个关系数据库由若干个数据表组成，一个数据表又由若干个行和列组成，每一行称为一个记录（Record），每一列称为一个字段（Field），表 8-1 给出了学生的“基本信息”。

表 8-1　学生“基本信息”表

学　号	姓　名	性　别	年　龄	民　族	专　业
081101001	刘丽丽	女	19	汉族	计算机应用
081101002	李刚	男	18	汉族	计算机应用
081102001	马雅茹	女	18	回族	计算机网络技术
081102002	张洁	女	19	汉族	计算机网络技术
081202001	包金刚	男	18	蒙古族	装潢艺术设计
081202002	王永平	男	19	汉族	装潢艺术设计

图 8-1 和图 8-2 是任务 1—— 学生信息浏览的执行界面。程序运行时，单击“基本信息”按钮，在网格中显示学生的基本信息，如图 8-1 所示。单击“成绩信息”按钮，在网格中显示学生的成绩信息，如图 8-2 所示。在网格中随时可以调整行高和列宽。

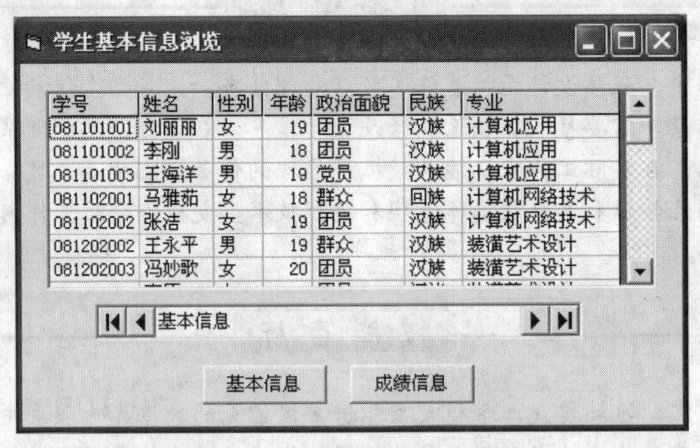

图 8-1　学生基本信息浏览界面

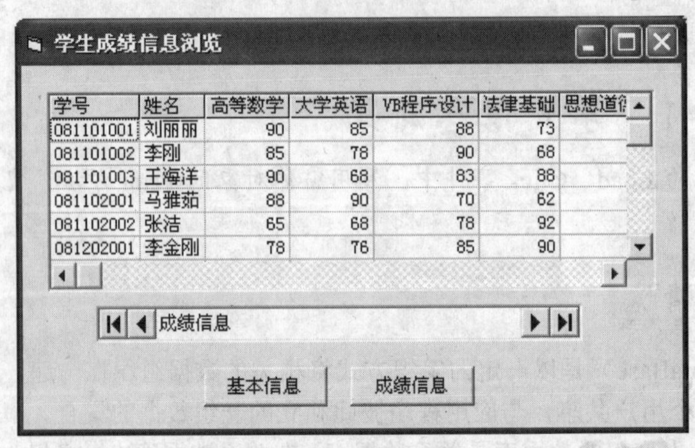

图 8-2　学生成绩信息浏览界面

8.1.2 任务分析

Data 控件是一个数据连接控件，它能够将数据库中的数据信息，与应用程序中的数据绑定控件连接起来，从而实现对数据库的操作。数据绑定控件是指能够和数据库中的数据表的某个字段或全部字段建立关联的控件，如本任务中的网格控件“MSFlexGrid”，是一个只读控件，只能在 MSFlexGrid 中浏览数据表信息。

本任务中涉及的主要问题和解决方法有：

1）首先创建数据库，方法很多，本任务中利用 Visual Basic 自带的“可视化数据管理器”建立“学生数据库”，它包含“基本信息”表和“成绩信息”表。

2）将网格控件“MSFlexGrid”与数据控件“Data”绑定，可以实现在网格中显示数据表的信息。

在两个按钮的 Click 事件过程中，设置 Data 控件的 RecordSource 属性为不同的表文件名，实现在同一个网格“MSFlexGrid”中显示相应数据表的信息。

8.1.3 任务实施

（1）创建数据库

1）在 Visual Basic 主菜单下，选择“外接程序”菜单项，然后选择“可视化数据管理器”选项，进入“可视化数据管理器”窗口，如图 8-3 所示。

图 8-3 “可视化数据管理器”窗口

2）依次选择“文件”→“新建”→“Microsoft Access”→“version 7.0”菜单选项，进入“新建数据库”窗口，如图 8-4 所示。输入文件名“学生数据库”，单击“保存”按钮，进入“数据库”设计窗口，如图 8-5 所示。

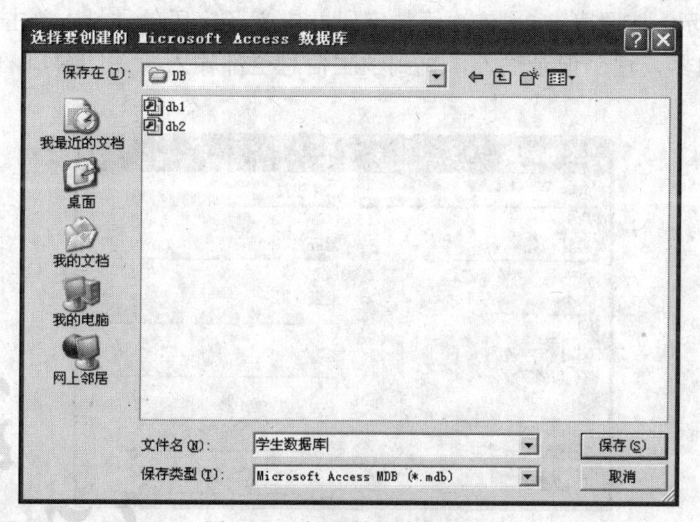

图 8-4 “新建数据库”窗口

第8章 数据库编程

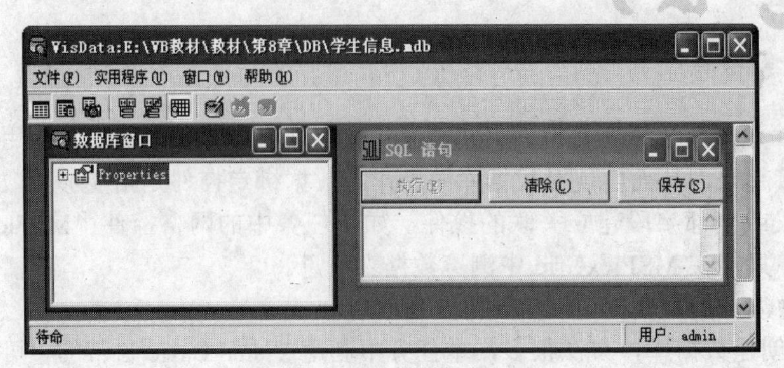

图 8-5 “数据库”设计窗口

3）在“数据库”设计窗口，用鼠标右击“Property”项，选择“新建表”菜单项，进入“表结构”设计窗口，如图 8-6 所示。

表结构
表名称(N)：
字段列表(F)：
名称：
类型：
大小：
校对顺序：
固定长度
可变长度
自动增加
允许零长度
顺序位置：
必要的
验证文本：
验证规则：
缺省值：
添加字段(A)
删除字段(R)
索引列表(X)：
名称：
主键
唯一的
外部的
必要的
忽略空值
字段：
添加索引(I)
删除索引(M)
生成表(B)
关闭(C)

图 8-6 “表结构”设计窗口

4）在“表结构”设计窗口，定义表名，单击“添加字段”按钮，打开“添加字段”窗口，如图 8-7 所示。按照表 8-2，依次添加字段并定义各字段的属性，单击“生成表”按钮，进入“表”编辑器，逐个记录输入，直到学生信息全部输入，关闭窗口，至此数据表建立完毕。

添加字段
名称:
学号
顺序位置:
类型:
Text
验证文本:
大小:
10
验证规则:
固定字段
可变字段
缺省值:
自动增加字段
允许零长度
必要的
确定(O)
关闭(C)

图 8-7 “添加字段”窗口

表 8-2　学生“基本信息”表的结构

字段名称	字段类型	字段长度	字段名称	字段类型	字段长度
学号	Text	8	政治面貌	Text	8
姓名	Text	10	民族	Text	8
性别	Text	2	专业	Text	10
年龄	Integer	2	照片	Binary	0

5）同理，建立学生“成绩信息”表。

（2）建立学生信息浏览界面

1）新建一个工程。

2)在控件工具箱中单击右键,选择“部件”菜单项,然后选择“控件”选项卡中“Microsoft FlexGrid Control 6.0”复选框，将网格控件加入工具箱。

3）在窗体上添加一个数据控件 Data、一个数据网格控件 MSFlexGrid 和两个命令按钮控件 CommandButton，在属性窗口中设置控件的属性，见表 8-3。

表 8-3　在属性窗口中设置属性

	控件名	属性名	属性值
命令按钮	Command1	Caption	基本信息
	Command2	Caption	成绩信息
数据控件	Data1	DataBaseName	e:\ Visual Basic 教材\第 8 章\学生数据库.mdb
数据网格控件	MSFlexGrid1	DataSource	Data1
		AllowUserResizing	3-FlexResizeBoth
		FixedCols	0

（3）进入代码窗口，在相应的 Sub 块中编写如下代码

```
Private Sub Command1_Click ()
  Data1. RecordSource = "基本信息"
  Data1. Refresh
  Data1. Caption = "基本信息"
  Form1. Caption = "学生基本信息浏览"
End Sub

Private Sub Command2_Click ()
  Data1. RecordSource = "成绩信息"
  Data1. Refresh
  Data1. Caption = "成绩信息"
  Form1. Caption = "学生成绩信息浏览"
End Sub
```

（4）运行程序，浏览学生信息

8.1.4 知识提炼

在 Visual Basic 中开发数据库应用程序，首先要创建数据库。创建数据库通常使用两种方法：一是通过数据库管理系统，如 Access 数据库、SQL Server 和 Oracle 等直接创建；二是在 Visual Basic 环境下，调用数据库管理程序间接创建，这是一种更简便的方法。

本任务中使用了 Visual Basic 自带的“可视化数据管理器”工具创建数据库，并且用 Visual Basic 提供的数据控件 Data 来访问数据库。上面已经详细介绍了创建数据库的过程，下面重点介绍数据控件和数据绑定控件的基础知识。

数据（Data）控件：Data 控件提供了访问存储在数据库中的数据的手段，甚至不用编写代码就可以对数据库进行大部分操作。在 Visual Basic 中，数据控件本身不能直接显示数据表中的数据，必须通过能与它绑定的控件来实现。可以和 Data 控件绑定的有文本框（TextBox）、标签（label）、图片框（PictureBox）、图像框（Image）、列表框（listBox）、组合框（ComboBox）、复选框（CheckBox）等内部控件，以及数据网格（MSFlexGrid）、数据列表（DataList）、数据表格（DataGrid）等 ActiveX 控件。

数据绑定控件的选择应适应所要获取的数据，如果数据是图形或图像，可使用图形和图像控件；如果数据是布尔值，可以选择复选框；如果数据是只读的，可以选择标签，否则可以选择文本框；如果希望得到表格化的数据，可以选择网格控件。

与数据控件相关联的绑定控件自动显示当前记录（指针所指的记录）和特定字段。如果数据控件的记录指针移动，相关联的绑定控件会自动改为显示当前记录；如果数据被改变或从绑定控件向数据控件输入新值，这些变化会自动存入数据库。数据（Data）控件的图标和添加在窗体上的形状如图 8-8 所示。下面介绍 Data 控件的基础知识和常用的属性、方法、事件。

数据（Data）控件

1. Data 控件的浏览按钮

数据控件，提供了 4 个用于在数据表中进行数据浏览的按钮，如图 8-8 所示，从左至右分别为：指针移动到第一条记录、指针移动到上一条记录、指针移动到下一条记录和指针移动到最后一条记录，指针指向的记录即为当前可操作记录。在移动记录指针时，Data 控件会自动更新数据，使显示在数据绑定控件中的数据与数据表中数据保持一致。

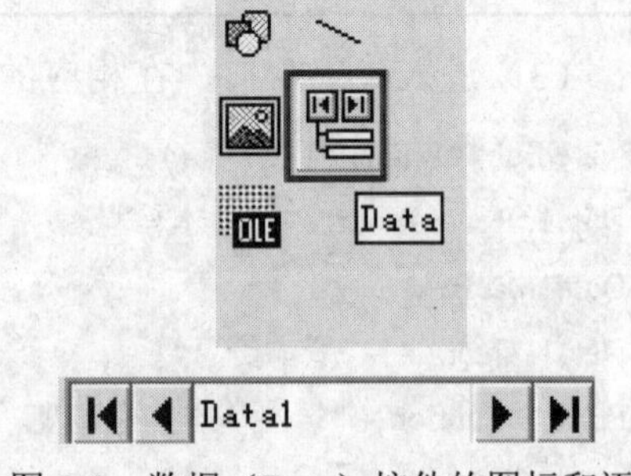

图 8-8 数据（Data）控件的图标和添加在窗体上的形状

2. Connect 属性

设置所链接的数据库的类型，其值是一个字符串，默认值为 Access。

3. DatabaseName 属性

用来创建 Data 控件与数据库之间的联系，并指定要链接的数据库文件名或路径。可以在属性窗口设置，也可以在程序中用代码设置，例如：

Data1. DatabaseName="e:\ Visual Basic 教材\第 8 章\学生数据库.mdb"

这种方法指定了要链接的数据库的绝对路径。也可以使用相对路径，例如：

Data1. DatabaseName = App. Path + "\" + "学生数据库.mdb"

使用相对路径有利于应用程序的移植。

4. RecordSource 属性

用来设置 Data 控件可以访问的数据，它可以是一个表名或 SQL 查询语句的一个查询字符串。可以在属性窗口设置，也可以在程序中用代码设置，例如：

Data1. RecordSource = "基本信息"

5. ReadOnly 属性

决定数据库是否可编辑，有两个取值，分别为：

Ture：不可编辑，即只能查看不能修改。

False：可编辑，默认设置。

6. Refresh 方法

用来重建或重新显示与数据控件相关的记录，在程序中用代码设置，例如：Data1. Refresh。

打开数据库后，如果改变了数据控件的属性，这些属性不会立即影响相应的数据控件，只有执行了 Refresh 方法后，修改才有效。

7. Validate 事件

当切换当前记录时触发。

数据网格（MSFlexGrid）控件

MSFlexGrid 控件是一个数据绑定控件，程序设计中经常用该控件显示数据表中的数据，通过加载“Microsoft FlexGrid Control 6.0”将网格控件加入工具箱，如图 8-9 所示。下面介绍 MSFlexGrid 控件的常用属性。

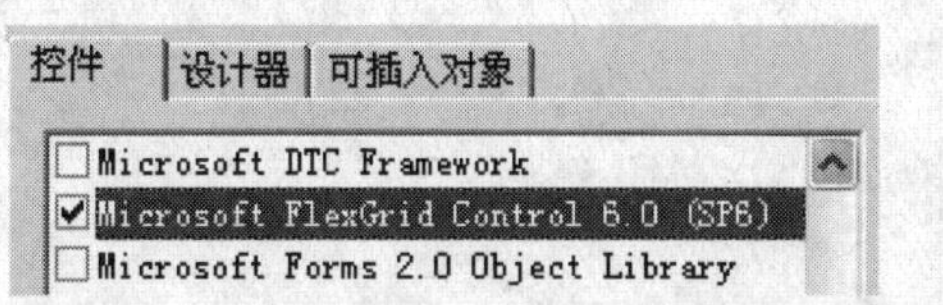

图 8-9　数据网格（MSFlexGrid）控件在工具箱上的图标

1. DataSource 属性

指定控件的数据源，通过该数据源，数据绑定控件被绑定到一个数据库，即指定绑定的数据控件的名字。

还有一些数据网格控件或表格控件，如 DataGrid、DBGrid 等也具有此属性，含义相同。

2. AllowUserResizing 属性

允许用户通过使用鼠标重新调整行高或列宽，有 4 个取值，分别为：

0—FlexResizeNone：不允许调整行和列的尺寸。

1—FlexResizeColumns：允许调整列的尺寸。

2—FlexResizeRows：允许调整行的尺寸。

3—FlexResizeBoth：允许调整行和列的尺寸。

3. FixedRow、FixedCols 属性

设置 FixeGrid 的固定（不可滚动）行和列的总数。

数据绑定控件最重要的两个属性是：DataSource 和 DataField。前面已经详细讲解了 DataSource 属性，下面重点介绍 DataField 属性。

DataField 属性返回或设置数据绑定控件将被绑定到的字段名。文本框（TextBox）、标签（label）、图片框（PictureBox）、图像框（Image）、列表框（listBox）、组合框（ComboBox）、复选框（CheckBox）等内部控件，都可以通过设置该属性来实现在绑定控件中显示被绑定的字段值。要使数据绑定控件能够显示数据库记录集中的数据，必须首先在属性窗口设计或在运行时通过代码设置这些绑定控件的 DataSource 属性和 DataField 属性。

例如：设计一个程序，通过 TextBox 与 Data 控件的绑定，实现数据库的访问。程序执行界面如图 8-10 所示。

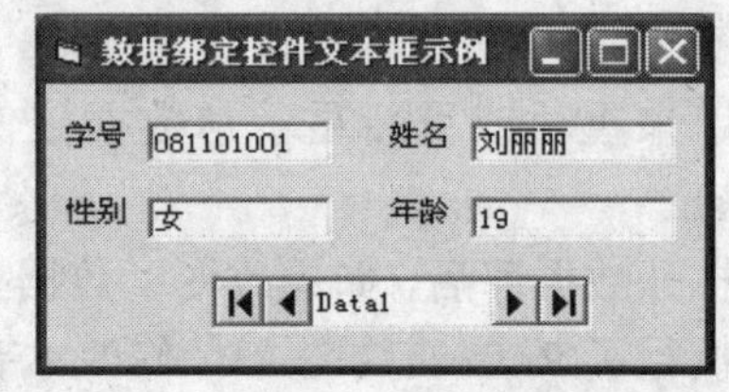

图 8-1 TextBox 与 Data 控件的绑定应用

设计步骤如下。

1）在窗体上放置 4 个 label 控件（Caption 属性值分别为学号、姓名、性别和年龄）、4 个 TextBox 控件和一个 Data 控件。

2）在属性窗口中设置 Data1 控件的 DatabaseName 属性为“e:\ Visual Basic 教材\第 8 章\学生数据库.mdb”，Data1 控件的 RecordSource 属性为“基本信息”数据表。

3）设置 4 个 TextBox 控件的 DataSource 属性均为“Data1”，DataField 属性分别为“学号”、“姓名”、“性别”和“年龄”。

运行程序，可以看出 Data 控件会自动更新数据，使得数据绑定控件 TextBox 中的数据与数据表中的数据始终保持一致。

8.2 任务 2 简单的学生信息管理

利用 Microsoft Access 数据库管理系统建立学生数据库，然后将 TextBox 控件、Image 控件与 Data 数据控件绑定，通过 Move 方法组和 AddNew、Delete 方法完成记录指针的移动，实现对数据库中记录的增加、删除、修改、浏览。

8.2.1 任务情境

Microsoft Access 数据库管理系统以其强大的交互性和通用性，已经成为当今广为流行的关系数据库管理软件，并拥有众多用户，本任务中使用此工具创建数据库。

在学校的教务管理中，学生信息的管理是最基本的任务之一。图 8-11 就是任务 2——学

生信息管理程序的执行界面。

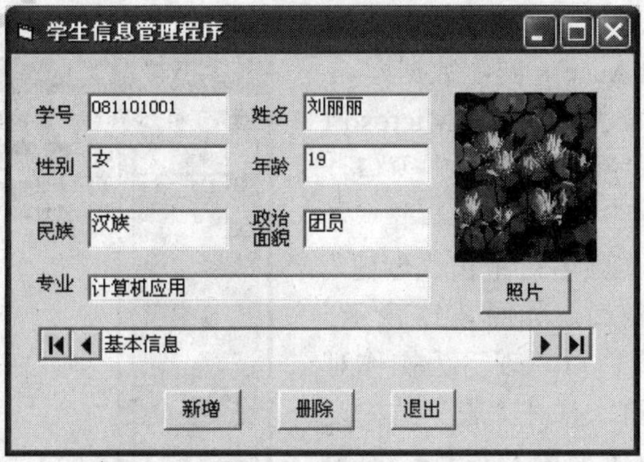

图 8-11　学生信息管理程序的执行界面

单击数据控件 Data1 中的浏览按钮，可以浏览信息，各按钮说明如下。

显示“第一条”记录的对应信息，在 Image 中显示该学生的照片。

显示“上一条”记录的对应信息，在 Image 中显示该学生的照片。

显示“下一条”记录的对应信息，在 Image 中显示该学生的照片。

显示“最后一条”记录的对应信息，在 Image 中显示该学生的照片。

单击“新增”按钮，在“基本信息”表的末尾增加一条空白记录，用户可以在文本框中输入学生信息，然后单击“照片”按钮，将所选择的照片添加到该记录的“照片”字段中，单击 Data1 控件中的浏览按钮，完成新增记录操作。

单击“删除”按钮，可删除“基本信息”表中的当前记录，删除之前弹出提示框，如图 8-12 所示。

在程序执行过程中随时可以修改学生信息。

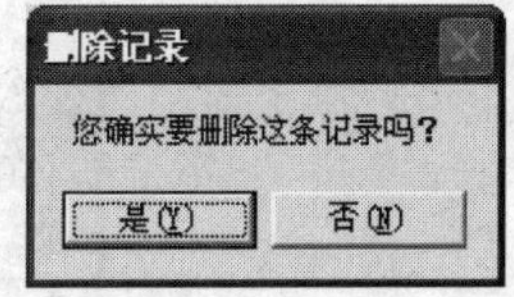

图 8-12　“删除记录”提示框

8.2.2　任务分析

本任务通过另一种方式访问数据库，涉及的主要问题和解决方法有：

1）创建数据库，这里利用 Microsoft Access 数据库管理系统建立“学生数据库”，它包含“基本信息”表。

2）建立程序与数据库的联系。将 TextBox 控件与 Data 控件绑定，通过 TextBox 访问数据表中的数据。

3）让 Image 通过 Data 控件与“基本信息”表中的“照片”字段绑定，这是一个 OLE 类型的字段。然后使用 LaodPicture 函数将图片安装在 Image 图像框中，这样就可以将已选择的照片存放在“照片”字段中。

4）在程序中用代码指定要链接的数据库文件名或路径，例如：

App. Path + "\" + "学生数据库.mdb"

这里使用了相对路径，这是一种更加灵活、多用的方法。

5）通过 AddNew 和 Delete 方法，实现“新增”和“删除”功能。

8.2.3 任务实施

（1）利用 Microsoft Access 创建数据库。

1）依次选择“开始”→“程序”→“Microsoft Access”菜单项，打开“新建数据库”窗口，选择“空 Access 数据库”单选钮，单击“确定”按钮，定义数据库文件名，单击“创建”按钮，进入“数据库”窗口，如图 8-13 所示。

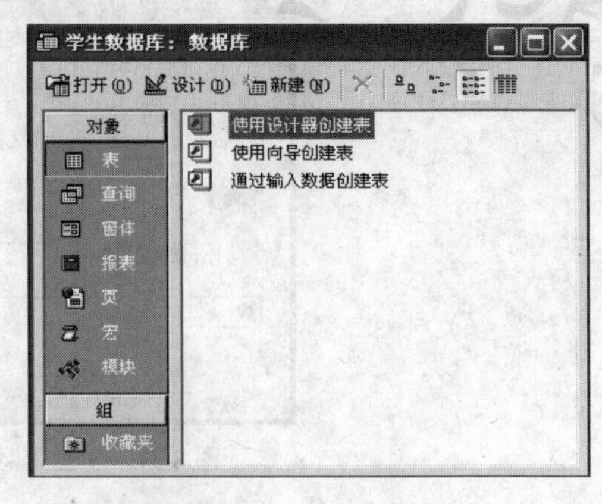

图 8-13　Access“数据库”窗口

2）在“数据库”窗口以“表”为操作对象，再单击“设计”按钮，打开“表”结构设计窗口，依次定义表中各字段及属性，如图 8-14 所示。

3）关闭窗口，定义表名，如“基本信息”。

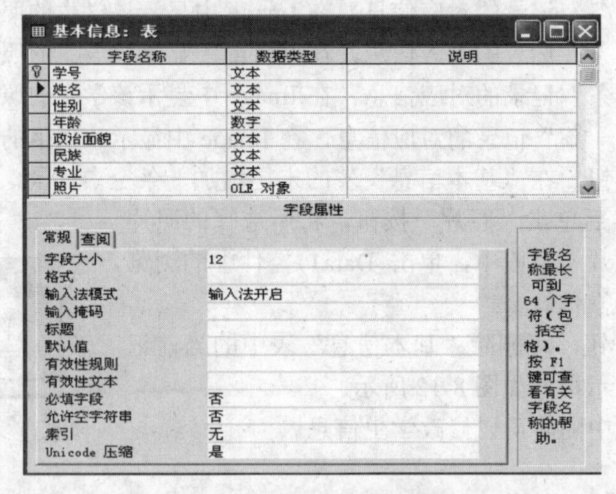

图 8-14　Access 表设计窗口

4）在“数据库”窗口，用鼠标双击“基本信息”表，或选择“基本信息”表后，再单击右键，进入“表”编辑窗口，输入学生基本信息数据，如图 8-15 所示。

基本信息：表

学号	姓名	性别	年龄	政治面貌	民族	专业
081101001	刘丽丽	女	19	团员	汉族	计算机应用
081101002	李刚	男	18	团员	汉族	计算机应用
081101003	王海洋	男	19	党员	汉族	计算机应用
081102001	马雅茹	女	18	群众	回族	计算机网络技术
081102002	张洁	女	19	团员	汉族	计算机网络技术
081202001	李金刚	男	18	团员	汉族	装潢艺术设计
081202002	王永平	男	19	群众	汉族	装潢艺术设计
081202003	冯妙歌	女	20	团员	汉族	装潢艺术设计
081202004	高原	女	18	团员	汉族	装潢艺术设计
			0			

记录：1　共有记录数：9

图 8-15　Access 表编辑窗口

（2）建立学生信息管理程序界面

1）新建一个工程。

2）选择“工程”菜单下的“部件”选项，在“控件”选项卡中选中“Microsoft Common Dialog Controls 6.0”复选框，单击“应用”按钮或“确定”按钮，将通用对话框控件CommonDialog加入工具箱。

3）在窗体上添加7个标签控件Label、7个文本框控件TextBox、1个数据控件Data、1个图像控件Image、4个命令按钮控件CommandButton和1个通用对话框控件CommonDialog，并按图8-9布局，其中CommonDialog控件是运行中被隐藏的，所以可放置在窗体的任意位置。在属性窗口中设置控件的属性，见表8-4，标签控件的属性略。

表8-4　在属性窗口中设置属性

	控件名	属性名	属性值
文本框	Text1	DataSource	Data1
		DataField	学号
	Text2	DataSource	Data1
		DataField	姓名
	Text3	DataSource	Data1
		DataField	性别
	Text4	DataSource	Data1
		DataField	年龄
	Text5	DataSource	Data1
		DataField	民族
	Text6	DataSource	Data1
		DataField	政治面貌
	Text7	DataSource	Data1
		DataField	专业
图像框	Image1	DataSource	Data1
		DataField	照片
		Stretch	Ture
命令按钮	Command1	Caption	新增
	Command2	Caption	删除
	Command3	Caption	退出
	Command4	Caption	照片

（3）进入代码窗口，在相应的Sub块中编写如下代码

```
Private Sub Command1_Click ()
    Text1. SetFocus
    Data1. Recordset. AddNew
End Sub

Private Sub Command2_Click ()
  str1$ = "您确实要删除这条记录吗？"
  str2$ = MsgBox (str1$, vbYesNo, "删除记录")
```

```
  If str2$ = vbYes Then
     Data1. Recordset. Delete
     Data1. Recordset. MoveNext
     If Data1. Recordset. EOF Then
        Data1. Recordset. MoveLast
     End If
  End If
End Sub

Private Sub Command3_Click ()
  End
End Sub

Private Sub Command4_Click ()
 CommonDialog1. FileName = ""
     CommonDialog1. ShowOpen
     If CommonDialog1. FileName <> "" Then
        Image1. Picture = LoadPicture (CommonDialog1. FileName)
     End If
End Sub

Private Sub Form_Load ()
  Data1. DatabaseName = App. Path + "\" + "学生数据库.mdb"
  Data1. RecordSource = "基本信息"
End Sub
```

（4）运行程序　可对数据库内存放的所有学生的信息，进行简单的管理，如添加、删除、修改和浏览。

8.2.4　知识提炼

记录集对象 Recordset

一个记录集表示了一个表中的记录或一个查询结果。Recordset 实际上是一个由数据控件属性定义的对象，对象的类型为 Dynaset，通过该对象可以完成移动记录指针、查找符合条件的记录、得到记录的值、增加新记录、删除记录和修改记录值等操作，对记录值的更改最终会被传送给数据库中的数据表。下面介绍记录集对象 Recordset 的主要属性和方法。

1．EOF 和 EOF 属性

如果记录指针位于第一条记录之前，则 BOF 的值为 True，否则为 False。如果记录指针位于最后一条记录之后，则 EOF 的值为 True，否则为 False。如果 BOF 和 EOF 的属性值都为 True，则记录集为空。这两个属性在跟踪记录集的行信息时非常有用。

2. AbsoloutPostion 和 RecordCount 属性

AbsoloutPostion 返回 Recordset 记录集对象中当前记录的记录号，第一条记录的 AbsoloutPostion 值为 0。RecordCount 返回 Recordset 记录集对象中的记录总数。

例如：如果在标签中显示 Recordset 记录集中的记录总数，可使用下面程序代码。

Label1. Caption = Data1. Recordset. RecordCount

3. Fields 属性

表示记录集的字段集合。

代码 Data1. Recordset. Fields（1）与 Data1. Recordset. Fields（“姓名”）等价，表示数据表中的当前记录的第二个字段，即“姓名”字段。

4. Move 方法组

Move 方法可代替 Data 控件的 4 个浏览按钮的操作。

1）MoveFirst 方法，指针移动到第一条记录。

2）MovePrevious 方法，指针移动到上一条记录。

3）MoveNext 方法，指针移动到下一条记录。

4）MoveLast 方法，指针移动到最后一条记录。

5. AddNew 方法

在记录集中的最后增加一条新记录。

6. Delete 方法

删除记录集中的当前记录。具体做法是首先将指针移动到欲删除的记录，然后调用 Delete 方法。

使用 Delete 方法后，当前记录立即删除，没有任何的警告或者提示。删除一条记录后，绑定控件仍旧显示该记录的内容，所以必须通过移动记录指针来刷新绑定控件。

7. Update 方法

确定修改并保存到数据源中。

当改变数据项的内容时，Data 控件自动进入编辑状态，在对数据编辑后，只要改变记录集的指针或调用 Update 方法，即可确定所做的修改。下面通过示例说明记录集对象 Recordset 的使用。

例如：输出“基本信息”表中全部学生的姓名，程序代码为：

```
Data1. Recordset. MoveFirst
Do While Not Data1. Recordset. EOF ()
    Print Data1. Recordset. Fields (1)
    Data1. Recordset. MoveNext
Loop
```

例如：在“基本信息”表中增加一条新记录，并通过 TextBox 控件输入学号和姓名，程序代码为：

```
Data1. Recordset. AddNew
Data1. Recordset. Fields (0) = Text1. Text
Data1. Recordset. Fields (1) = Text2. Text
Data1. Recordset. Update
```

数据绑定控件

1. DataSource 属性

指定绑定控件的数据源。通过该数据源，数据绑定控件被绑定到一个数据库。例如，将 Text1 的 DataSource 属性设置为“Data1”，则指定 Text1 控件的数据源为与 Data1 建立了连接的数据库。

2. DataField 属性

设置数据绑定控件将被绑定到的字段名。例如，将 Text1 的 DataField 属性设置为“姓名”，则 Text1 控件被绑定到了数据表中的“姓名”字段，并显示当前记录的姓名值。再如，将 Image1 的 DataField 属性设置为“照片”，则 Image1 控件被绑定到了数据表中的“照片”字段，可以实现在 Image1 控件中显示当前记录的图片。如果希望将通过通用对话框选择的图片存入数据库表中，程序代码为：

Image1. Picture = Load Picture（CommonDialog1. FileName）

8.3 任务 3 登录界面

每个数据库都拥有自己的合法操作者，通过定义数据库对象和记录集对象，使用 OpenDatabase 打开数据库，使用 OpenRecordset 得到已打开的数据库中的表，利用 Move 方法组在记录集中查找合法操作者。

8.3.1 任务情境

每个数据库都拥有自己的合法操作者，登录界面是进行身份验证的一个窗口，也是很多数据库应用软件的门禁，只有合法用户或操作者才被允许进入使用。

图 8-16 是任务 3—— 登录界面程序的执行界面。该任务中涉及到 3 个数据库，分别为“学生数据库”、“教师数据库”和“课程数据库”，每个数据库都包含若干个表，每个数据库都有一个“用户”表，用于存放本数据库的合法操作者的“用户名”和“口令”。程序运行时，选择要操作的数据库和操作员姓名，并输入口令，如果正确，弹出合法操作员的提示窗口，如图 8-17 所示；如果错误，弹出口令错误提示窗口，如图 8-18 所示；如果口令输入 3 次都错误，弹出非法操作员提示窗口，如图 8-19 所示。

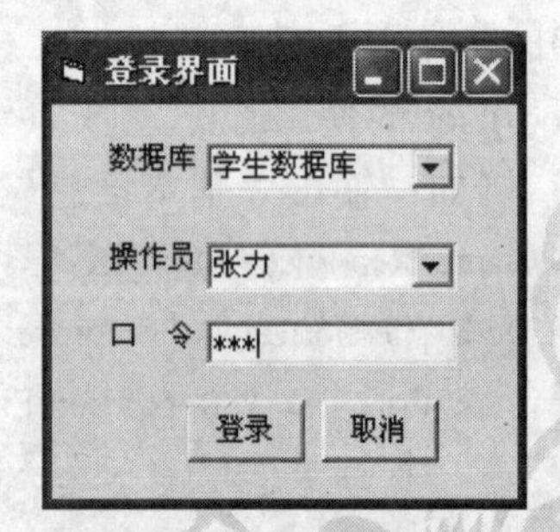

图 8-16 登录界面

图 8-17　合法操作员提示窗口

图 8-18　口令错误提示窗口

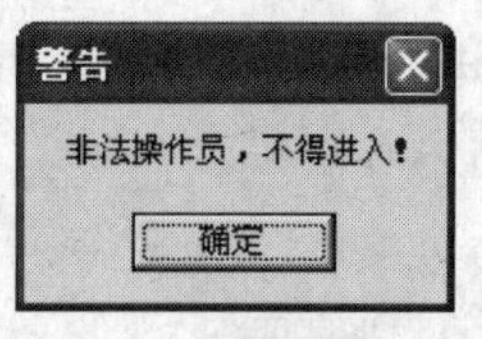

图 8-19　非法操作员提示窗口

8.3.2　任务分析

本任务使用 DAO 数据访问对象技术，涉及的主要问题和解决方法有：

1）在使用 DAO 数据访问对象之前，必须首先添加 DAO 数据访问对象库，即将引用项 Microsoft DAO2.5/3.51 Compatibility 加入到工程中，使得数据程序代码有效。

2）用 Dim DB As Database 语句定义数据库对象，用 Dim RS As Recordset 语句定义记录集对象。

3）用 Set DB = OpenDatabase（“数据库名”）语句打开数据库，并放入已经定义好的数据库对象中，用 Set RS = DB. OpenRecordset（“表名”）语句打开记录集，并放入已经定义好的记录集对象中。

4）用 RS. MoveFirst 和 RS. MoveNext 方法定位数据指针，完成在记录集中的查找。

定义一个全局变量，记录输入口令的次数，当输入 3 次仍然错误，则认为是非法操作者，禁止使用数据库。

8.3.3　任务实施

1）利用前面介绍的方法创建 3 个数据库，分别是“学生数据库”、“教师数据库”和“课程数据库”，每个数据库都包含一个“用户”表，它有两个字段，来存放本数据库的合法操作者的“用户名”和“口令”。

2）新建一个工程。

3）在窗体上添加 3 个标签控件 Label、2 个组合框控件 ComboBox、1 个文本框控件 TextBox 和 2 个命令按钮控件 CommandButton，并按图 8-14 布局，在属性窗口中设置控件的属性，见表 8-5，标签控件的属性略。

表 8-5　在属性窗口中设置属性

	控 件 名	属 性 名	属 性 值
文本框	Text1	Text	空
		PasswordChar	*
命令按钮	Command1	Caption	登录
	Command2	Caption	取消

4）选择“工程”菜单下的“引用”菜单选项，打开“引用”窗口，选中“Microsoft DAO2.5/3.51 Compatibility”复选框，单击“确定”按钮，将 DAO 数据访问对象库加入到工程中。

5）进入代码窗口，在相应的 Sub 块中编写如下代码。

```
 Dim libo As Boolean
 Dim i As Integer
 Dim DB As Database
 Dim RS As Recordset
 Dim flag As Boolean
Private Sub Combo1_Click ()
  Combo2. Clear
  Set DB = OpenDatabase (App. Path + "\" & Combo1. Text & ".mdb")
  Set RS = DB. OpenRecordset ("用户")
  RS. MoveFirst
  Do While Not RS. EOF
     Combo2. AddItem RS. Fields (0). Value
     RS. MoveNext
  Loop
End Sub

Private Sub Combo2_Click ()
  i = 0
End Sub

Private Sub Command1_Click ()
    flag = False
    i = i + 1
    RS. MoveFirst
    Do While Not RS. EOF
       If Combo2. Text = RS. Fields (0). Value And Text1. Text = RS. Fields (1). Value Then
          flag = True
          Exit Do
       Else
          RS. MoveNext
       End If
    Loop
    If flag = True Then
      MsgBox "登录成功，欢迎使用！"          '这里可以是一条显示主窗体的语句，如 Show. form2,
                                             就可以打开此窗体
      Else
         If i = 3 And flag = False Then
          MsgBox "非法操作员，不得进入！", , "警告"
```

```
        End
      Else
        MsgBox "口令不正确，请重新输入！", , "警告"
        Text1. SetFocus
      End If
    End If
End Sub

Private Sub Command2_Click ()
  End
End Sub

Private Sub Form_Load ()
  Combo1. AddItem "学生数据库"
  Combo1. AddItem "教师数据库"
  Combo1. AddItem "课程数据库"
End Sub
```

6）运行程序。

8.3.4 知识提炼

DAO 数据访问对象

DAO 数据访问对象是建立、连接和处理数据的另一种方法。在使用 DAO 数据访问对象之前，必须添加 DAO 数据访问对象库。下面介绍 DAO 数据访问对象的主要方法和在数据库技术中的应用。

1. Set Database 方法

以指定的方式打开数据库。格式为：

Set <Database>=<WorkSpace>. OpenDatabase（<dbname>, [<option>], [<readonly>], [<connect>]）

其中：

<Database> Database 对象变量。

<WorkSpace> WorkSpace 对象变量。

<dbname> 数据库文件名。

<option> 决定是以独占方式打开数据库，还是以共享方式打开数据库。为 True 时，以独占方式打开数据库；为 False 时，以共享方式打开数据库，默认值为 False。

<readonly> 决定以只读方式打开数据库，还是以读写方式打开数据库。为 True 时，以只读方式打开数据库；为 False 时，以读写方式打开数据库，默认值为 False。

<connect> 用来指定数据库的类型以及打开数据库的口令等，默认值为 Jet 数据库。

例如：下面程序代码实现的功能是打开当前目录下的"学生数据库.mdb"，并放入数据库对象 DB 中。

```
Dim DB As Database
Set DB = OpenDatabase（App. Path + "\" &  "学生数据库.mdb"）
```

2. Set Recordset 方法

从数据库中读取数据赋给指定记录，格式为：

```
Set <Recordset>=<Database>. OpenRecordset （<Source>, [<type>], [<option>],
                [<lockedits>]）
```

其中：

<Recordset> 记录对象变量。

<Database> Database 对象变量。

<Source> 数据表文件名。

<type> 数据表字段类型。

<option> 决定是以独占方式打开数据库，还是以共享方式打开数据库。为 Ture 时，以独占方式打开数据库；为 False 时，以共享方式打开数据库，默认值为 False。

<lockedits> 数据表中记录不能修改

例如：

```
Dim RS As Recordset
Set RS = DB. OpenRecordset ("用户")
```

打开“用户”表，放入记录集对象 RS 中，这时可以通过下面代码实现显示数据表中的字段值。

```
Text1. Text=RS. Fields (0) Value
Text1. Text=RS. Fields ("用户名") Value
```

这两条语句等价，表示将记录集对象（“用户”表）中的第一个字段或“用户名”字段的值写入 Text1 控件。

或者通过下面代码向数据表的指定记录输入数据。

```
RS. AddNew
RS. Fields (0) Value = Text1. Text
RS. Fields ("用户名") Value = Text1. Text
RS. Update
```

这两条语句等价，表示将 Text1 中的数据存入新增加的一条记录的“用户名”字段中。必须用 Update 方法更新，修改才有效。

MoveFirst、MovePrevious、MoveNext、MoveLast、AddNew、Delete、EOF、BOF 性与 DAO 控件的方法相同。

8.4　任务 4　数据库查询器

用 ADO 技术访问数据库。用 SQL 中的 Select 语句得到查询结果集，并以网格形式浏览查询结果。

8.4.1 任务情境

在数据库应用技术中“查询”功能是非常重要的部分。Visual Basic 6.0 提供了一个图形控件 ADO Data Control，可以用最少的代码编写数据库应用程序。

图 8-20 是任务 4——数据库查询器程序的执行界面。输入专业名称后，单击“查询”按钮，会在数据网格 DataGrid 中显示该专业学生的基本信息，同时在 Adodc 控件中显示当前记录号和该专业的学生人数。如果不输入专业名称，单击“查询”按钮后，显示“基本信息”表中全部记录。

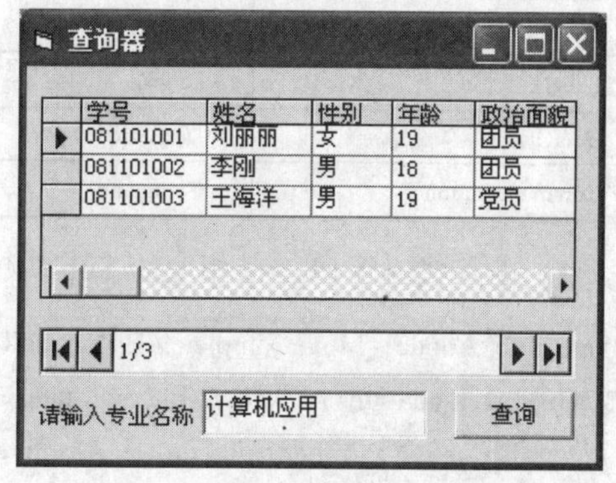

图 8-20 查询器程序的执行界面

8.4.2 任务分析

本任务中用到的 ADO（ActiveX Data Objects）控件比 Data 控件、DAO 数据访问对象更加灵活，功能更加全面。涉及的主要问题和解决方法有：

1）首先将 Adodc 和 DataGrid 控件添加到控件工具箱中。

2）设置 Adodc 控件的 ConnectionString 属性值，以实现数据库的连接。

3）将 Adodc 控件的 CommandType 属性值定义为 8（adCmdUnknown），用以指定获取记录源的命令类型。

4）将 Adodc 的 RecordSource 属性值定义为 SQL 语言的查询字符串，例如：

```
select * from 基本信息
```

该语句的执行结果是一个记录集，即“基本信息”表中的全部记录。

5）用 Refresh 方法刷新或激活 ADO 控件的连接属性。

6）为了在 Adodc1 控件的标题区显示当前记录号和记录总数，需要在 Adodc1_MoveComplete 事件（指针移动时触发）中加入下面程序代码。

```
Adodc1. Caption = Adodc1. Recordset. AbsolutePosition & "/" &
Adodc1. Recordset. RecordCount
```

8.4.3 任务实施

1）新建一个工程。

2）在控件工具箱中单击右键，选择“部件”菜单项，然后选择“控件”选项卡中“Microsoft ADO Data Control 6.0”和“Microsoft DataGrid Control 6.0”复选框，将 Adodc 和 DataGrid 控件加入工具箱。

3）在窗体上添加 1 个标签控件 Label、1 个文本框控件 TextBox、1 个数据控件 Adodc、

1 个数据网格控件 DataGrid 和 1 个命令按钮控件 CommandButton，并按图 8-18 布局，在属性窗口中设置控件的属性，见表 8-6。

表 8-6　在属性窗口中设置属性

对　象	控 件 名	属 性 名	属 性 值
Label	Label1	Caption	请输入专业名称
DataGrid	DataGrid1	DataSource	Adodc1
CommandButton	Command1	Caption	查询

4）进入代码窗口，在相应的 Sub 块中编写如下代码。

```
Private Sub Adodc1_MoveComplete (ByVal adReason As ADODB. EventReasonEnum, ByVal pError As ADODB. Error, adStatus As ADODB. EventStatusEnum, ByVal pRecordset As ADODB. Recordset)
   Adodc1. Caption = Adodc1. Recordset. AbsolutePosition & "/" & Adodc1. Recordset. RecordCount
End Sub

Private Sub Command1_Click ()
  If Text1. Text <> "" Then
    Adodc1. RecordSource = "select * from 基本信息 where 专业='" & Text1. Text & "'"
    Adodc1. Caption = Text1. Text
  Else
    Adodc1. RecordSource = "select * from 基本信息"
    Adodc1. Caption = "全部专业"
  End If
    Adodc1. Refresh
End Sub

Private Sub Form_Activate ()
  Text1. SetFocus
End Sub

Private Sub Form_Load ()
  Dim link$
  Adodc1. ConnectionString = "provider=microsoft. jet. oledb. 4.0; " + "data source=" + App. Path + "\" + "学生数据库.mdb"
  Adodc1. CommandType = adCmdUnknown
  Text1. Text = ""
  Adodc1. Caption = ""
End Sub
```

5）运行程序，根据输入的专业名称查询学生信息。

8.4.4 知识提炼

在用ADO数据控件访问数据库时，要用到结构化查询语言SQL，下面先简单介绍SQL。

SQL 查询

SQL（Structure Query Language，结构化查询语言）是现代关系数据库系统广泛采用的数据库语言，许多数据库和软件系统都支持 SQL 或提供 SQL 语言接口。SQL 是操作数据库的工业标准语言，包含数据查询、数据定义、数据操纵和数据控制 4 种子语言。这里只介绍数据查询语句 Select。

查询是数据库应用的核心内容，SQL 通过 Select 语句实现查询，该语句功能丰富，使用方法灵活，可以满足用户的任何查询要求。在程序运行时，可以通过使用 SQL 语句设置数据控件的 RecordSource 属性，这样可以建立与数据控件相关联的数据集。在使用 SQL 语句的查询功能时并不影响数据库中的任何数据，只是在数据库中检索符合某种条件的数据记录。Select 命令的一般格式为：

```
Select  字段名 1，字段名 2，字段名 3，……
From  表名或视图名
[Where  条件表达式]
[Order By  字段][Asc|Desc]
[Group By  字段]
```

其中：

Select 子句指出要查找的列。

From 子句给出要操作的数据表。

Where 子句给出查询条件，是任选项；条件表达式给出查询结果应满足的条件，它由常量、字段名、变量、关系运算符和逻辑运算符等组成。关系运算符包括>、>=、<、〈=、=、<>，分别表示大于、大于等于、小于、小于等于、等于和不等于。逻辑运算符包括 and、or 和 not，分别表示逻辑与、逻辑或和逻辑非。

Order By 子句决定查询结果按指定字段排序，是任选项；Asc 表示升序排列，Desc 表示降序排列，默认值为 Asc。

Group By 子句提供按字段进行分组的功能，是任选项。

下面以“学生数据库.mdb”中的“基本信息”表为例，说明 SQL 语句的基本使用方法。

例如：查询全体学生的学号和姓名。

Select 学号，姓名 From 基本信息

例如：查询全体学生的详细记录。

Select 学号，姓名，性别，年龄，民族，政治面貌，专业 From 基本信息

或

Select * From 基本信息

这里“*”号代表全部字段。

例如：查询“计算机应用”专业的全体学生。

Select * From 基本信息 Where 专业=“计算机应用”

例如：查询“计算机应用”和“计算机网络技术”两个专业的所有学生。

Select * From 基本信息 Where 专业=“计算机应用” or 专业=“计算机网络技术”

例如：查询“年龄”在 19 到 22 岁之间的学生的姓名，性别，专业。

Select 姓名，性别，专业 From 基本信息 Where 年龄>=19 and 年龄<=22

数据（Adodc）控件

ActiveX 数据对象（ActiveX Data Objects，ADO）的主要优势是易于使用、高速和低内存开销，用户可以用较少的代码设计数据库应用程序，ADO 已经成为主要的数据访问接口。

使用 ADO 控件实现数据库访问的过程如下。

1）在窗体上添加 ADO 数据控件，如图 8-21 所示。

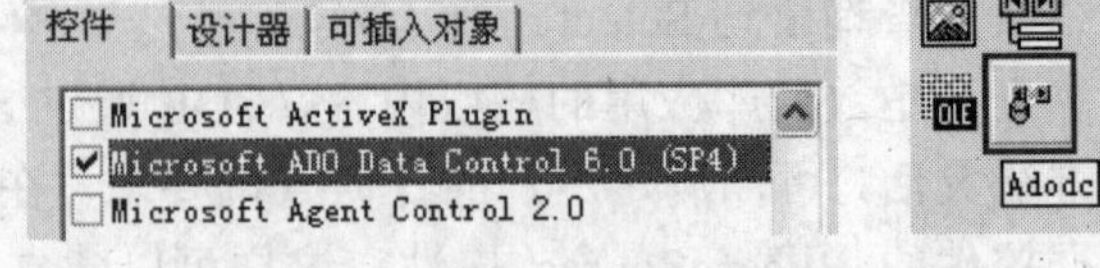

图 8-21 数据（Adodc）控件在工具箱上的图标

2）通过设置“ConnectionString”属性，建立与数据库提供者的连接。

3）通过设置“RecordSource”属性，定义记录源和从记录源中产生记录集。

4）通过设置“DataSource”和“DataField”属性，建立记录集与数据绑定控件的联系，并在窗体上显示数据供用户访问。

下面介绍数据控件 Adodc 的主要属性。

1. ConnectionString 属性

这是一个支持连接字符串的 OLEDB 提供程序，字符串包含用于与数据源建立连接的相关信息，可以在属性窗口设置，操作步骤如下。

1）在 Adodc 控件的属性窗口中，选择“ConnectionString”的属性按钮，进入“属性页”的通用对话框，如图 8-22 所示。

2）选择“使用连接字符串”单选钮，单击“生成”按钮，进入“数据链接属性”窗口，如图 8-23 所示，选中“Microsoft Jet 4.0 OLE DB Provider”项。

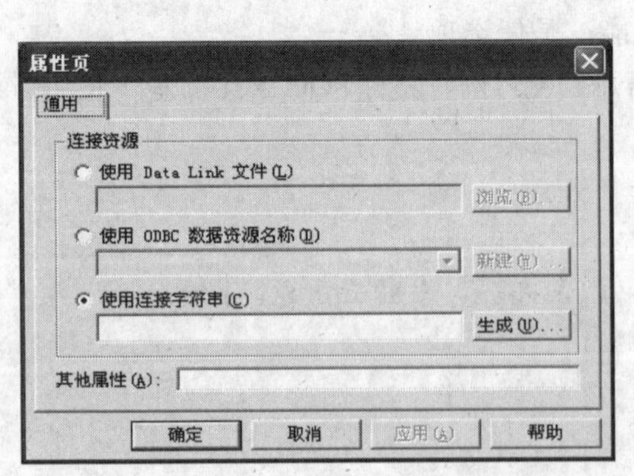

图 8-22 Adodc 控件的“属性页”窗口

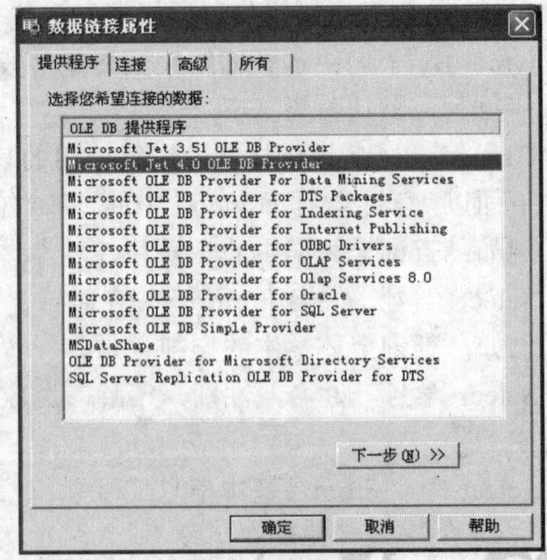

图 8-23 “数据链接属性”窗口中的“提供程序”选项卡

3）单击“下一步”按钮，在打开的窗口中选择和输入要连接的数据库名称，如图 8-24 所示，单击“测试连接”按钮，如果显示“测试连接成功”消息框，则表示连接成功，否则表示连接失败。

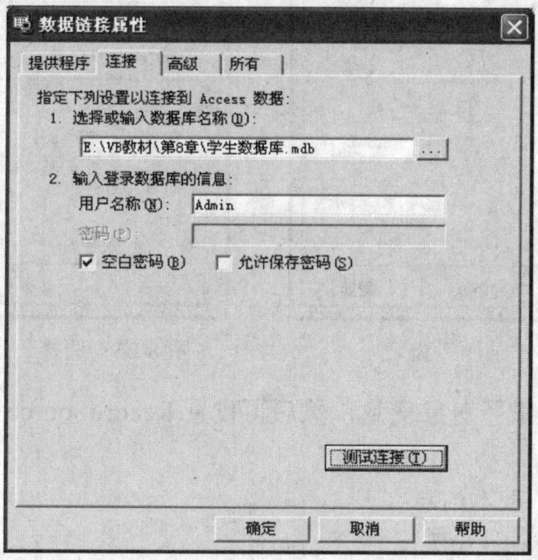

图 8-24 “数据链接属性”窗口中的“连接”选项卡

ConnectionString 属性设置完成后，在“使用连接字符串”框中已经生成一个字符串，内容如下。

Provider=Microsoft. Jet. OLEDB. 4.0; Data Source=E:\ Visual Basic 教材\第 8 章\学生数据库.mdb; Persist Security Info=False

以上建立与数据库链接的步骤，也可以在程序中用下面代码设置。

Adodc1. ConnectionString = "provider=microsoft. jet. oledb. 4.0; data source=" + App. Path + "\" + "学生数据库.mdb"

2. RecordSource 属性

确定具体可访问的数据源，这些数据构成了记录集对象 Recordset。该属性值可以是一个表名或 SQL 查询语句的一个查询字符串，可以在属性窗口设置，操作步骤如下。

在 Adodc 控件的属性窗口中，选择“RecordSource”的属性按钮...，进入“属性页”的记录源对话框，如图 8-25 所示，选择“命令类型”组合框下的“2-adCmTable”选项，“表或存储过程名称”组合框下的“基本信息”选项，单击“确定”按钮。

上面确定数据源的步骤，也可以在程序中用下面代码设置。

Adodc1. RecordSource = "基本信息"

如果将 SQL 查询命令的结果集作为数据源，则打开“属性页”的记录源对话框，如图 8-26 所示，选择“命令类型”组合框下的“8-adCmUnknown”选项，“命令文本”中输入 SQL 命令，单击“确定”按钮。

上面确定数据源的步骤，也可以在程序中用下面代码设置。

Adodc1. CommandType = adCmdUnknown

Adodc1. RecordSource = "select * from 基本信息 where 专业='计算机应用'"

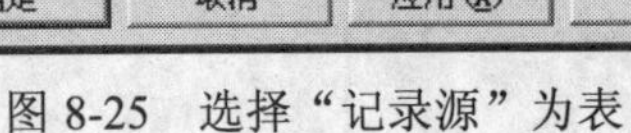

图 8-25　选择“记录源”为表

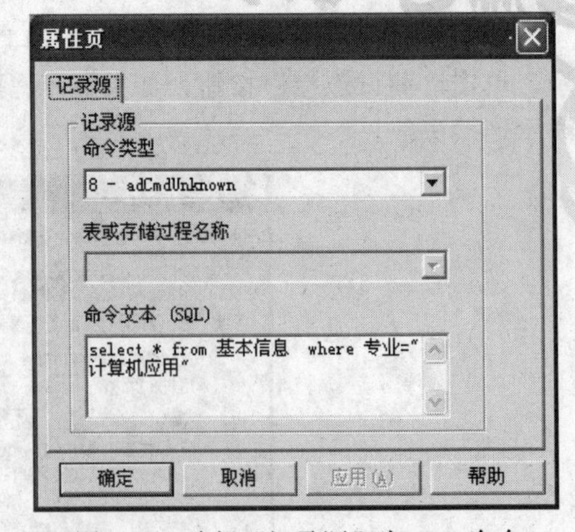

图 8-26　选择“记录源”为 SQL 命令

还可以将 SQL 语句赋予对象变量，然后再设置 RecordSource 属性，程序代码为：

```
dim sql as string
sql$= "select * from 基本信息 "
Adodc1. RecordSource = sql$
```

或可以通过变量构造查询条件。在程序运行时，向 TextBox 控件（变量）输入查询信息，在程序代码中需要将变量连接到 Select 语句，例如：

```
Adodc1. RecordSource = "select * from 基本信息 where 专业='" & Text1. Text & "'"
```

3. AbsoloutPostion 属性

返回当前记录的记录号，从 1 到 Recordset 对象所含记录数。

4. RecordCount 属性

返回记录集对象 Recordset 的记录总数，该属性为只读属性。

5. Fields 属性

Recordset 的 Fields 属性是一个集合。每个 Field（字段）对象对应于 Recordset 中的一列，使用 Field 对象的 Value 属性可设置或返回当前记录的数据。

例如：用下面代码给当前记录的指定字段赋值

```
Adodc1. Recordset. Fields (0). Value = "080114010"
```

例如：用下面代码给显示当前记录的指定字段值

```
Text1. Text = Adodc1. Recordset. Fields (0). Value
```

6. MoveFirst、MovePrevious、MoveNext、MoveLast、AddNew、Delete、EOF、BOF 与 DAO 控件的含义相同

7. Find 方法

使用 Find 方法可以在 Recordset 对象集中查找满足条件的第一条记录，如果找到，指针指向这条记录，即这条记录成为当前记录；如果没有找到，指针停留在记录集的中第一条记录之前或最后一条记录之后，格式为：

Recordset. Find　查找条件

例如：输出记录集中第一个“男生”的姓名，程序代码为：

```
Adodc1. Recordset. Find   "性别='男'"
Print Adodc1. Recordset. fields（"姓名"）
```

数据网格（DataGrig）控件

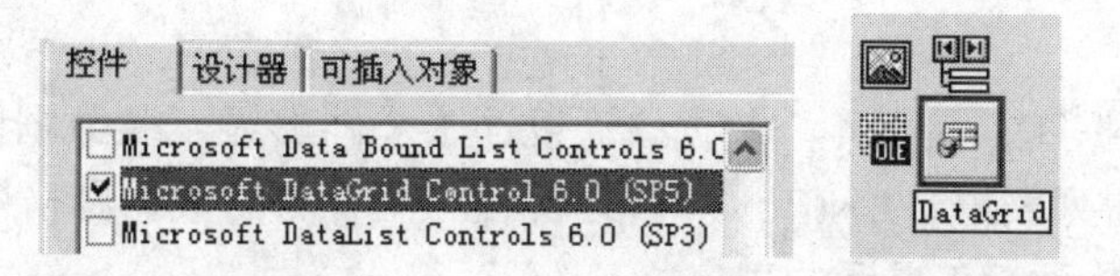

图 8-27　数据网格（DataGrig）控件在工具箱上的图标

DataGrig 是具有编辑功能的数据绑定控件。该控件的重要属性是 DataSource 属性，它指定网格数据的源，当把 DataGrig 控件的 DataSource 属性设置为一个 ADO 数据控件后，网格中会自动显示记录集中的相应字段名和字段值。

日积月累　　使用外接程序

Visual Basic 允许选择和管理外接程序，这是对 Visual Basic 的扩充。这些扩充增强了 Visual Basic 开发环境的能力，例如，特殊的源代码控制能力。Microsoft 和其他开发者创建了可以用于应用程序的外接程序。向导是一种外接程序，它可以简化某些任务，例如创建窗体。Visual Basic 包含几种向导。

要使外接程序出现在“外接程序管理器”对话框中，外接程序的开发者必须保证它已正确安装。

使用外接程序管理器对工程可以添加或删除外接程序，从“外接程序”菜单可以对其进行访问。“外接程序管理器”对话框列出可用的外接程序。

要安装外接程序，请按照以下步骤执行。

1）从“外接程序”菜单，选取“外接程序管理器”。

2）从列表中突出显示一个外接程序并单击“加载行为”中想要的行为。要卸载一个外接程序或阻止其加载，请清除所有的“加载行为”框。

3）当做完选定操作后，选取“确定”。按照“加载行为”的不同选择，Visual Basic 连接被选定的外接程序，断开与被清除的外接程序的连接。

本 章 小 结

本章详细讲解了数据库的基本概念、数据库的创建方法以及与数据库相关的数据控件和数据绑定控件，介绍了数据控件 Data 和 Adodc 的常用属性、方法，数据绑定控件网格、文本框、Image 的属性和方法。同时还介绍了 Visual Basic 下访问数据库的基本技术和与数据库相关的知识，如 DAO 技术、ADO 技术、Recordset 记录集对象技术和数据库的主流语言 SQL。通过简单的任务介绍了在 Visual Basic 环境下开发数据库应用程序的基本方法，读者只要举一反三，加强实践，就会熟悉数据库编程技术，开发出更多更实用的数据库应用程序。

实战强化

1）创建一个数据库，包含 4 个数据表。设计 1 个能够显示表数据的程序，执行界面如图 8-28 所示。单击列表框（ListBox）中的表名，在右侧的数据网格中显示该表的内容，同时在数据控件中提示正在显示的表名。

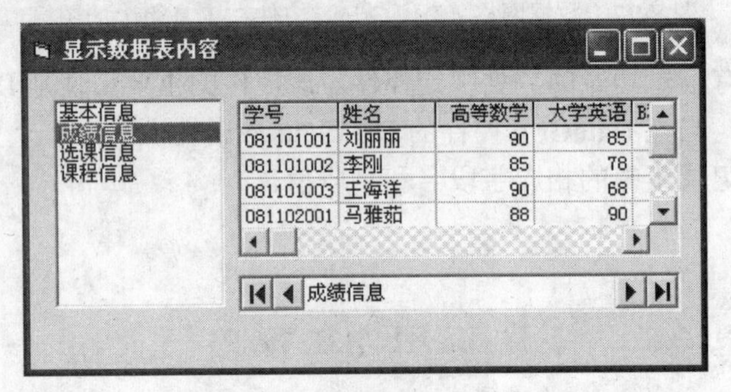

图 8-28　显示数据表的内容

提示

1）在 List1 的单击事件中，用下面代码显示选中的表。

```
Data1. RecordSource = List1. Text
或
lab_name = List1. Text
SQL = "select * from " & lab_name
Data1. RecordSource = SQL
```

2）用 Refresh 方法刷新 Data1。

2）设计一个学生个人资料管理程序，能够完成新增、删除、查询和浏览学生个人资料功能，如图 8-29 所示。单击“查询”按钮，打开“查找姓名”窗口，如图 8-30 所示，输入要查找的姓名，如果找到，则在“学生个人资料”窗口显示该学生的资料，否则，提示“没有找到”信息。

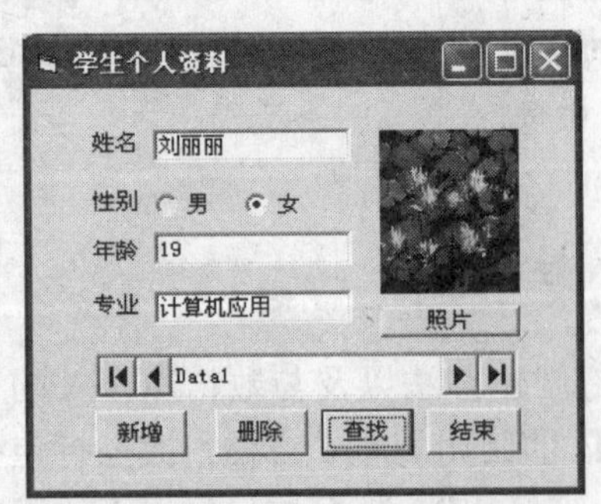

图 8-29　个人资料管理程序的执行界面

图 8-30　姓名输入窗口

提示

1）单选按钮不是数据绑定控件，要建立与字段之间的联系，需要通过给性别字段赋值来完成。浏览时根据性别字段的值，来设置单选钮的值。

2）调用系统定义的对话框 InputBox ()，等待用户输入文本，然后返回文本框的内容，方法为：

```
Dim name as String
name=InputBox（"输入完整的姓名"，"查找姓名"）
```

3）设计一个查询程序，实现分别按学号、年龄段和专业查询，如图 8-31 所示。如果选择按"学号"查询，则在 TextBox 中输入要查询的学号；如果选择按"年龄"查询，则输入要查询的年龄范围；如果选择按"专业"查询，则在组合框中选择要查询的专业。选择了查询关键字后，单击"开始"按钮，查询结果显示在右侧网格中。

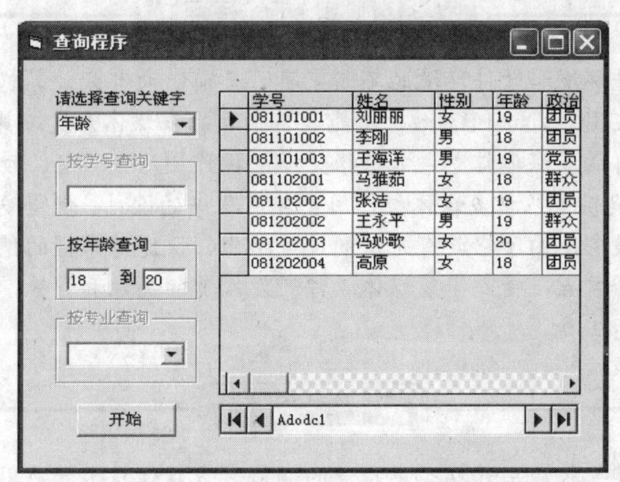

图 8-31　按不同的关键字查询的界面

提示

在"开始"按钮的 click 事件中用代码设置 Adodc1 的 RecordSource 属性值为 SQL 语句，并用 Refresh 方法激活。Select 语句中的查询条件由 where 子句构成。

第9章

多媒体程序设计

Visual Basic 特点

随着多媒体硬件环境和软件环境的不断完善，目前，大部分计算机软件开发中都涉及多媒体软件技术的应用。Visual Basic 是功能非常强大的多媒体开发工具，它有丰富的函数和方法处理各种各样的多媒体信息，能够很灵活的操作图形、声音、动画、影像等多媒体素材。Visual Basic 提供了多种多媒体控件用于应用程序的设计，使得多媒体应用程序的设计更加简单和丰富多彩。由于它具有先进的设计思想、快速易掌握的使用方法及控制媒体对象手段灵活多样等特点，受到了多媒体软件开发人员的关注和青睐，也因此成为多媒体应用程序开发的理想工具。

工 作 领 域

多媒体技术为计算机应用开拓了更广泛的领域。多媒体技术的应用深入到教育培训、多媒体通信、广播传媒、文化娱乐、电子游戏、出版、广告、网络购物等领域，开创了多媒体发展的新时代。各种计算机软件都竞相加入多媒体元素。掌握 Visual Basic 多媒体编程技术，设计多媒体应用程序，有着广泛的应用领域。

技 能 目 标

通过本章的学习和实践，读者能够掌握多媒体控件的编程技术，使用多媒体控件进行音频、视频和 Flash 动画的播放。

9.1 任务1 MMC 播放器

使用 Multimedia 控件（Microsoft Multimedia Control）的 MCI 命令，播放 MP3、WAVE、MADI、MIDI、AVI、MPEG、WMA 等类型的音频文件。

9.1.1 任务情境

Visual Basic 的 Multimedia 控件（Microsoft Multimedia Control），也称为管理媒体控制接口 MCI（Media Control Interface）控件，是一个可以播放多种音频的控件，如 MP3、WAVE、

MADI、MIDI、AVI、MPEG、WMA 等类型的音频文件，且操作非常方便。

本任务使用 Multimedia 控件设计了一款音频文件播放器，如图 9-1 所示。程序启动后，按下“打开”按钮，在弹出的“打开文件”对话框中选择要播放的音频文件类型和音频文件，然后按下“播放”按钮，MMC 播放器开始播放，同时滑动条开始显示播放进度，窗体上滚动的字幕显示播放的音频文件名；按下“停止”按钮，停止播放，再次按下“播放”按钮，从刚才停止的位置接着播放；按下“返回”按钮，播放器从头开始播放。

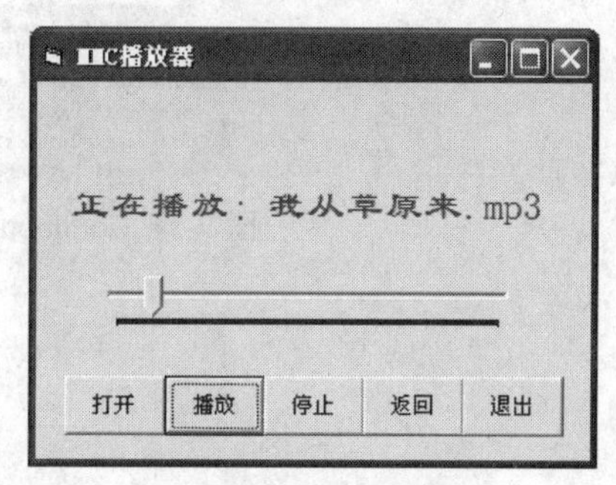

图 9-1　MMC 播放器

9.1.2　任务分析

MMC 播放器的主要功能有：选择音频文件，播放音频文件，显示播放进度，滚动显示播放的音频文件名。

设计 MMC 播放器的核心任务是 Multimedia 控件的编程，使用 Multimedia 控件的命令实现播放、停止和返回。主要的命令有：“Open”、“Play”、“Stop”、“Prev”等。

为了快速地选择和打开音频文件，使用 CommonDialog 控件控制文件的过滤和打开。为了获取打开的文件的路径和文件名信息，需要使用 FileSystemObject 类。使用 FileSystemObject 类时，要在“工程”菜单中打开“引用”对话框，选择“Microsoft Scripting Runtime”选项。

由滑动条（Slider）控件显示播放进度，标签控件显示播放的音频文件名，Timer 控件定时获取音频文件的播放进度，修改滑动条（Slider）控件滑块的位置，同时改变标签控件的位置，实现动画效果。

9.1.3　任务实施

1）新建一个工程。

2）在工具箱的空白处单击鼠标右键，在弹出的菜单中选择“部件”选项，打开“部件对话框”，为工具箱添加 Multimedia 控件、CommonDialog 控件和 Slider 控件，如图 9-2、图 9-3、图 9-4 所示。

3）在窗体上添加 5 个命令按钮控件，添加 Multimedia 控件，CommonDialog 控件和 Slider 控件和 Timer 控件各一个，如图 9-5 所示。

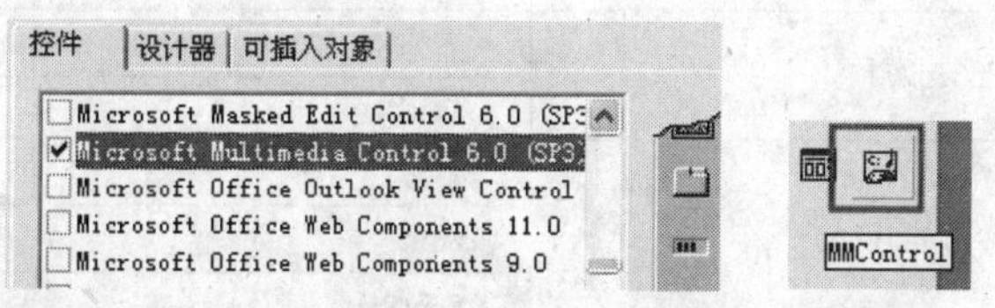

图 9-2　Multimedia 控件选项和在工具箱上的图标

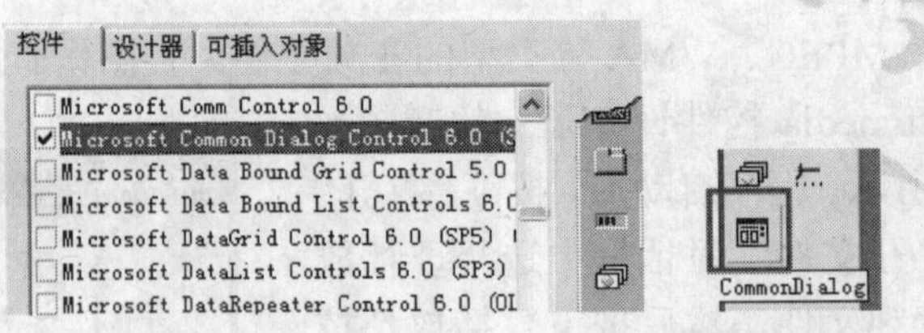

图 9-3　CommonDialog 控件选项和在工具箱上的图标

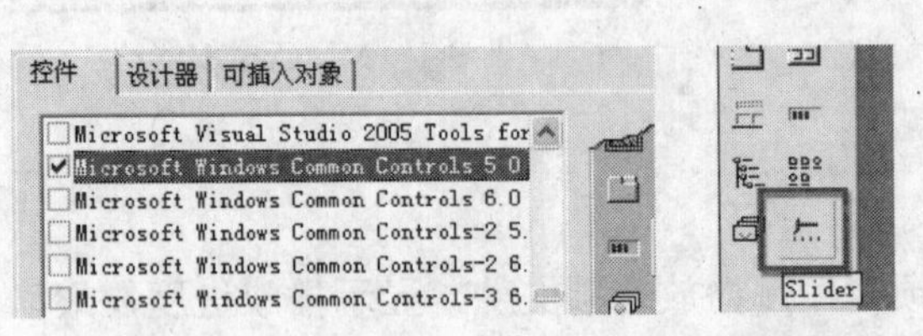

图 9-4　Slider 控件选项和在工具箱上的图标

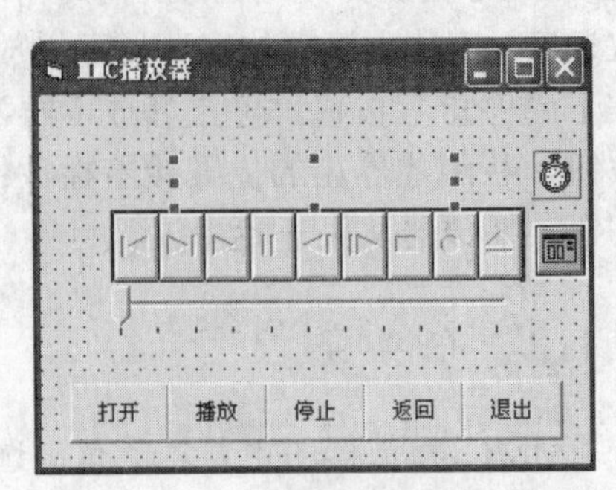

图 9-5　设计时的 MMC 窗体界面

4）在属性窗口中设置窗体的属性，见表 9-1。

表 9-1　在属性窗口中设置属性

	控 件 名	属 性 名 称	属 性 值
窗体	Form1	Caption	MMC 播放器
Multimedia 控件	MMControl1	名称	MMC
		Visible	False
按钮	Command1	名称	CmdOpen
		Caption	打开
	Command2	名称	CmdPlay
		Caption	播放
	Command3	名称	CmdPrev
		Caption	返回
	Command4	名称	CmdStop
		Caption	停止
	Command5	名称	CmdExit
		Caption	退出
CommonDialog 控件	CommonDialog1	名称	CDlg1
Slider 控件	Slider1	名称	SldTool
时钟控件	Timer1	名称	TmrPlay
		TmrPlay	1
标签	Label1	名称	LblNote
		Font	隶书
		FontSize	小三

5）右单击窗体空白处，选择“查看代码”，弹出代码窗口，输入如下代码。

```
Dim FileName As String                                    '定义窗体模块级变量
Dim Ste As Integer

Private Sub CmdExit_Click ()
    Unload Me
End Sub

Private Sub CmdOpen_Click ()
    CDlg1. Filter = "mp3|*mp3|WAVE|*.wav|MADI (mid)|*.mid|MIDI (rmi)|" & _
        "*.rmi|AVI (avi)|*.avi|MPEG (mpg)|*.mpg|WMA|*.wma"
    CDlg1. ShowOpen
    On Error Resume Next
    If CDlg1. FileName <> "" Then
        FileName = CDlg1. FileName
        MMC. FileName = FileName
        MMC. Command = "open"
        CmdPlay. Enabled = True
        CmdStop. Enabled = True
        CmdPrev. Enabled = True
     End If
End Sub

Private Sub CmdPlay_Click ()
'工程-引用-microsoft scripting runtime
    Dim FS As New FileSystemObject
    FileName = FS. GetBaseName (FileName) & "." & FS. GetExtensionName (FileName)
    MMC. Command = "play"
    CmdStop. Enabled = True
    LblNote. Caption = "正在播放：" & FileName
    SldTool. Max = MMC. Length
    SldTool. Min = MMC. From
    SldTool. LargeChange = (SldTool. Max - SldTool. Min)
    SldTool. SmallChange = SldTool. LargeChange / 2
    SldTool. Enabled = True
    TmrPlay. Enabled = True
End Sub

Private Sub CmdPrev_Click ()
    MMC. Command = "prev"
```

```
End Sub

Private Sub CmdStop_Click ()
    CmdStop. Enabled = False
    MMC. Command = "stop"
    TmrPlay. Enabled = False
End Sub

Private Sub Form_Load ()
    CmdPlay. Enabled = False
    CmdStop. Enabled = False
    CmdPrev. Enabled = False
    SldTool. Enabled = False
    TmrPlay. Enabled = False
    Ste = -6
End Sub

Private Sub TmrPlay_Timer ()
    SldTool. Value = MMC. Position
    If LblNote. Left <= 0 Then
        Ste = 6
    ElseIf LblNote. Left >= Me. Width - LblNote. Width/2 Then
        Ste = -6
    End If
    LblNote. Left = LblNote. Left + Ste
End Sub
```

6）从“工程”菜单选择“引用”选项，打开“引用”对话框选择“Microsoft Scripting Runtime”项。

7）按下“F5”运行程序。

9.1.4 知识提炼

要在程序中使用 Multimedia 控件，必须首先将其添加到工具箱中，方法是，通过“工程”菜单的“部件”菜单项选择 Microsoft Multimedia Control 6.0 文件把该控件添加到工具箱中，然后在工具箱中单击该控件，在窗体上创建该工具的命令条界面。Multimedia 控件由一系列命令按钮组成，当打开了有效的多媒体设备并且控件可用时，这些按钮会自动完成工作。按钮的名称分别是 Prev、Next、Play、Pause、Back、Step、Stop、Record 和 Eject，图 9-6 就是在窗体中添加了该控件的情形。用默认的按钮功就能很好地播放音乐和视频。

Multimedia 控件管理媒体控制接口（Media Control Interface）设备上的多媒体文件的记录与回放。它被用来向诸如声卡、MIDI 序列发生器、CD-ROM 驱动器、视频 CD 播放器和视频磁带记录器及播放器等设备发出 MCI 命令。MMC 控件还支持 Windows (*.avi) 视频文件的回放。

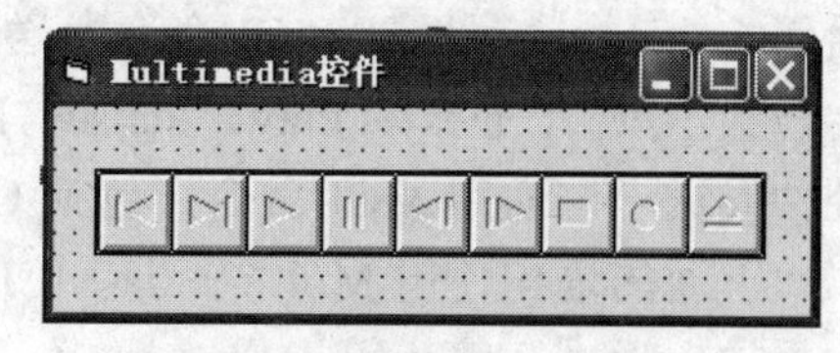

图 9-6 Multimedia 控件

1. Multimedia 控件常用属性

AutoEnable 属性：布尔值。决定 Multimedia 控件是否能够根据 MCI 设备类型自动启动或禁用控件中的某个按钮。如 AutoEnabled 属性设置为 True，MMC 控件就启用指定 MCI 设备类型在当前模式下所支持的全部按钮，禁用那些 MCI 设备类型在当前模式下不支持的按钮。它的值可以为：

False：不能启用或禁用按钮。

True：（默认值）自动启用功能可用的按钮，禁用功能不可用的按钮。

DeviceType 属性：在使用 Multimedia 控件中的按钮之前，必须用控件的 DeviceType 属性打开一个有效的多媒体设备。一般在 Form_Load 事件过程中放入程序代码就可以实现这项任务。这样，当程序启动时，系统就会自动配置该控件。如果想用同一控件管理几个不同的多媒体设备，也可以在程序运行过程中，动态修改 DeviceType 属性。播放音频文件时不需要设定该属性。

DeviceType 属性的语法为：

MMControl1. DeviceType=DevName

其中 DevName 是一个字符串值，代表一个有效的设备类型：AVIVideo、CDAudio、DAT、DigitalVideo、MMMovie、其他、Overlay、扫描仪、序列发生器、VCR、视盘或 WaveAudio。例如，指定能播放 WaveAudio 文件的设备，应指定下面的字符串。

MMControl1. DeviceType="WaveAudio"

关于 Multimedia MCI 控件支持的多媒体设备和在 DeviceType 属性中用到的 DevName 参数请使用 MSDN 参考帮助，查询"多媒体的要求和支持的设备类型"主题。

Enabled 属性：布尔值。决定控件的各个按钮是否可使用。这一属性允许在运行时启用或禁用 MCI 控件。它的值可以设置为：

False：控件中的所有按钮均被禁用。

True：（默认值）控件被启用。

Visible 属性：布尔值。决定控件的各个按钮是否可见。这一属性允许在运行时启用或禁用 MCI 控件。它的值可以设置为：

False：控件中的所有按钮均不可见。

True：（默认值）控件都可见。

要控制单个的按钮可见或不可见，可用或不可用，可以设置该按钮对应的 Visible 和 Enabled 属性。例如，Back 按钮中的 BackEnabled 和 BackVisible 属性，Play 按钮的 PlayEnabled 和 PlayVisible 属性等。9 个按钮中的每一个都有对应的这些属性。

Command 属性：在用 DeviceType 属性标识了程序中想要使用的设备之后，就可以开始用 Command 属性把 MCI 命令发送给该设备。要发送的命令与 MMC 控件上各按钮的名称一致：Prev、Next、Play、Pause、Back、Step、Stop、Record 和 Eject。另外，还可以向控件发送一些通用 MCI 命令，包括 Open、Close、Sound、Seek 和 Save。

下面的语句使用 Multimedia MCI 控件的 Command 属性在已经打开的多媒体设备上进行播放、返回、停止等操作。

```
MMControl1. Command = "Open"    '打开的多媒体设备
MMControl1. Command = "Play"    '播放
MMControl1. Command = "Prev"    '返回
MMControl1. Command = "Stop"    '停止
```

Length 属性：该属性规定打开的 MCI 设备上的媒体长度。在设计时，该属性不可用，在运行时，它是只读的。

From 属性：为 Play 或 Record 命令规定起始点。在设计时，该属性不可用。赋给该属性的值只对下一条 MCI 命令有效。后面的 MCI 命令会一直忽略 From 属性，除非赋给它另外一个值（不同的或可标识的）。

To 属性：该属性规定 Play 或 Record 命令的结束点。在设计时，该属性不可用。赋给该属性的值只对下一条 MCI 命令有效。后面的 MCI 命令会一直忽略 To 属性，除非赋给它另外一个值（不同的或可标识的）。

Position 属性：该属性指定打开的 MCI 设备的当前位置。在设计时，该属性不可用，在运行时，它是只读的。

FileName：指定 Open 命令将要打开的或者 Save 命令将要保存的文件。如果在运行时要改变 FileName 属性，就必须先关闭然后再重新打开 Multimedia 控件。

2. Multimedia 控件常见事件

StatusUpdate 事件：按 UpdateInterval 属性所给定的时间间隔自动地触发。这一事件允许应用程序更新显示，以通知用户当前 MCI 设备状态。应用程序可从 Position、Length 和 Mode 等属性中获得状态信息。

Done 事件：当 Notify 属性为 True 的 MCI 命令结束时发生。Notify 属性决定下一条 MCI 命令是否使用 MCI 通知服务。如果它被设置为 True，那么 Notify 属性在下一条 MCI 命令完成时产生一个 Done 事件，在设计时，该属性不可用。

除了以上事件外，还有一些与命令按钮相关的事件，根据事件名称很容易识别这些事件。例如对于 Play 按钮有：PlayClick、PlayCompleted、PlayGotFocus、PlayLostFocus，分别对应“Play”按钮的单击事件、命令完成事件、获得焦点事件和失去焦点事件。

3. 文件系统对象（FileSystemObject）

FileSystemObject 提供对计算机文件系统的访问。该对象的两个常用方法是：

GetBaseName（Path）：返回一个包含在路径中文件名的字符串，该字符串不包含文件扩展名。

GetExtensionName（Path）：返回一个包含路径中文件名的扩展名。

FSO 对象模型包含在一个称为 Scripting 的类型库中，此类型库位于 Scrrun.Dll 文件中。

如果还没有引用此文件，请从“属性”菜单的“引用”对话框选择“Microsoft Scripting Runtime”项。

4. Slider 控件主要属性

Slider 控件是包含滑块和可选择性刻度标记的窗口。可以通过程序控制、拖动滑块、用鼠标单击滑块的任意一侧或者使用键盘移动滑块。

Max 最大值属性：该属性表示当滑块处于最大位置时所代表的值。

Min 最小值属性：该属性表示当滑块处于最小位置时所代表的值。

SmallChange 最小变动值属性：该属性表示用户单击滚动条两端箭头时，滑块移动的增量值。

LargeChange 最大变动值属性：该属性表示用户在滚动条的空白处或 Slide 控件的滑块与两端之间滑动时，滑块移动的增量值。

Value 值属性：该属性表示滑块所处位置的当前值。

外观属性有：在滑块上面还是下面：tickstyle 属性；刻度出现频率：tickfrequency 属性，决定在控件中出现多少个刻度。

5. Slider 控件主要事件

Slider 控件的重要事件是 Scroll 事件和 Change 事件。当拖动滑块时会触发 Scroll 事件，而当改变 Value 属性（滚动条内滑块位置改变）会触发 Change 事件。

9.2 任务 2 Windows Media Player 播放器

使用 MediaPlayer 控件，设计一款简易的 Windows Media Player 播放器。

9.2.1 任务情境

微软开发的 Windows Media Player 播放器，是一款能满足所有数字娱乐需要的媒体播放机，为数字媒体提供无以伦比的选择和灵活性。使用它可以轻松管理计算机上的数字音乐库、数字照片库和数字视频库，并可以将它们同步到各种便携设备上，以便随时随地欣赏。

Windows Media Player 提供最广泛，最具可操作性，最方便的多媒体内容。可以播放更多的文件类型，包括：Windows Media、ASF、MPEG-1、MPEG-2、WAV、AVI、MIDI、VOD、AU、MP3 和 QuickTime 文件。

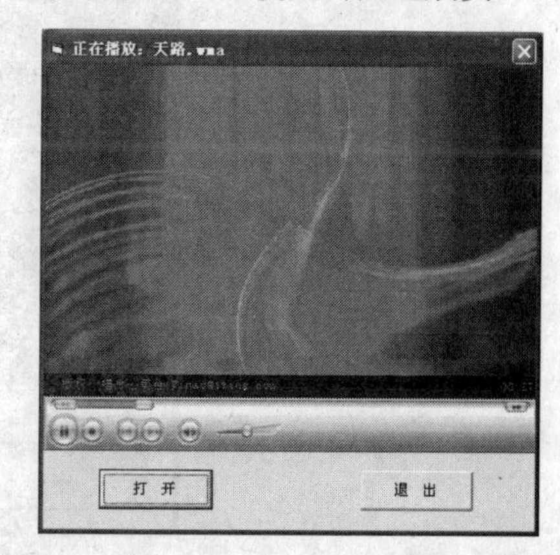

图 9-7 简易 Windows Media Player 播放器

微软同时提供了 MediaPlayer 控件，便于进行程序开发。本任务就是利用该控件设计了一款简易的 Windows Media Player 播放器，如图 9-7 所示。按下“打开”按钮选择播放文件后，播放器自动开始播放，同时将播放的多媒体文件名显示到窗体标题上。播放器的开始、停止、音量控制、进度显示及控制都使用控件默认的设置。

9.2.2 任务分析

MediaPlayer 控件用于播放音频和视频等多媒体文件，可以识别包括 MIDI、WAV、SND、AU、AIF、WMA、MP3、AVI、WMV、MPEG、MLV、ASF、WM 等在内的各种格式多媒体文件，是创建多媒体应用程序使用最频繁的控件之一，也是功能丰富强大的一个控件。本任务使用 MediaPlayer 控件的 URL 属性，该属性的值为要播放的多媒体文件的路径，可以是本地资源，也可以是网络上的资源，设置该属性即可播放指定的媒体。

```
MediaPlayer. URL = CDlg. FileName
```

通过 MediaPlayer 控件的 currentMedia. getItemInfo 方法获取媒体的标题并显示到窗体上。

```
Form1. Caption = "正在播放：" &_
        MediaPlayer. currentMedia. getItemInfo ("Title")
```

本程序通过“打开”对话框选择定位多媒体文件。其他控制使用控件本身的默认设置。

9.2.3 任务实施

1）新建一个工程。

2）在工具箱的空白处右单击，在弹出的菜单中选择“部件”选项，打开“部件对话框”，为工具箱添加 MediaPlayer 控件、CommonDialog 控件。MediaPlayer 控件的添加效果如图 9-8 所示。

3）在窗体上添加 1 个 MediaPlayer 控件、1 个 CommonDialog 控件和 2 个命令按钮控件，如图 9-9 所示，注意调整 MediaPlayer 控件的大小。

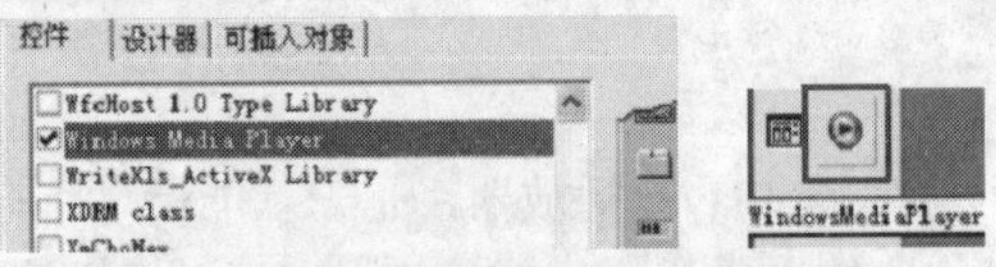

图 9-8 MediaPlayer 控件在工具箱上的图标

图 9-9 Windows Media Player 播放器设计状态的界面

4）在属性窗口中设置窗体的属性，见表 9-2。

表 9-2 在属性窗口中设置属性

对 象	控 件 名	属性名称	属 性 值
窗体	Form	Caption	Windows Media Player
MediaPlayer 控件	MediaPlayer	名称	MediaPlayer
按钮	Command	名称	CmdOpen
		Caption	打开
	Command	名称	CmdExit
		Caption	退出
CommonDialog 控件	CommonDialog	名称	CDlg

5）右单击窗体，选择“查看代码”，弹出代码窗口，输入如下代码。

```
Private Sub CmdExit_Click ()
    Unload Me
End Sub


Private Sub CmdOpen_Click ()
    CDlg. ShowOpen
    If CDlg. FileName <> "" Then
        MediaPlayer. URL = CDlg. FileName                                   '打开媒体文件并播放
        Form1. Caption = "正在播放：" & _
            MediaPlayer. currentMedia. getItemInfo ("Title")                '获取媒体标题
    End If
End Sub
```

6）按下“F5”运行程序。

9.2.4 知识提炼

Windows Media Player 控件是一个 ActiveX 控件，功能非常强大，具有众多的属性和方法，使用非常灵活。在使用时需要从“部件”对话框中添加到工具箱，MSDN 中没有对它的说明。

Windows Media Player 控件的主要属性和方法如下。

URL 属性：类型为 String，指定媒体位置，本机或网络地址。

uiMode 属性：类型为 String，播放器界面模式，可为全屏模式：“Full”；最小模式：“Mini”；无下方工具栏模式：“None”；不可见模式：“Invisible”。

playState 属性：类型为 Integer，播放状态，1：停止；2：暂停；3：播放；6：正在缓冲；9：正在连接；10：准备就绪。

enableContextMenu 属性：类型为 Boolean，启用或禁用右键菜单。

fullScreen 属性：类型为 Boolean，是否全屏显示

Windows Media Player 控件对象的 controls 成员有一组属性和方法，主要功能是对播放

器进行基本控制。语法格式：控件名.controls.属性名或方法名。

controls.currentPosition 属性：类型为 double，当前进度。

controls. currentPositionString 属性：类型为 string，当前进度，字符串格式，如“00:23”。

controls. play 方法：播放。

controls. pause 方法：暂停。

controls. stop 方法：停止。

controls. fastForward 方法：快进。

controls. fastReverse 方法：快退。

controls. next 方法：下一曲。

controls. previous 方法：上一曲

Windows Media Player 控件对象的 settings 成员有一组属性，主要功能是对播放器进行基本设置。语法格式：控件名.settings.属性名。

settings. volume 属性：类型为 Integer，音量，取值范围 0～100。

settings. autoStart 属性：类型为 Boolean，是否自动播放。

settings. mute 属性：类型为 Boolean，是否静音。

settings. playCount 属性：类型为 Integer，播放次数。

Windows Media Player 控件对象的 currentMedia 成员有一组属性和方法，主要功能是对播放器的当前媒体属性进行基本控制。语法格式：控件名.currentMedia.属性名或方法名。

currentMedia. duration 属性：类型为 double，媒体总长度。

currentMedia. durationString 属性：类型为 string，媒体总长度，字符串格式，如“03:24”。

currentMedia. getItemInfo (const string) 方法：获取当前媒体信息，其返回值与参数的字符串有关。参数取值见表 9-3。

表 9-3 getItemInfo 方法的参数和返回值

参数值	返回值
"Title"	媒体标题
"Author"	艺术家
"Copyright"	版权信息
"Description"	媒体内容描述
"Duration"	持续时间（秒）
"FileSize"	文件大小
"FileType"	文件类型
"sourceURL"	原始地址

currentMedia. setItemInfo (const string) 方法：通过属性名设置媒体信息。

currentMedia. name 属性：类型为 string 与 currentMedia. getItemInfo ("Title") 等价。

9.3 任务 3 Flash 播放器

Visual Basic 应用程序通过 ShockwaveFlash 控件播放 Flash 动画，实现暂停、播放、下一帧、上一帧等功能。

9.3.1 任务情境

Flash 是一种矢量格式的动画文件，可以包含动画、声音、超文本链接，而文件的体积却很小。在自己编写的程序中加入 Flash 动画，能为自己的程序添加一道亮丽的色彩。在网页上使用Flash可以作出很漂亮的全屏动画和动态菜单条。Visual Basic 中 ShockwaveFlash 控件能让用户在 Visual Basic 中播放 Flash（swf 格式）动画，如图 9-10 所示。利用 ShockwaveFlash 控件的属性、方法可以获取 Flash 动画的许多信息，对 Flash 动画的播放过程进行控制。

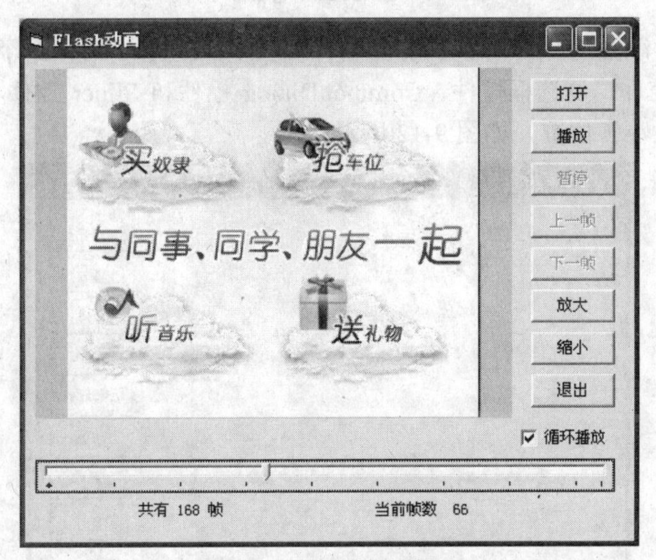

图 9-10　Flash 动画播放器

9.3.2 任务分析

为了快速地选择和打开 Flash 文件，使用 CommonDialog 控件控制文件的过滤和打开。

由滑动条（Slider）控件显示播放进度，标签控件显示播放的当前帧数和总帧数，Timer 控件定时获取 Flash 文件的播放进度，修改滑动条（Slider）控件滑块的位置，同时改变标签控件的 Caption 属性。

以上操作涉及到的 ShockwaveFlash 控件的属性有：播放的 Flash 文件路径 Movie，总帧数 TotalFrames，当前帧数 FrameNum 等。

控制播放的操作有播放、暂停、上一帧、下一帧、放大缩小、循环播放。涉及到的方法和属性有：控制循环播放的 Loop 属性，控制播放的 Playing 属性，控制暂停的 Stop 方法，返回到上一帧的 Back 方法，前进到下一帧的 Forward 方法，控制放大缩小的 Zoom 方法。应用程序在运行时调用以上方法，设置以上属性，就可以控制 Flash 动画的播放。

9.3.3 任务实施

1）新建一个工程。

2）在工具箱的空白处右单击，在弹出的菜单中选择“部件”选项，打开“部件对话框”，为工具箱添加 ShockwaveFlash 控件、CommonDialog 控件和 Slider 控件。ShockwaveFlash 控件的添加效果如图 9-11 所示。

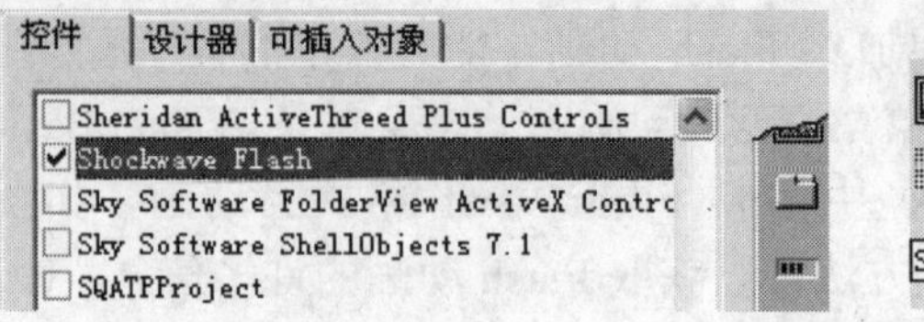

图 9-11　ShockwaveFlash 控件

3）在窗体上添加有 8 个命令按钮控件的控件数组，添加 2 个标签控件，添加 ShockwaveFlash 控件，复选框控件、CommonDialog 控件和 Slider 控件和 Timer 控件各 1 个。调整控件的大小和位置，如图 9-12 所示。

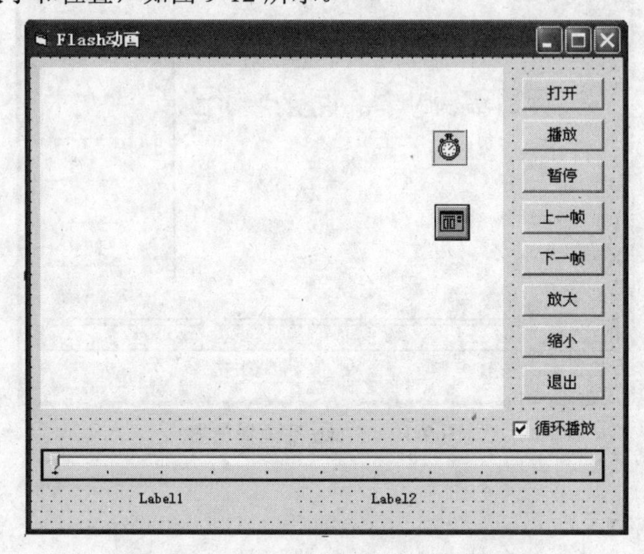

图 9-12　Flash 动画播放器的设计状态

4）在属性窗口中设置窗体的属性，见表 9-4。

表 9-4　在属性窗口中设置窗体属性

对　象	控 件 名	属 性 名 称	属 性 值
窗体	Form1	Caption	Flash 动画
ShockwaveFlash 控件	ShockwaveFlash1	名称	FlashPlay
按钮	Command (0)	Caption	打开
	Command (1)	Caption	播放
	Command (2)	Caption	暂停
	Command (3)	Caption	上一帧
	Command (4)	Caption	下一帧
	Command (5)	Caption	放大
	Command (6)	Caption	缩小
	Command (7)	Caption	退出

（续）

对　　象	控 件 名	属 性 名 称	属 性 值
复选框	CheckBox	Caption	循环播放
CommonDialog 控件	CommonDialog1	名称	CDlg
Slider 控件	Slider1	名称	Sld
时钟控件	Timer1	Interval	10
标签	Label1	名称	Lbl1
标签	Label2	名称	Lbl2

5）右单击窗体，选择“查看代码”，弹出代码窗口，输入如下代码。

```
Private Sub Check1_Click ()
    If Check1. Value = 0 Then
        FlashPlay. Loop = False
    Else
        FlashPlay. Loop = True
    End If
End Sub

Private Sub OpenPlay ()                          '打开并播放
    Dim FileName As String
    Dim k As String
    CDlg. Filter = "*.swf|*.swf"
    CDlg. ShowOpen
    FileName = CDlg. FileName
    FlashPlay. Visible = True
    FlashPlay. Movie = FileName                  '打开文件
    Check1. Value = 1                            '初始状态为循环播放
    Command_Click (1)                            '调用播放
    Timer1. Enabled = True
    Sld. Max = FlashPlay. TotalFrames            '滑动条的最大值为 flash 的总帧数
                                                 '显示帧数
    k = Str (Sld. Max)
    Lbl1. Caption = "共有" + k + "  帧"
End Sub

Private Sub Command_Click (Index As Integer)
    Select Case Index
    Case 0
        OpenPlay                                 '调用 OpenPlay 过程，打开并播放
    Case 1
```

```
        FlashPlay. Playing = True                       '开始播放动画。
        Command (1). Enabled = True
        Command (2). Enabled = True
        Command (3). Enabled = True
        Command (4). Enabled = True
        Sld. Enabled = False                            '禁止使用滑动条控制 flash 当前帧
    Case 2
        FlashPlay. Stop                                 '暂停播放
        Command (1). Enabled = True
        Command (2). Enabled = False
        Command (3). Enabled = False
        Command (4). Enabled = False
        Sld. Enabled = True                             '可以使用滑动条控制 flash 当前帧
    Case 3
        FlashPlay. Back                                 '跳到动画的上一帧
    Case 4
        FlashPlay. Forward                              '跳到动画的下一帧
    Case 5
        FlashPlay. Zoom (50)                            '放大画面。
    Case 6
        FlashPlay. Zoom (200)                           '缩小画面。
    Case 7
        Unload Me                                       '退出程序
    End Select
End Sub

Private Sub Form_Load ()
    FlashPlay. ScaleMode = 0                            '将画面大小设置为在控件内保持动画原来比例全部显示
    With Sld
        .SelectRange = True
        .SmallChange = 10
        .SmallChange = 10
        .TickFrequency = 20
        .Enabled = False
    End With
    Command (1). Enabled = False
    Command (2). Enabled = False
    Command (3). Enabled = False
    Command (4). Enabled = False
```

```
    Lbl1. Caption = "共有    帧"
    Lbl2. Caption = "当前帧数 "
End Sub

Private Sub Sld_Scroll ()
                                    '当用户拖动滑动条时，将播放帧数设置为滑动条中的值。
    FlashPlay. FrameNum = Sld. Value
End Sub

Private Sub Timer1_Timer ()
                                    '在状态栏和滑动条上显示当前播放的帧。
    Lbl2. Caption = "当前帧数 " + Str (FlashPlay. FrameNum)
    Sld. Value = FlashPlay. FrameNum
End Sub
```

6）按下“F5”运行程序。

9.3.4 知识提炼

ShockwaveFlash 控件的主要属性如下。

AlignMode 属性和 SAlign 属性：控制动画的显示位置（把这两个属性列在一起说明它们是相互关联的，改变一个另一个也会相应地改变，一个是用数值形式表示，一个是字符串表示），取值范围及含义见表 9-5。

表 9-5 AlignMode 和 SAlign 属性的取值与含义

AlignMode 属性	SAlign 属性	含 义
0	空	当前位置
1	L	当前位置靠左
2	R	当前位置靠右
3	LR	当前位置居中
4	T	当前位置靠上
5	LT	左上
6	TR	右上
7	LTR	上方居中
8	B	当前位置靠下
9	LB	左下
10	RB	右下
11	LRB	下方居中
12	TB	当前位置垂直居中
13	LTB	靠左垂直居中
14	TRB	靠右垂直居中
15	LTRB	中央位置

BackgroundColor 属性和 BGColor 属性：设置背景颜色，BackgroundColor 为整型值，BGColor 为它的 HEX 字符串。

Loop 属性：布尔型，是否循环显示。

Menu 属性：布尔型，是否显示右键菜单，建议设为 true，因为它可以完成对 Flash 动画的大部分控制工作，而不用编写代码。

Movie 属性：指定播放的 flash 文件路径，可以为一个 url。也可以在运行状态动态设置，要关闭一个动画只要把它设为空即可。

Quality 属性和 Quality2 属性：控制动画的显示质量，一般将 Quality 设为 1 以获得高质量的显示效果。

Playing 属性：布尔型，播放或暂停一个 flash。

ReadyState 属性：读一个 flash 文件时的状态，其中包括 0（loading）、1（uninitialized）、2（loaded）、3（interactive）和 4（complete）。

Totalframes 属性：总帧数。

Framenum 属性：当前播放的帧。

ScaleMode 属性和 Scale 属性：缩放模式，取值为：0（showall）、1（noborder）、2（exactfit）等，更多取值可以在属性窗口了解。

ShockwaveFlash 控件的主要方法：

play ()：开始播放动画，效果与 Playing 取 True 相同。

stop ()：停止播放动画。

back ()：播放前一帧动画。

forward ()：播放后一帧动画。

rewind ()：播放第一帧动画。

zoom (Percent As Integer)：按百分比缩放。

日积月累　　　属性页

从“部件”中添加的 ActiveX 控件，大多有一个“属性页”，给用户提供了一个了解和设置该控件属性的可视化操作的对话框。在将 ActiveX 控件添加到窗体后，选中该控件，从“视图”菜单选择“属性页”选项，就会弹出该控件的“属性页”供用户使用，如图 9-13 的 Slider 控件的属性页。

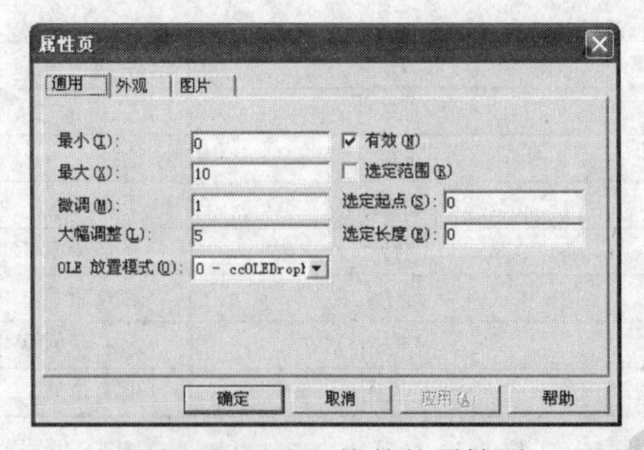

图 9-13　Slider 控件的属性页

本章小结

本章对于 Visual Basic 的多媒体技术进行了概要性介绍，主要对 Multimedia 控件、MediaPlayer 控件和 ShockwaveFlash 控件的属性、方法进行了介绍。多媒体编程中还有大量的第三方 ActiveX 控件可供使用，读者可以将其下载注册后仿照本章任务的步骤使用。多媒体程序的设计是一个非常复杂的技术，需要反复实践，熟悉多媒体控件的全部属性、方法和事件，熟悉多媒体的应用领域和需求，将多媒体控件的知识融会贯通，达到运用自如的境界。

实战强化

1）用 Multimedia 控件设计一个最简单的音频文件播放器。要求在代码中指定文件，运行时自动开始播放。

提示

在代码中指定文件，要用到 Multimedia 控件的 FileName 属性。文件可以用绝对路径也可以用相对路径，最好将音频文件复制到与工程文件相同的文件夹下，使用下面的格式指定文件。

```
MMControl1. FileName = App. Path & "\山路十八弯.wav"
```

自动播放需要先执行 Multimedia 控件的“Open”命令再执行“Play”命令。

2）设计一个自动循环显示 5 张图片的窗体，要求用 Multimedia 控件循环播放背景音乐。

提示

循环播放背景音乐，实际上是让 Timer 事件随时判断 Multimedia 控件的 Position 属性是否等于 Multimedia 控件的 Length 属性，如相等，则先执行“Prev”命令返回到文件起点，然后再执行“Play”命令播放。注意背景音乐意味着把 Multimedia 控件的 Visible 属性设置成 False。循环显示 5 张图片的技巧是：第一，使图片文件名分别为 0.jpg、1.jpg、2.jpg、3.jpg、4.jpg；第二，定义一个过程级的整型变量，让其在 Timer 事件中进行累加 1 的操作，并使该数的结果不大于 5，例如当定义的变量是 m 时，求和表达式为：m= (m+1) Mod 5 则 m 永远在 0 到 4 之间循环；第三，在 Timer 事件中用下面语句装载图片。

```
Picture1. Picture = LoadPicture (App. Path & "\image\" & m & ".jpg")
```

第10章

界面设计

Visual Basic 特点

用户界面是应用程序的一个重要组成部分，它主要负责用户与应用程序之间的交互。Visual Basic 提供了一系列的界面设计工具和技术，如控件、对话框、菜单、工具栏、状态栏、多重窗体和多文档等，利用这些技术可以很方便地设计出友好的用户界面。

工 作 领 域

通常，一个应用程序包含一系列的功能模块。在实际工作中，用户需要通过选择应用程序的功能模块完成相应的工作任务，所以程序设计任务不仅面临着控制和管理这些程序模块，而且面临着必须为用户提供一个方便的、直观的操作界面。人机交互界面是用户使用应用程序的窗口，在人们的工作和学习中，随处可见。因此学习和掌握界面设计方法和技术，对开发各领域的应用程序有着重要意义。

技 能 目 标

通过本章内容学习和实践，希望大家能够熟悉各种界面设计工具，掌握界面设计技术和设计的原则，为将来开发应用程序奠定良好的基础。

10.1 任务1 简单文本编辑器

利用 Visual Basic 的菜单编辑器设计下拉菜单，利用 shell 函数调用系统应用程序，利用 CommonDialog 控件打开通用对话框设置相应属性，完成简单文本编辑器的设计。

10.1.1 任务情境

菜单是所有窗口应用程序最重要的特性之一。菜单将不同的命令分组排列，可以使用户很方便地访问命令，使用应用程序的不同功能，触发不同的操作，所以菜单结构是设计应用程序界面的基础。

图 10-1 是任务 1——简单文本编辑器程序的执行界面。程序运行时，在窗体中显示主菜单，主菜单项又包含下级菜单项，图 10-1 分别给出了 4 个主菜单项的下拉菜单项，用户

可通过选择菜单项完成相应的操作。选择“关于”菜单后，显示文本编辑器的功能说明，在说明区域单击鼠标键可返回。

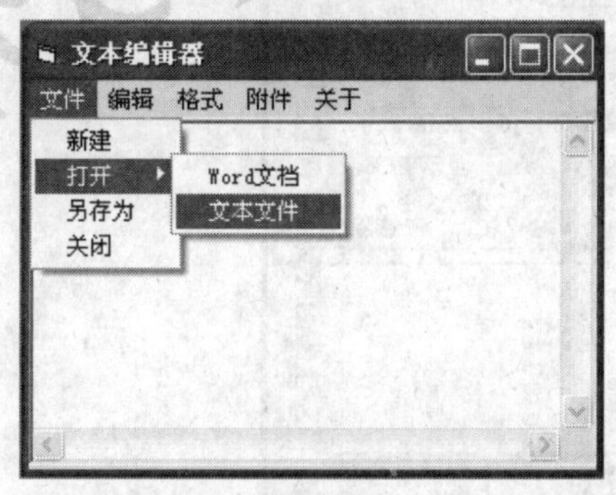

“文件”主菜单

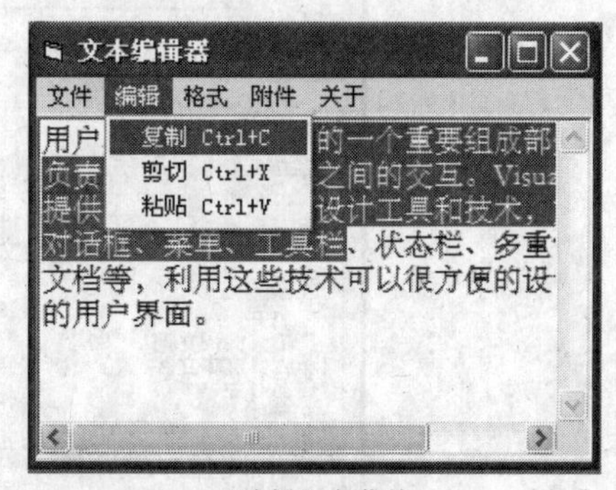

“编辑”主菜单

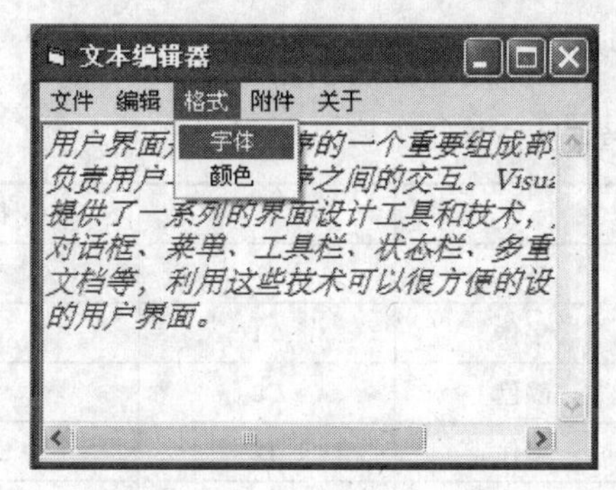

“格式”主菜单

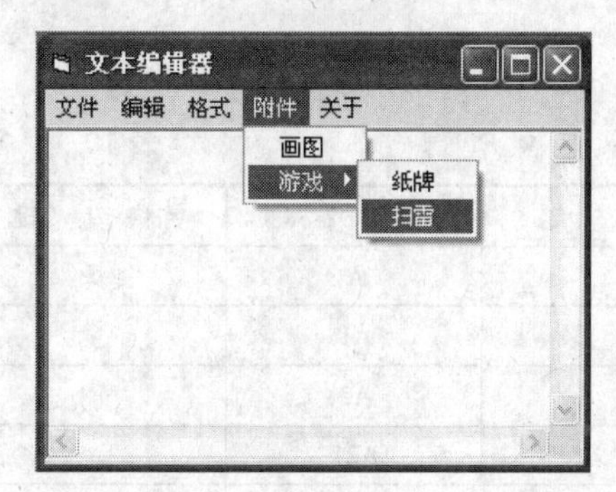

“附件”主菜单

图 10-1　简单文本编辑器的执行界面

10.1.2　任务分析

本任务中涉及的主要问题和解决方法有：

1）利用菜单编辑器设计菜单。

2）利用 Shell 函数调用系统应用程序，如 Word 文档、画图、游戏程序等。

3）利用 CommonDialog 控件打开通用对话框，如“打开”、“保存”、“字体”、“颜色”、对话框等，设置相应属性。

4）因为要在两个 Sub 块中完成“复制”和“粘贴”操作，或“剪切”和“粘贴”操作，所以需要设置一个全局变量 st 存放“选定”文本。

5）利用 Text1.SelLength 属性求选定文本的长度，如果为 0，说明未选定文本，则“复制”和“剪切”菜单不可用，否则可用。

10.1.3　任务实施

1）新建一个工程。

2）在主窗体中，选择“工具”菜单下的“菜单编辑器”选项，进入“菜单编辑器”窗口，如图 10-2 所示，并按表 10-1 设置各菜单项。

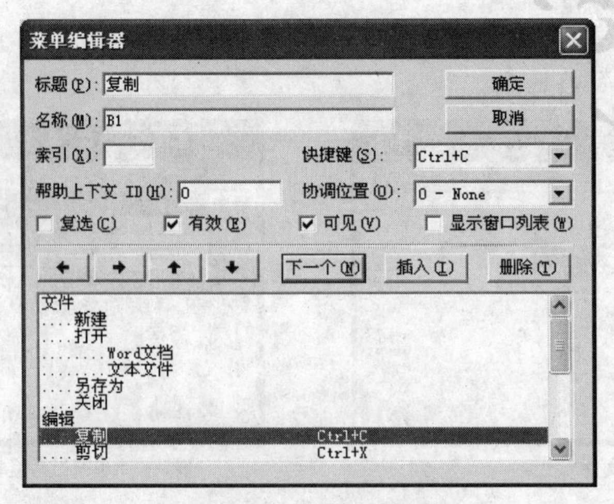

图 10-2 “菜单编辑器”窗口

表 10-1　各菜单项的设置

标　题	名　称	快 捷 键	标　题	名　称	快 捷 键
文件	A		格式	C	
新建	A1		字体	C1	
打开	A2		颜色	C2	
Word 文档	A21		附件	D	
文本文件	A22		画图	D1	
另存为	A3		游戏	D2	
关闭	A4		纸牌	D21	
编辑	B		扫雷	D22	
复制	B1	Ctrl+C	关于	E	
剪切	B2	Ctrl+X			
粘贴	B3	Ctrl+V			

3）在窗体上添加 1 个文本框控件 TextBox、1 个标签控件 Label 和 1 个通用对话框控件 CommonDialog（事先将该控件加入控件工具箱），在属性窗口中设置各控件的属性，见表 10-2。

表 10-2　在属性窗口中设置属性

	控 件 名	属 性 名	属 性 值
文本框	Text1	Text	空
		Multiline	True
		ScrollBars	3-Both
		Locked	False
标签	Label1	Caption	空

4）进入代码窗口，在相应的 Sub 块中编写如下代码。

```
Dim st As String

Private Sub A1_Click ()                                  '新建
  Text1. Text = ""
End 140Sub

Private Sub A21_Click ()
                                                         '打开 Word 应用程序
  Shell ("c:\program files\microsoft office\office\winword.exe"), vbNormalFocus
End Sub

Private Sub A22_Click ()                                 '打开文本文件
   CommonDialog1. Filter = "文本文件|*.txt"
   CommonDialog1. ShowOpen
   fname = CommonDialog1. FileName
   Text1. Text = ""
   Open fname For Input As #1
   Do While Not EOF (1)
        Line Input #1, inputdata
        Text1. Text = Text1. Text + inputdata + vbCrLf   'vbCrLf 回车换行
   Loop
   Close #1
End Sub

Private Sub A3_Click ()                                   '另存为
    CommonDialog1. Filter = "文本文件|*.txt"
    CommonDialog1. ShowSave
    fname = CommonDialog1. FileName
    Open fname For Output As #1
    Print #1, Text1. Text
    Close #1
End Sub

Private Sub A4_Click ()                                  '关闭
  End
End Sub

Private Sub B_Click ()                                   '如果未选定文本，“复制”和“剪切”菜单不可用
```

```
  B1. Enabled = IIf (Text1. SelLength = 0, False, True)
  B2. Enabled = IIf (Text1. SelLength = 0, False, True)
End Sub

Private Sub B1_Click ()                        '复制
  st = Text1. SelText                          '将选中的文本放入 st 变量中
End Sub

Private Sub B2_Click ()                        '剪切
  st = Text1. SelText                          '将选中的文本放入 st 变量中
  Text1. SelText = ""                          '将选中的文本清除，实现了剪切
End Sub

Private Sub B3_Click ()                        '粘贴
  Text1. SelText = st                          '将 st 变量中的内容插入到光标处，实现了粘贴
End Sub

Private Sub C1_Click ()                        '字体
  CommonDialog1. Flags = 3
  CommonDialog1. ShowFont
  Text1. FontName = CommonDialog1. FontName
  Text1. FontSize = CommonDialog1. FontSize
  Text1. FontBold = CommonDialog1. FontBold
  Text1. FontItalic = CommonDialog1. FontItalic
  Text1. FontUnderline = CommonDialog1. FontUnderline
  Text1. FontStrikethru = CommonDialog1. FontStrikethru
End Sub

Private Sub C2_Click ()                        '颜色
  CommonDialog1. Flags = vbccrgbinit
  CommonDialog1. Color = BackColor
  CommonDialog1. Action = 3
  Text1. ForeColor = CommonDialog1. Color
End Sub

Private Sub D1_Click ()                        '画图
  Shell ("c:\windows\system32\mspaint.exe"), vbNormalFocus
End Sub
```

```
Private Sub D21_Click ()                                    '纸牌
    Shell ("c:\windows\system32\sol.exe"), vbNormalFocus
End Sub

Private Sub D22_Click ()                                    '扫雷
     Shell ("c:\windows\system32\winmine.exe"), vbNormalFocus
End Sub

Private Sub E_Click ()                                      '关于
   Text1. Visible = False
   Label1. Visible = True
   Label1. Caption = "这是一个简单的文本编辑器，可以完成下面操作" & vbCrLf & vbCrLf & "        文件的
建立、打开和保存" & vbCrLf & "        文本的复制、剪切和粘贴" & vbCrLf & "        文本内容的格式化" &
vbCrLf &          "娱乐"
   Label1. FontBold = True
   Label1. FontSize = 10
   Label1. ForeColor = vbRed
End Sub

Private Sub Label1_Click ()
   Text1. Visible = True
   Label1. Visible = False
End Sub
```

5）运行程序。

10.1.4 知识提炼

菜单的作用：

1）使应用程序可以执行多种任务。

2）使用户可以高效地使用应用程序。

3）提供了一种便捷统一的方法，将不同的命令分组排列，使用户可以方便地访问。

菜单的类型：菜单分为下拉式菜单和弹出式菜单。下拉式菜单是一种典型的窗口式菜单，一般有一个主菜单，其中包含若干个选择项。主菜单的每一项又可"下拉"出下一级菜单，这样逐级下拉，用一个窗口的形式弹出在屏幕上，操作完后消失，如图 10-3 所示。弹出式菜单又称快捷菜单，是一种小型的菜单，通常在窗体的某个区域通过单击鼠标右键打开，弹出菜单不会固定到窗体。这里只介绍下拉式菜单。

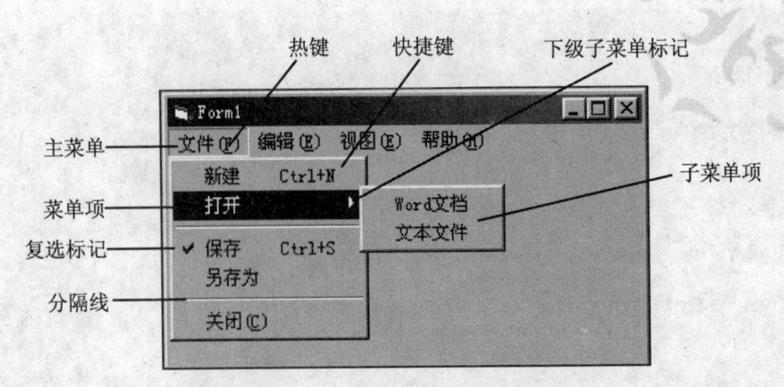

图 10-3 下拉菜单的屏幕形式

菜单编辑器：

1．启动菜单编辑器

下拉式菜单和弹出式菜单在菜单编辑器中设计，可以通过 4 种方式进入编辑器中设计。

1）执行“工具”菜单中的“菜单编辑器”命令。

2）单击工具栏中的“菜单编辑器”按钮。

3）在窗体上单击鼠标右键，弹出一个快捷菜单，选择“菜单编辑器”选项。

4）使用热键“Ctrl+E”。

2．菜单编辑器的组成

菜单编辑器分为 3 部分：属性区、编辑区和菜单项显示区（或称菜单项列表区），如图 10-2 所示。

1）上半部分是属性区，用来设置菜单属性，主要包含属性如下。

标题：菜单的名字及菜单中每个菜单项的标题。如果在该栏中输入一个减号“-”，则可在菜单中加入一条分隔线。如果在一个字母前插入“&”符号，则给菜单项定义一个热键。

名称：用于在代码中引用菜单控件的名称。

索引：为用户建立的控件（菜单项）数组设立下标。

快捷键：是指按下快捷键，菜单项功能会立刻执行，可以向常用的菜单项分配一个键盘快捷键。

复选：决定是否在菜单项旁边显示一个复选标记“√”。

有效：决定菜单项是否响应事件。

可见：决定菜单项是否可见，一个不可见的菜单项是不能执行的。

2）中间部分是编辑区，有 7 个按钮，用来对输入的菜单项进行简单的编辑，各按钮说明如下。

← 按钮：使选定的菜单上移一层。

→ 按钮：使选定的菜单下移一层。

↑ 按钮：使选定的菜单在同一层菜单中上移一个位置。

↓ 按钮：使选定的菜单在同一层菜单中下移一个位置。

“下一个”按钮：选定下一行。

“插入”按钮：在菜单列表框中当前行的上方插入一行，用来插入新的菜单项。

“删除”按钮：删除当前选定的行。

3）下半部分是菜单项显示区，用来显示菜单项的分层列表，子菜单项的缩进状态表示它们在菜单层次结构中的位置或级别。

菜单的常用属性如下。

1. Visible 属性

指定在运行时该菜单项是否可见，有两个取值，分别为：

Ture：表示可见，默认设置。

False：表示不可见。

可以在菜单编辑器窗口设置，也可以在程序中通过代码设置，例如：

B1. Visible =Ture

2. Enabled 属性

指定在运行时该菜单项是否可用，有两个取值，分别为：

Ture：表示可用，默认设置。

False：表示不可用。

可以在菜单编辑器窗口设置，也可以在程序中通过代码设置，例如：

B1. Enabled =Ture

菜单的常用事件：与菜单项相关联的 Click 事件用于定义在选择该菜单会触发的操作，菜单或菜单项有且只有 Click 事件。菜单设计完成后，在 Visual Basic 窗体中，单击已经定义好的菜单项即可进入 Click 事件过程的代码窗口，可以编写代码。

10.2 任务 2 带有工具栏的文本编辑器

利用工具栏 ToolBar 和图像列表 ImageList 控件完成工具栏的设计。

10.2.1 任务情境

工具栏以其直观、快捷的特点出现在各种应用程序中。事实上工具栏已经成为 Windows 应用程序的标准功能，它使用户不必在一级级的菜单中搜寻需要的命令，给用户带来比菜单更为快捷的操作。

图 10-4 是带有工具栏的文本编辑器程序的执行界面。按下工具栏中的按钮完成相应的操作。

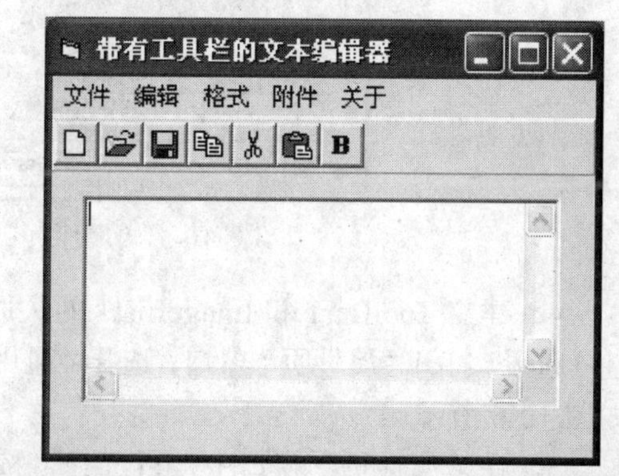

图 10-4 带有工具栏的文本编辑器程序的执行界面

10.2.2 任务分析

本任务中涉及了两个主要控件，分别是工具栏 ToolBar 和图像列表 ImageList 控件。涉及的主要问题和解决方法有：

1）需要将 ToolBar 和 ImageList 控件加入到工具箱中。

2）利用 ImageList 控件实现工具栏按钮图片的载入。

3）要创建工具栏，必须向工具栏添加按钮对象，并且设置 ToolBar 控件中按钮的属性。

4）编写工具栏按钮代码。

10.2.3 任务实施

1）打开任务 1——简单文本编辑器程序的窗体，选择“工程”菜单下的“部件”选项，在“控件”选项卡中选中“Microsoft Windows Common Controls 6.0”复选框，单击“确定”。

2）在窗体上添加工具栏 ToolBar 和图像列表 ImageList 控件。

3）利用 ImageList 控件实现工具栏按钮图片的载入。在 ImageList1 控件上单击鼠标右键，单击“属性”选项；进入“属性页”窗口，选择“图像”选项卡；单击“插入图片”按钮，依次从“c:\program files\Microsoft visual studio\common\graphics\bitmaps\tlbr_w95”目录中选取图片 NEW.bmp、OPEN.bmp、SAVE.bmp、COPY.bmp、CUT.bmp、PASTE.bmp、BLD.bmp，如图 10-5 所示，它们分别表示“新建”、“打开”、“另存为”、“复制”、“剪切”、“粘贴”和“粗体”功能。

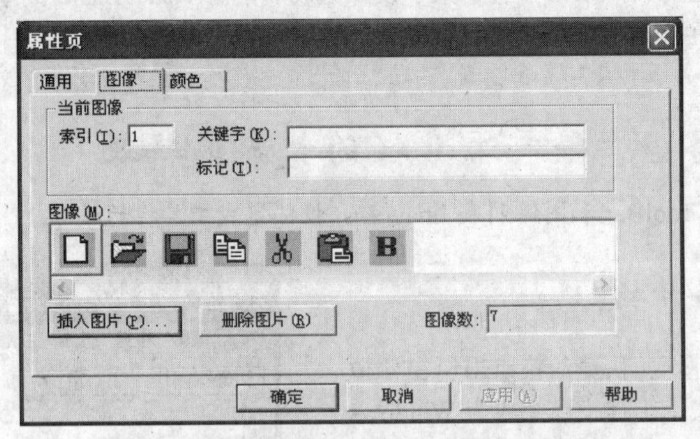

图 10-5 “属性页”窗口中的“图像”选项卡

4）建立 ToolBar1 和 ImageList1 的关联。在 ToolBar1 控件上单击鼠标右键，选择“属性”选项，打开“属性页”窗口，选择“通用”选项卡，在“图像列表”中选择“ImageList1”，如图 10-6 所示。

5）在“属性页”窗口中，再选择“按钮”选项卡，进入工具栏按钮属性的设置窗口，如图 10-7 所示，并按照表 10-3 设置工具栏中按钮的属性。

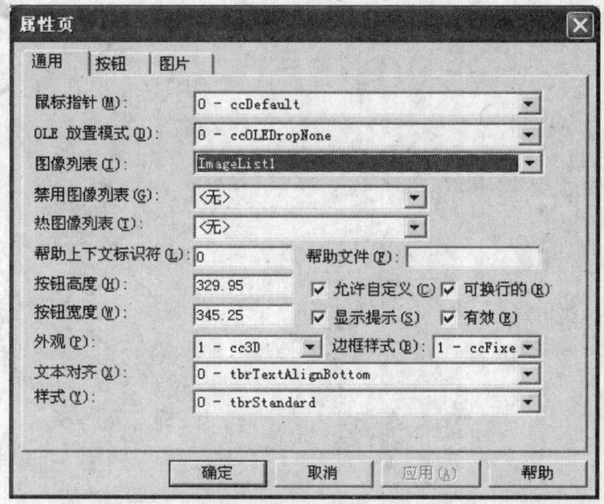

图 10-6 “属性页”窗口中的“通用”选项卡

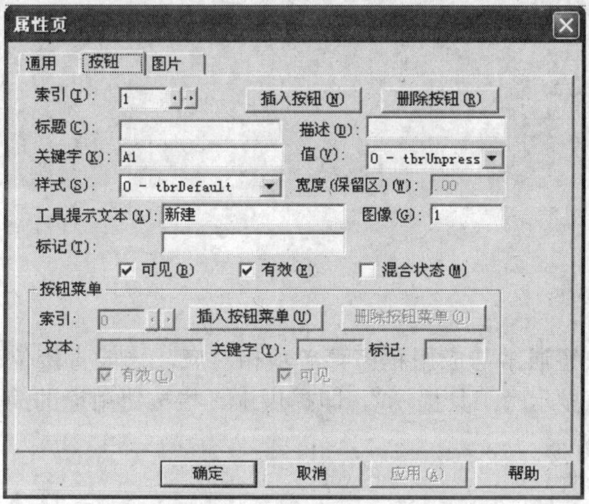

图 10-7 “属性页”窗口中的“按钮”选项卡

表 10-3 工具栏中按钮的属性

索 引	关 键 字	工具提示文本	图 像
1	A1	新建	1
2	A2	打开	2
3	A3	另存为	3
4	B1	复制	4
5	B2	剪切	5
6	B3	粘贴	6
7	C1	粗体	7

6）在窗体上双击 Toolbar1 控件，进入代码窗口，在 Click 事件 Sub 块中编写如下代码。

```
Private Sub Toolbar1_ButtonClick (ByVal Button As MSComctlLib. Button)
  Select Case Button. Key
    Case "A1"
      Call A1_Click
    Case "A2"
      Call A2_Click
    Case "A3"
      Call A3_Click
    Case "B1"
      Call B1_Click
    Case "B2"
      Call B2_Click
    Case "B3"
      Call B3_Click
    Case "C1"
      Text1. FontBold = True
  End Select
End Sub
```

7）运行程序。

10.2.4 知识提炼

工具栏包含的按钮通常与应用程序菜单项相对应，一般直接位于菜单栏下方，在运行过程中，可以使其显示“工具提示”，即提供工具栏按钮用途的简短文本说明的小型弹出式窗口如图 10-8 所示。

工具栏按钮的目的：

1）提供对应用程序中常用菜单命令的快速访问。

2）提供图形界面，方便用户访问常用的应用程序功能。

创建工具栏的主要步骤：

1）添加 ToolBar 控件和 ImageList 控件。

2）用 ImageList 控件保存要使用的图像。

3）创建 ToolBar 控件，并将 ToolBar 控件与 ImageList 控件相关联，添加按钮对象。

4）把工具栏按钮的 Click 事件代码连接到工具栏的按钮上。

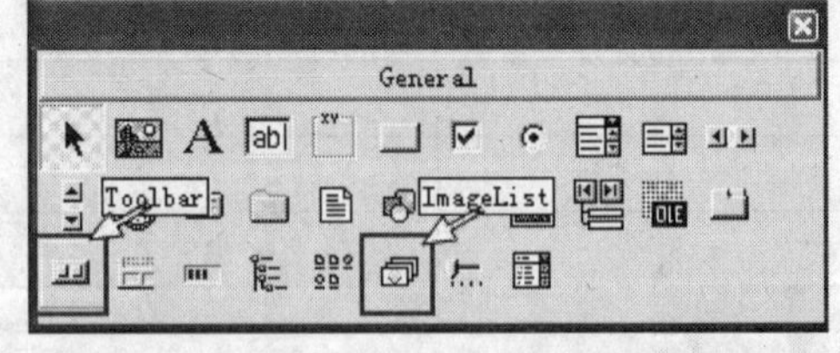

图 10-8　工具栏（ToolBar）控件和图像列表（ImageList）控件的图标

工具栏控件的常用属性如下。

1. Align 属性

确定工具栏的位置，有 5 个取值，分别为 0～4，代表工具栏放置在设计时所放的位置：

窗体的上部、窗体的下部、窗体的左边和窗体的右边。

2. Style 属性

确定按钮对象的外观。

3. ToolAlignment 属性

确定文本相对于按钮的位置。

4. ToolTipText

设置工具栏按钮的提示文本。程序运行时，当鼠标在控件上暂停时显示的文本。

5. ShowTips 属性

确定是否显示工具栏按钮上的提示文本。

工具栏控件的常用事件如下。

1. ButtonClick 事件

当单击工具栏中的一个按钮时触发。

2. Click 事件

当单击工具栏控件时触发。

10.3 任务3 多窗体的设计

通过 Hide、Show 方法完成多个窗体之间的切换，利用标准模块实现多个窗体之间的数据访问，设计一个简单的关于算术运算的测试程序。

10.3.1 任务情境

在实际应用中，单一窗体往往不能满足用户需求，必须通过多个窗体来实现，这就是多窗体。在多窗体中，每个窗体实现自己的功能，多个窗体之间可以相互访问和切换。

图 10-9、图 10-10 和图 10-11 是多窗体应用程序的执行界面，这是一个简单的关于算术运算的测试程序。

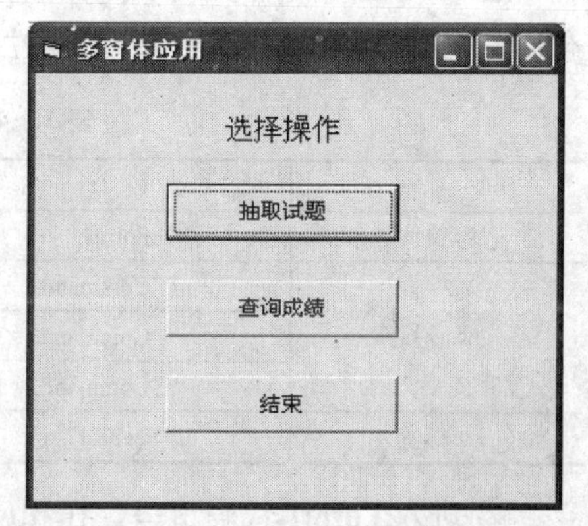

图 10-9 “启动”窗体

程序运行时，首先启动第一个窗体，如图 10-9 所示，提供了“抽取试题”和“查询成绩”功能。

单击“抽取试题”按钮，打开“抽取试题”窗体，然后单击“开始”按钮，随机产生 5 道试题，用户回答完成后，单击“提交”按钮，自动计算成绩，如图 10-10 所示。

单击“查询成绩”按钮，打开“查询成绩”窗体，如图 10-11 所示。

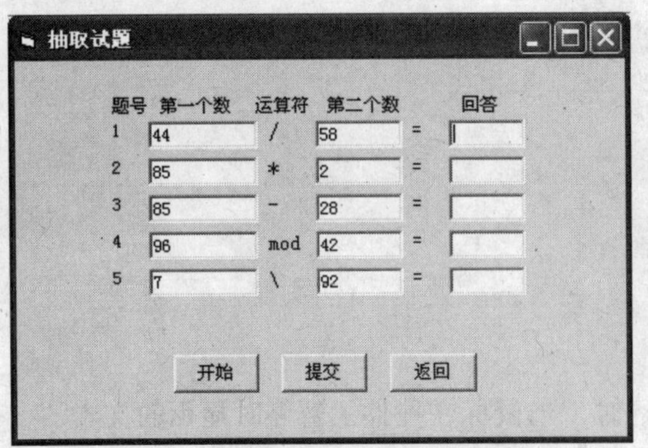

图 10-10 “抽取试题”窗体

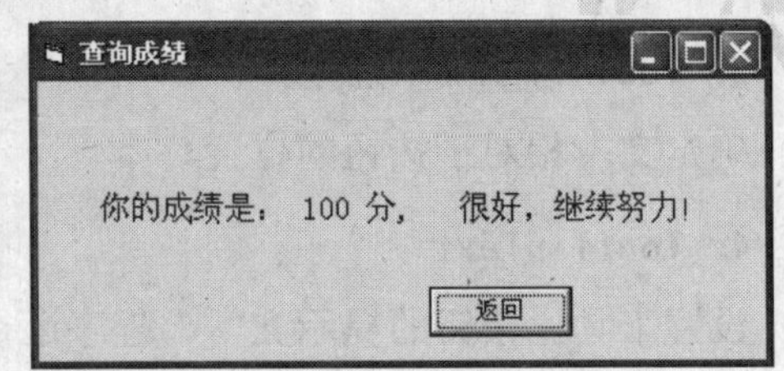

图 10-11 “查询成绩”窗体

10.3.2 任务分析

本任务中涉及的主要问题和解决方法有：

1）在一个工程中添加 3 个普通窗体，并分别设计每个窗体的界面和程序代码。

2）在“抽取试题”窗体中选择“提交”按钮后，会自动计算成绩，并存入一个变量 s 中，而在“查询成绩”窗体中显示变量 s 的值，这就意味着将一个窗体中的数据传递给另一个窗体，所以需要在工程中添加标准模块，并在标准模块中定义公共变量 s，以实现多个窗体之间的互相访问。

3）通过 Hide、Show 方法完成多个窗体之间的切换。

10.3.3 任务实施

1）新建一个工程。

2）设计“启动”窗体 Form1。

① 在窗体上添加 3 个命令按钮控件 CommandButton 和 1 个标签控件 Label，并按图 10-8 布局，在属性窗口中设置控件的属性，见表 10-4。

表 10-4 在属性窗口中设置属性

	控件名	属性名	属性值
窗体	Form1	Caption	多窗体应用
命令按钮	Command1	Caption	抽取试题
	Command2	Caption	查询成绩
	Command3	Caption	结束
标签	Label1	Caption	选择操作

② 进入 Form1 代码窗口，在相应的 Sub 块中编写如下代码。

```
Private Sub Command1_Click ()
  Form1. Hide
  Form2. Show
```

```
End Sub

Private Sub Command2_Click ()
  Form1. Hide
  Form3. Show
End Sub

Private Sub Command3_Click ()
  End
End Sub
```

3）设计“抽取试题”窗体 Form2。

① 选择“工程”菜单下的“添加窗体”选项，可以添加 1 个新窗体 Form2。在 Form2 窗体上添加 3 个 TextBox 控件数组、5 个标签控件 Label、3 个 Label 控件数组和 3 个命令按钮控件 CommandButton，在属性窗口中设置控件的属性，见表 10-5。

表 10-5　在属性窗口中设置属性

	控　件　名	属　性　名	属　性　值
窗体	Form2	Caption	抽取试题
TextBox 数组	Text1（0）—Text1（4）	Text	空
	Text2（0）—Text2（4）	Locked	True
	Text3（0）—Text3（4）	Text	空
Label 数组	Label6（0）—Label6（4）	Caption	空
	Label7（0）—Label7（4）	Caption	空
	Label8（0）—Label8（4）	Caption	“=”
命令按钮	Command1	Caption	开始
	Command2	Caption	提交
	Command3	Caption	返回

② 进入 Form2 代码窗口，在相应的 Sub 块中编写如下代码。

```
Private Sub Form_Load ()
  For i = 0 To 4
    Text1 (i). Text = "": Text1 (i). Locked = True
    Text2 (i). Text = "": Text2 (i). Locked = True
    Text3 (i). Text = ""
    Label6 (i). Caption = ""
    Label7 (i). Caption = ""
    Label8 (i). Caption = "="
  Next
End Sub

Private Sub Command1_Click ()
```

```
 For i = 0 To 4
   Label6 (i). Caption = i + 1
 Next
 Randomize
 For i = 0 To 4
   Text1 (i). Text = Int (100 * Rnd (1))
   Text2 (i). Text = Int (100 * Rnd (1))
   n = Int (7 * Rnd (1))
   Select Case n
     Case 0
       Label7 (i). Caption = "+"
     Case 1
       Label7 (i). Caption = "-"
     Case 2
       Label7 (i). Caption = "*"
     Case 3
       Label7 (i). Caption = "/"
     Case 4
       Label7 (i). Caption = "\"
     Case 5
       Label7 (i). Caption = "mod"
     Case 6
       Label7 (i). Caption = "^"
   End Select
 Next
 Text3 (0). SetFocus
End Sub

Private Sub Command2_Click ()
  s = 0
  For i = 0 To 4
    n = Trim (Label7 (i). Caption)
    Select Case n
   Case "+"
     If Val (Text3 (i). Text) = Val (Text1 (i). Text) + Val (Text2 (i). Text) Then s = s + 20
   Case "-"
     If Val (Text3 (i). Text) = Val (Text1 (i). Text) - Val (Text2 (i). Text) Then s = s + 20
   Case "*"
     If Val (Text3 (i). Text) = Val (Text1 (i). Text) * Val (Text2 (i). Text) Then s = s + 20
```

```
    Case "/"
      If Val (Text3 (i).Text) = Val (Text1 (i). Text) / Val (Text2 (i). Text) Then s = s + 20
    Case "\"
    If Val (Text3 (i). Text) = Val (Text1 (i). Text) \ Val (Text2 (i). Text) Then s = s + 20
  Case "mod"
  If Val (Text3 (i). Text) = Val (Text1 (i). Text) Mod Val (Text2 (i). Text) Then s = s + 20
  Case "^"
    If Val (Text3 (i). Text) = Val (Text1 (i). Text) ^ Val (Text2 (i). Text) Then s = s + 20
  End Select
 Next
End Sub

Private Sub Command3_Click ()
  Form2. Hide
  Form1. Show
End Sub
```

4）设计“查询成绩”窗体 Form3。

① 选择“工程”菜单下的“添加窗体”选项，可以添加一个新窗体 Form3。在 Form3 窗体上添加 1 个标签控件 Label 和 1 个命令按钮控件 CommandButton，在属性窗口中设置控件的属性，见表 10-6。

表 10-6　在属性窗口中设置属性

	控　件　名	属　性　名	属　性　值
窗体	Form3	Caption	查询成绩
命令按钮	Command1	Caption	返回

② 进入 Form3 代码窗口，在相应的 Sub 块中编写如下代码。

```
Private Sub Command1_Click ()
  Form3. Hide
  Form1. Show
End Sub

Private Sub Form_Load ()
  Dim str As String
  If s >= 80 Then
    str = "很好，继续努力！"
  Else
    str = "需要加油啊！"
  End If
  Label1. Caption = "你的成绩是：  " & s & " 分，    " & str
```

```
End Sub
```

5）设计模块。

选择“工程”菜单下的“添加模块”选项，打开“添加模块”窗口，单击“打开”按钮，编写下面代码。

```
Public s As Integer
```

6）运行程序。

10.3.4 知识提炼

多窗体是指一个应用程序中有多个并列的普通窗体，而每个窗体又可以有自己的界面和程序代码，每个窗体分别完成不同的功能。

添加窗体：选择“工程”菜单下的“添加窗体”选择项，可以新建一个窗体，也可以将一个属于其他工程的窗体添加到当前工程中，实现多个工程共享此窗体。一个工程中的所有窗体不能重名。

保存窗体：一个工程中若有多个窗体，应分别取不同的文件名保存在磁盘上，通常需要下面两个步骤。

1）选择“文件”菜单下的“保存”或“另存为”菜单项，分别保存工程管理器窗口中列出的每个窗体或标准模块，窗体文件的扩展名为“.frm”，标准模块文件的扩展名为“.bas”。

2）选择“文件”菜单下的“保存工程”或“工程另存为”菜单项，将整个工程保存到磁盘上，扩展名为“.vbp”。

设置启动窗体：在单一窗体程序中，程序的执行没有其他选择，即只能从这个窗体开始执行。多窗体程序是由多个窗体构成， 所以需要指定从哪个窗体开始执行，即指定启动窗体，默认情况下 Visual Basic 将设计时的第一个窗体作为启动窗体。设置过程为：选择“工程”菜单下的“工程 1 属性”菜单项，进入“工程属性”窗口，如图 10-12 所示，指定启动对象为“Form1”，单击“确定”按钮。

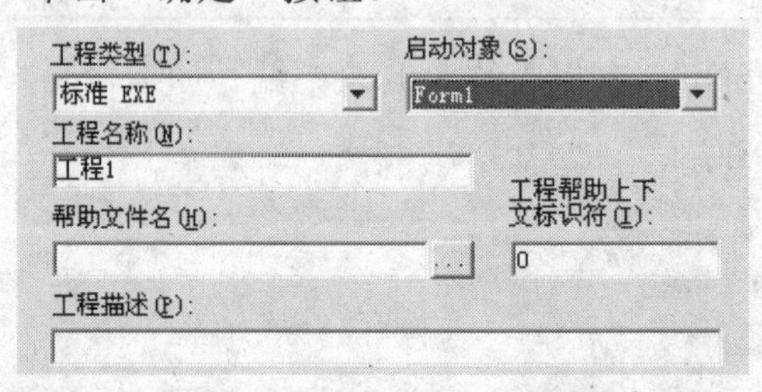

图 10-12　在“工程属性”窗口中指定启动窗体

有关多窗体的语句和方法

在多窗体程序中，需要通过相应的语句和方法来实现打开、关闭、隐藏或显示指定的窗体。

1. Load 语句

把一个窗体装入内存，但不显示窗体。格式为：

Load 窗体名称

2. Unload 语句

清除内存中指定的窗体。格式为：

Unload 窗体名称

一种常见的用法是 Unload Me，表示关闭自身窗体，这里 Me 代表语句所在的窗体。

3. Show 方法

显示一个窗体。格式为：

[窗体名称].Show [模式]

如果默认“窗体名称”，则显示当前窗体。参数“模式”用来确定窗体的状态，有两个取值，分别为：

0—Modal：不用关闭该窗体就可以对其它窗体进行操作，默认设置。

1—Modeless：鼠标只在该窗体内有效，不能到其他窗体操作，只有关闭该窗体后才能对其他窗体进行操作。该方法兼有装入和显示窗体两种功能，也就是说，在执行 Show 时，如果窗体不在内存中，则 Show 自动把窗体装入内存，然后再显示出来。

4. Hide 方法

隐藏窗体，即不在屏幕上显示，但仍在内存。格式为：

[窗体名称.] Hide

如果默认“窗体名称”，则隐藏当前窗体。

10.4 任务 4 多文档界面

创建一个多文档界面（MDI）程序，包含一个父窗体和两个子窗体。通过设置 Form 的“MDChild”属性来定义窗体为子窗体，利用 MDIForm1.Arrange 方法设置多个子窗体的排列方式。

10.4.1 任务情境

大多数的流行软件都采用了多文档界面（MDI），我们经常使用的 Word、Excel、Access 等就是典型的 MDI 应用程序。

MDI 允许用户在单个容器中产生多个文档，这个容器就叫做父窗体，容器中的文档叫做子窗体。MDI 应用程序运行期间，可以同时显示多个文档，每个文档显示在自己的窗体中，父窗体为应用程序的所有文档提供了操作空间。设计应用程序的一般方法是通过在 MDI 窗体上建立菜单，利用菜单项控制对 MDI 子窗体的操作。

图 10-13、图 10-14 和图 10-15 是任务 4——多文档界面的程序执行结果。程序运行时，首先启动父窗体，它含有“显示”和“窗口”两个主菜单项，以及各自的下拉菜单，如图 10-13 和图 10-14 所示。选择“显示”菜单下的“文字”和“图片”子菜单项时，打开相应的窗口；选择“窗口”菜单下的菜单项，可以实现以不同的方式排列窗口，如图 10-15 所示。

图 10-13 “显示”主菜单项的下拉菜单

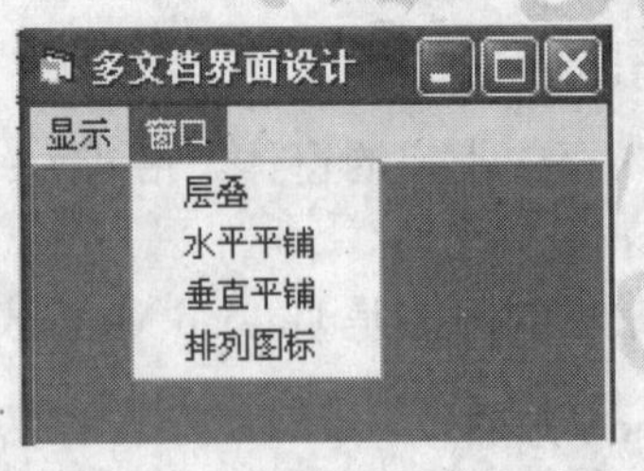

图 10-14 “窗口”主菜单项的下拉菜单项

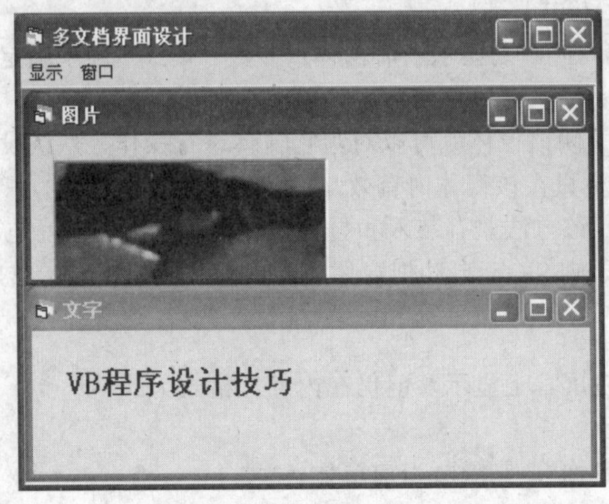

图 10-15 窗口的“水平平铺”排列方式

10.4.2 任务分析

本任务中涉及的主要问题和解决方法有：

1）需要添加一个 MDI 窗体。

2）创建两个子窗体，通过设置 Form 的“MDChild”属性来定义窗体为子窗体。

3）通过调用 MDIForm1.Arrange 方法设置两个子窗体的排列方式。

10.4.3 任务实施

1）设计两个子窗体 Form1 和 Form2。

新建一个工程，这时只有一个窗体 Form1，在 Form1 窗体上添加一个标签控件 Label。在属性窗口中设置 Form1 窗体和控件的属性，见表 10-7。通过选择“工程”菜单下的“添加窗体”选项，再添加一个窗体 Form2，在 Form2 窗体上添加一个图片控件 PictureBox，并在其 Form_Load () 事件中编写装载图片的代码：Picture1. Picture = LoadPicture (App. Path + "\water lilies.jpg")。在属性窗口中设置 Form2 窗体和控件的属性，见表 10-7。

表 10-7　在属性窗口中设置属性

对　象	控 件 名	属 性 名	属 性 值
子窗体 Form	Form1	Caption	文字
		MDIChild	True
	Label1	Caption	Visual Basic 程序设计技巧
子窗体 Form	Form2	Caption	图片
		MDIChild	True

2）添加 MDI 窗体。

选择“工程”菜单下的“添加 MDI 窗体”选项，打开“添加 MDI 窗体”窗口，再单击“打开”按钮，即可创建一个 MDI 窗体，如图 10-16 所示。在属性窗口中设置 MDIForm 窗体的 Caption 属性为“多文档界面设计”。

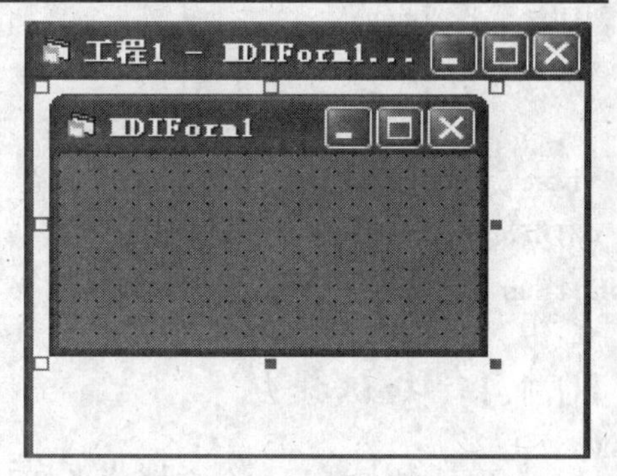

图 10-16　新创建的 MDIForm 窗体

3）设计 MDIForm1 窗体中的菜单。

选择“工具”菜单下的“菜单编辑器”选项，进入菜单编辑器窗口，按表 10-8，完成 MDI 菜单项的属性设计。

表 10-8　各菜单项的属性设置

标　题	名　称	标　题	名　称
显示	A	层叠	B1
文字	A1	水平平铺	B2
图片	A2	垂直平铺	B3
窗口	B	排列图标	B4

4）设置启动对象。

选择“工程”菜单下的“工程 1 属性”选项，进入“工程属性”窗口，在“启动对象”列表框中选择“MDIForm1”后，单击“确定”按钮，将 MDIForm1 设置为启动窗口，即程序运行时首先启动 MDIForm1 窗体。

5）在 MDIForm1 窗体上双击鼠标，进入代码窗口，在相应的 Sub 块中编写如下代码。

```
Private Sub A1_Click ()
  Form1. Show
End Sub

Private Sub A2_Click ()
  Form2. Show
End Sub

Private Sub B1_Click ()
  MDIForm1. Arrange 0
End Sub
```

```
Private Sub B2_Click ()
 MDIForm1. Arrange 1
End Sub

Private Sub B3_Click ()
MDIForm1. Arrange 2
End Sub

Private Sub B4_Click ()
 MDIForm1. Arrange 3
End Sub
```

10.4.4 知识提炼

一次只允许打开一个文档，当打开一个新文档时，上一个打开的文档就被关闭，这样的界面称为单文档界面（SDI），如 Windows 中的记事本、写字板、画图。在实际应用中经常需要同时打开多个文档，需要一个能同时处理多个窗体的应用程序，并且多个窗体可以有机地结合为一体，这样的界面就是多文档界面（MDI），掌握多文档界面的设计是创建应用程序的重要环节，下面介绍 MDI 基础。

窗体类型

一个 MDI 应用程序，只能有一个 MDI 窗体，但可以有多个 MDI 子窗体。窗体包括普通窗体、MDI 窗体和 MDI 子窗体 3 类。在设计阶段，它们的图标略有不同，如图 10-17 所示。

如果将一个窗体的 MDIChild 属性设置为 True 时，该窗体为子窗体，否则为普通窗体。

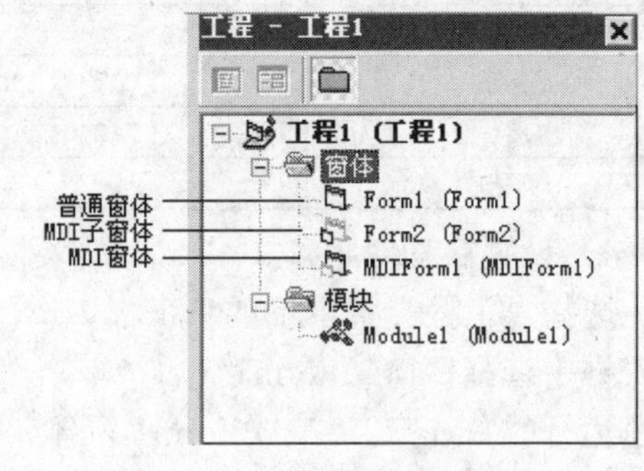

图 10-17　三种类型窗体的图标形态

MDI 的特性

1）MDI 窗体可以看成是一个“窗体容器”，在 MDI 窗体中只能添加具有 Align 属性的控件，如 PictureBox，或不可见控件，如 CommonDialog、Timer。

2）MDI 应用程序中的各个子窗体可以以不同的方式排列在父窗体中。

3）在多文档界面中，当父窗体打开时，子窗体随之调入内存；当父窗体关闭时，子窗体随之关闭；当父窗体最小化时，所有的子窗体也随之最小化，只剩父窗体的图标显示在 Windows 任务栏中；当子窗体最小化时，其图标显示在父窗体中。

MDI 的常用属性和方法

1. MDIChild 属性

确定窗体是否为子窗体。有两个取值，True 为子窗体，False 为普通窗体。

2. WindowState 属性

该属性用于 MDI 或子窗体，设置一个窗体窗口运行时的可见状态，有 3 个取值，分别为：

0—Normal：被包围，即被别的窗体包围。

1—Minimized：最小化，窗体缩成一个图标。

2—Maximized：最大化，窗体充满屏幕。

例如：将下面代码写入 MDIForm1 的 Load 事件过程中，则父窗体装入后最大化显示。

MDIForm1. WindowState = 2

3. Arrange 方法

确定 MDI 中子窗体或图标的排列方式，格式为：

MDI 窗体.Arrange　方式

其中，“方式”有 4 个取值，分别为：

0—vbCascade：层叠排列。

1—vbTileHorizontal：水平平铺。

2—vbTileVertical：垂直平铺。

3—vbArrangeIcons：当子窗体被最小化为图标后，在父窗体底部重新排列这些图标。

日积月累　　界面的设计原则

界面的设计和规划不仅影响到它本身外观的艺术性，而且对应用程序的可用性也有很重要的作用，设计用户界面通常要遵循下面原则。

1）在设计界面之前，首先在纸上做出窗体设计，然后决定需要哪个控件、控件的位置、控件之间的关系。

2）在窗体中拖放控件时，一般将主要控件放置在醒目的位置，将相关的控件进行分组，并放置在框架控件中，这样不仅可以强化各控件的联系，还可以得到良好的视觉效果。

3）选择最适合应用程序的控件，如组合框在窗体中可以节省空间，列表框可以减少用户的输入量，单选按钮允许从多个选项中选择一个等。

4）要使得界面元素保持一致，一致性的外观能够体现应用程序的协调性。

5）适当使用颜色和图像，可以增加视觉上的感染力和对应用程序视觉上的趣味。

6）控件的内容与形式要统一，比如对于可编辑的文本框，如果设置成不带边框的，就使它看起来更像一个标签，并且不能明显地提示用户它是一个可编辑的文本框。

7）在界面中合理有效地使用控件之间以及控件四周的空白空间有助于突出元素和改善可用性。比如各控件之间一致的间隔以及垂直与水平方向元素的对齐使得界面更加整齐。

8）要求界面的简洁，从美学的角度来讲，整洁、简单明了的界面是用户需要的。

本 章 小 结

界面设计是开发应用程序中非常重要的任务，也是程序设计人员追求的一个目标。本章详细介绍了组成用户界面的基本元素，如菜单、工具栏、MDI 和窗体等，并讲解了如何才能设计出简洁、易用、友好的用户界面，并通过几个简单而实用的任务，介绍了设计用户界面的基本方法和技术。

实 战 强 化

1）设计一个简单的算术运算器程序，如图 10-18 所示，完成下面功能。

① 主菜单中，“位数”的下拉菜单项包含“一位数”、“二位数”和“三位数”；“运算符”的下拉菜单项包含“+”、“−”、“*”和“/”；“查询”的下拉菜单项包含“成绩”和“答案”；“关于”菜单项是程序的使用说明。

② 答题过程中有倒计时提示。

③ 如果没有选择运算类型，即位数和运算符，则显示提示框，如图 10-19 所示。

④ Frame 控件的 Caption 属性值为所选的运算类型，如“一位数的乘法运算”、“二位数的减法运算”等。

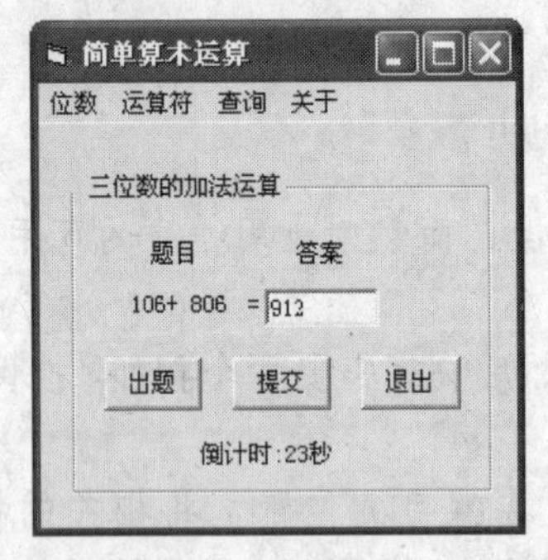

图 10-18　简单算术运算器的执行界面

图 10-19　未选择运算类型时的提示框

提示

用一个 Timer 控件实现倒计时。

2）设计一个 MDI 应用程序，程序执行时，首先启动一个“封面”窗体或“登录”窗体，用户可选择“进入”或“退出”功能。如果选择了“进入”，则启动主界面，即 MDI 窗体，可浏览各类文学作品，如图 10-20 所示。

图 10-20　MDI 主界面

第 11 章 编译工程与创建安装包

Visual Basic 特点

为了提高应用程序的执行效率，Visual Basic 编写的应用程序可以编译为可执行文件，如果要将该应用程序安装到其他计算机上，Visual Basic 可以将一个应用程序的相关文件集中起来并形成一个 Setup.exe 的安装包。

工作领域

在创建好 Visual Basic 应用程序后，开发人员会希望该应用程序能够脱离编程环境使用或者发布给他人使用，因此，应将具有源代码的程序编译成能独立运行的可执行文件。然后通过打包将应用程序发布给他人。发布的途径可以是光盘、磁盘、互联网等。

技能目标

通过本章内容学习和实践，能够掌握 Visual Basic 语言中的应用程序的编译过程和打包方法，了解打包过程中的常见问题。

11.1 任务 1 编译“月历”应用程序

在将 Visual Basic 应用程序编译成 EXE 文件时，设置应用程序的版本号、图标、版本信息（产品名称、公司名称等）等信息。

11.1.1 任务情境

本任务是将第 6 章任务 2 的应用程序编译成 EXE 程序。

编译 Visual Basic 应用程序是将创建的 Visual Basic 应用程序包括它的工程文件合并成一个可执行的 EXE 文件。在编译之前，需要对应用程序进行全面的测试，在排除了所有可能的错误和异常后，才可以对应用程序进行编译。在编译时，可以设置应用程序的有关信息，如：公司名、产品名、版本号以及其他相关的信息等。这些信息可以将光标移动到 EXE 文件上，在弹出的信息中浏览，如图 11-1 所示。也可以右击 EXE 文件，选择“属性”命令打开“属性”对话框，选择“版本”选项卡浏览 EXE 文件的信息，如图 11-2 所示。编译好的 EXE 文件可以脱离 Visual Basic 的编程环境运行。

编译应用程序的主要目的有：

1）提高应用程序的执行效率，既脱离了 Visual Basic 的编程环境运行，又提高了应用程序的运行速度。

2）为打包发布应用程序做准备，打包应用程序必须将其编译后才能进行。

3）EXE 文件形式的应用程序更安全，用户看不到工程文件，不会对源代码进行无意或恶意的改动。

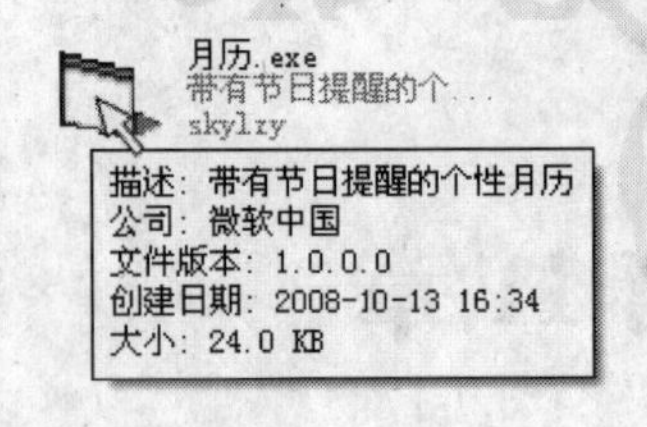

图 11-1　编译好的 EXE 文件

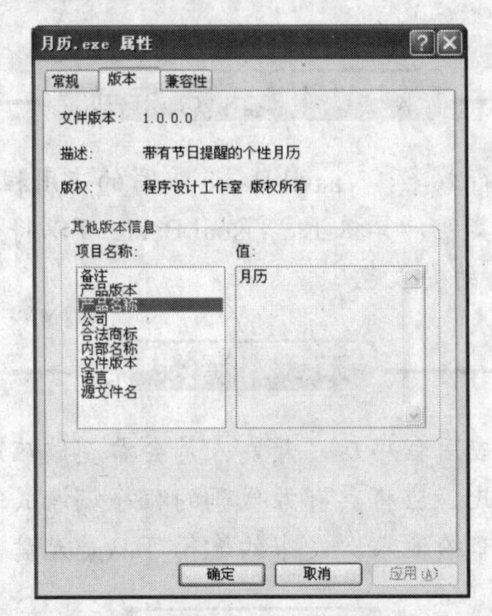

图 11-2　右击 EXE 文件后弹出的“属性”对话框

11.1.2　任务分析

对应用程序进行全面的测试，在排除了所有可能的错误和异常后，就可以对应用程序进行编译了。

首先需要设置工程属性，这项工作主要在“工程属性”对话框的“生成”选项卡中完成。需要设置应用程序的版本号、图标、版本信息（产品名称、公司名称等）和命令行参数等。

在设置了工程属性后就可以从菜单栏上选择“文件→生成…… .EXE”选项，生成 EXE 文件。

11.1.3　任务实施

编译“月历”应用程序，设定该程序的版本号为 1.0.0，标题为月历，其可执行文件的文件夹路径为“D:\6.2 示例\”，可执行文件名为“月历.EXE”。

1）打开第 6 章任务 2 工程。在编译前，可以在“工程属性”对话框的“编译”选项卡中设置一些编译选项，如图 11-3 所示。通常选择默认的设置，即编译为本地代码，代码速度优化。

2）在菜单栏上选择“工程→工程属性”选项，弹出“工程属性”对话框。在“生成”选项卡中设置应用程序的主版本号为 1、次版本号为 0、修正为 0；标题为“月历”；产品名：带有节日提醒的个性月历；公司名：Company abc Software；版权：Copyright (C) abc Software，Inc.2008-2015，描述：带有节日提醒的个性月历，如图 11-4 所示。

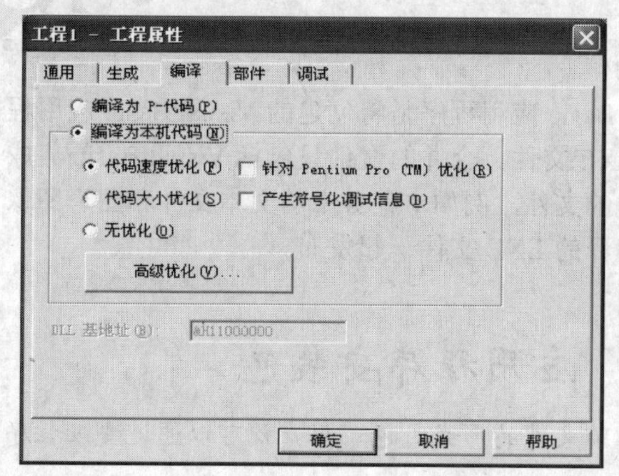

图 11-3 “工程属性”对话框“编译”选项卡

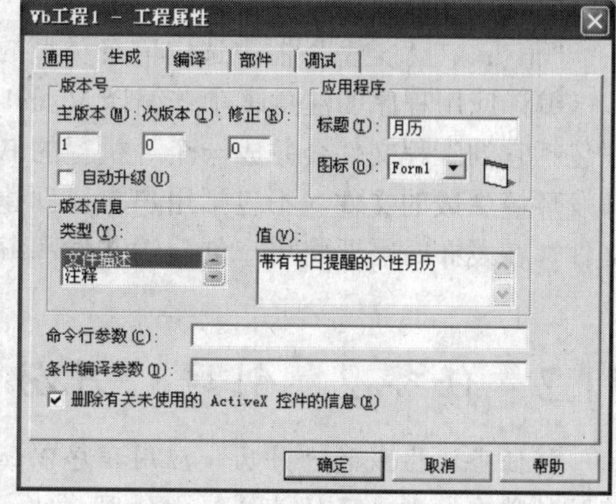

图 11-4 “工程属性”对话框

3）在菜单栏上选择“文件→生成……EXE”选项，弹出“生成工程”对话框。在对话框中选择编译程序存放的文件夹路径为“D:\6.2 示例\”，程序名为“月历.EXE”后，单击“确定”按钮，如图 11-5 所示。

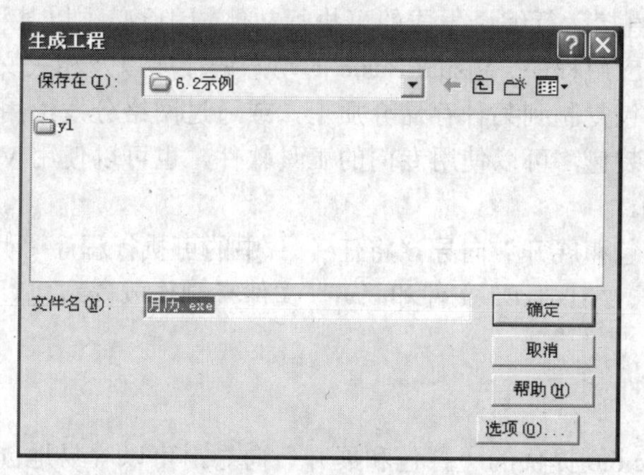

图 11-5 “生成工程”对话框

4）将原任务中的“jrtx.txt”文件和“yl”文件夹复制到“D:\6.2 示例”文件夹中，双击文件“月历.EXE”即可运行应用程序，而不需要打开 Visual Basic 集成开发环境。

11.1.4 知识提炼

“生成”选项卡选项说明

1）“版本号”为工程创建版本号。取值范围是 0～9999。“版本号”分为“主版本”、“次版本”和“修正”等 3 项。

如果选择“自动升级”，则通过每次运行工程的“生成工程”命令自动升级修订号。

2）“应用程序”为工程标识名称和图标。

3）“版本信息”提供关于工程当前版本的特殊信息。

“类型”：可以用来设置某个值的信息。可以键入的信息包括：公司名称、文件描述、合法版权、合法商标、产品名称和说明等。

“值”：在“类型”框中选定信息类型的值。

编译应用程序的注意事项：编译 Visual Basic 应用程序是将创建的 Visual Basic 应用程序包括它的工程文件合并成一个可执行的 EXE 文件。合并的文件只包括 Visual Basic 集成开发环境生成的文件，不包括用户自己创建的文件，例如本任务中的文本文件和图形图像文件，在发布时需要将用户创建的文件和编译的 EXE 文件一起发布。

11.2 任务2 创建“月历”应用程序安装包

将任务 1 生成的“月历”应用程序以压缩文件的形式打包，用户就可以通过安装程序将该软件安装到自己的计算机上使用。

11.2.1 任务情境

在不具备 Visual Basic 集成开发环境或系统没有装载应用程序运行所必须的动态链接库的计算机中，不能直接运行编译生成的可执行文件。因此必须以某种方式发布应用程序。应用程序的发布是将应用程序、Visual Basic 的动态链接库以及相关文件压缩成安装包，然后将应用程序的安装包复制到某种存储介质上，或通过网络分发给用户。

制作应用程序安装包，可以使用专门的工具软件，也可以使用 Visual Basic 6.0 提供的“打包和展开”向导。

本任务使用“打包和展开”向导，将任务 1 中的可执行程序“月历.EXE”、程序运行所必须的动态链接库、“jrtx.txt”文件和“yl”文件夹制作成安装包。

11.2.2 任务分析

使用 Visual Basic 6.0 提供的“打包和展开”向导，可以容易地创建应用程序的安装程序。实际上，“打包和展开”向导是一个帮助性的程序，该程序引导程序员完成为 Visual Basic 应用程序创建专业安装程序的过程。在多数情况下，用向导为应用程序创建安装程序是最好的方法。

安装包包括 3 部分内容：一是由 Visual Basic 集成开发环境产生的文件，包括工程文件、窗体文件、各种模块等，这在编译可执行程序时，已合并成一个可执行程序 EXE 文件；二是程序运行所必须的动态链接库，“打包和展开”向导会根据应用程序的类型，自动添加，一般不需要用户操作；三是用户的数据文件、资源文件等，这需要用户进行添加。

需要注意的是：在使用“打包和展开”向导制作安装包的过程中，添加用户的数据文件、资源文件时，向导不支持添加文件夹。而本任务的图形图像文件放在了“yl”文件夹中，因此需要首先使用“打包和展开”向导制作安装包，此时不包括文件夹中的文件；然后使用“WinRAR”压缩软件将安装包和文件夹一起制作成自解压文件，这样就可以解决向导无法添加文件夹的难题。

11.2.3　任务实施

1）打开任务1的工程。

2）在Visual Basic 6.0的开发环境中，先用“外接程序管理器”将外接程序“打包和展开向导”选项添加到“外接程序”菜单中。

选择“外接程序”→“外接程序管理器”菜单，打开“外接程序管理器”对话框，选择“打包和展开向导”项，并选中“加载/卸载”选项，如图11-6所示。图11-7是加载“打包和展开向导”程序前后，“外接程序”菜单的变化情况。

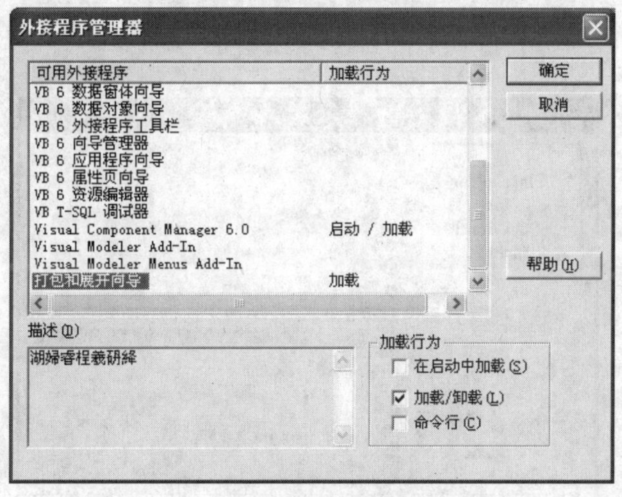

图11-6　“外接程序管理器”对话框

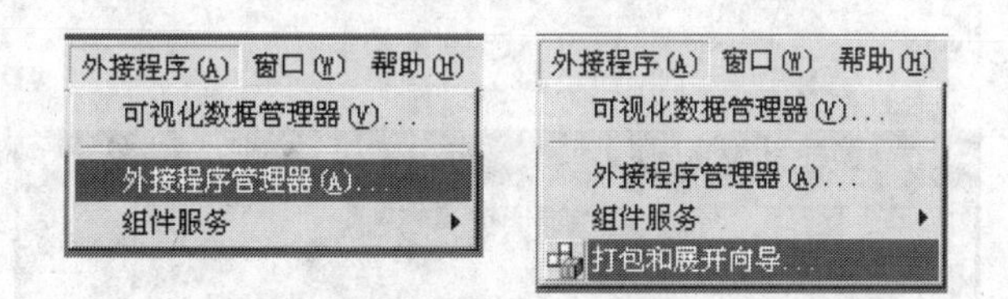

图11-7　“外接程序”菜单的变化情况

3）选择“外接程序”→“打包和展开向导”菜单，启动“打包和展开”向导后，打开“打包和展开向导”对话框。对话框窗口包括打包、展开和管理脚本3个功能选项按钮，如图11-8所示。单击“打包”按钮，提示用户是否编译工程。用户可以选择使用已编译好的EXE文件，也可以重新编译。

4）选择包类型。在弹出的“包类型”对话框中选择“标准安装包”选项，然后按“下一步”按钮，如图11-9所示。

5）创建安装包文件夹。在弹出的“打包文件夹”对话框中创建安装包文件夹或选择一个已有的文件夹，完成后的安装包将放置其中，然后按“下一步”按钮，如图11-10所示。

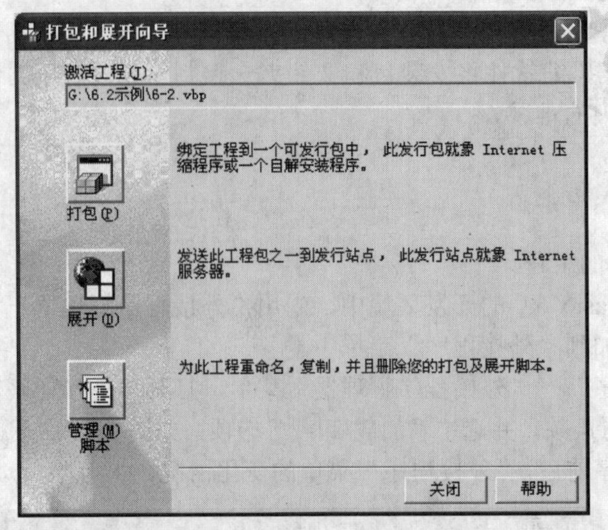

图 11-8　“打包和展开向导”对话框

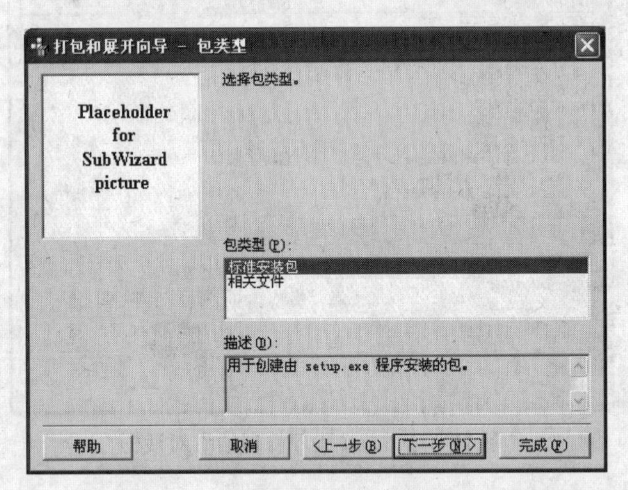

图 11-9　选择包类型

图 11-10　创建安装包文件夹

6）包含文件。在弹出的“包含文件”对话框中已经将 EXE 文件和 DLL 文件包含在内。现在需要按“添加”按钮，添加用户数据文件为“jrtx.txt”，然后按“下一步”按钮。如图 11-11 所示。

7）压缩文件选项。在弹出的“压缩文件选项”对话框中选择“单个的压缩文件”选项，然后按“下一步”按钮，如图 11-12 所示。

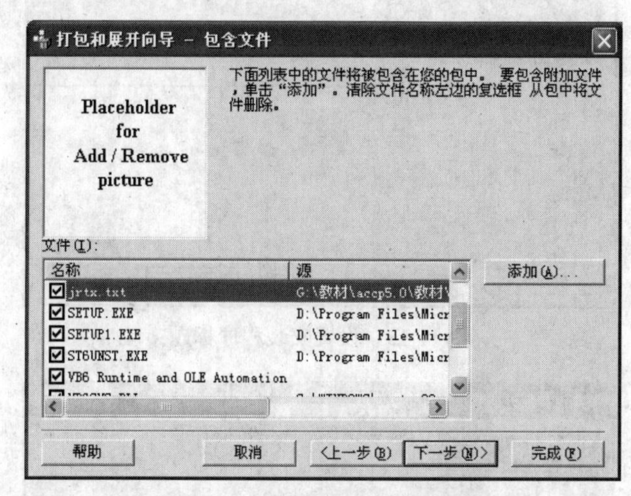

图 11-11　添加用户数据文件

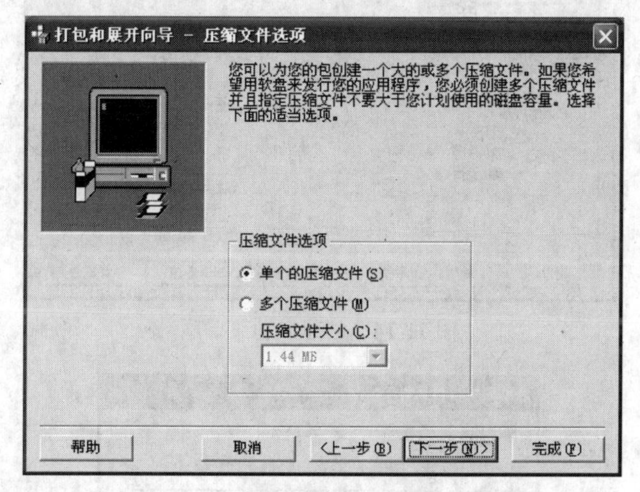

图 11-12　压缩文件选项

8）设置安装程序的标题。在弹出的“安装程序标题”对话框中设置安装程序标题为“月历”，然后按“下一步”按钮，如图 11-13 所示。

9）创建启动菜单。在弹出的“启动菜单项”对话框中设置创建启动菜单。如果安装包中有多个执行文件、帮助文件等，可以创建启动菜单项和名称。按“新建项”按钮，在弹出的“启动菜单项目属性”对话框中，选择要增加的启动文件和填写启动项名称，然后按“下一步”按钮，如图 11-14 和图 11-15 所示。

10）选择应用程序的安装位置。在弹出的“安装位置题”对话框中，通过“安装位置”列表的“宏”确定各种文件的安装位置，一般采用默认的安装位置，即“c:\Program Files”，安装时可修改，然后按“下一步”按钮，如图 11-16 所示。

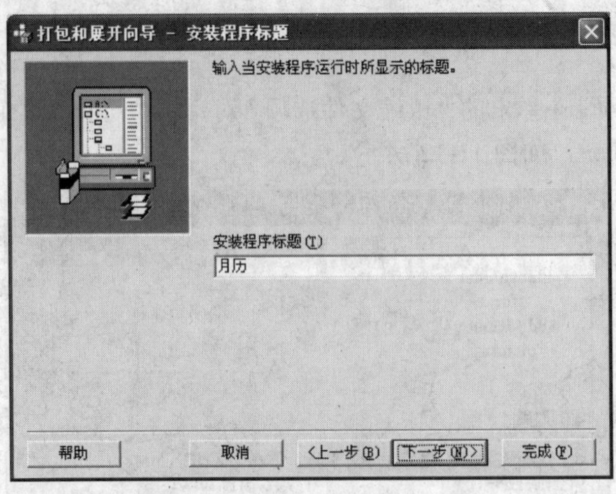

图 11-13　设置安装程序标题

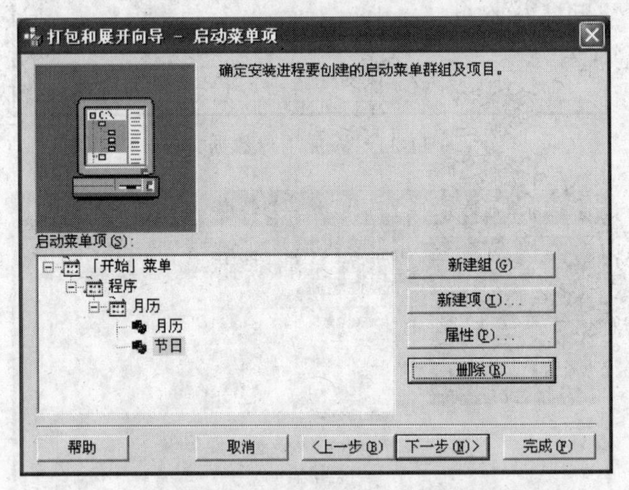

图 11-14　创建启动菜单项

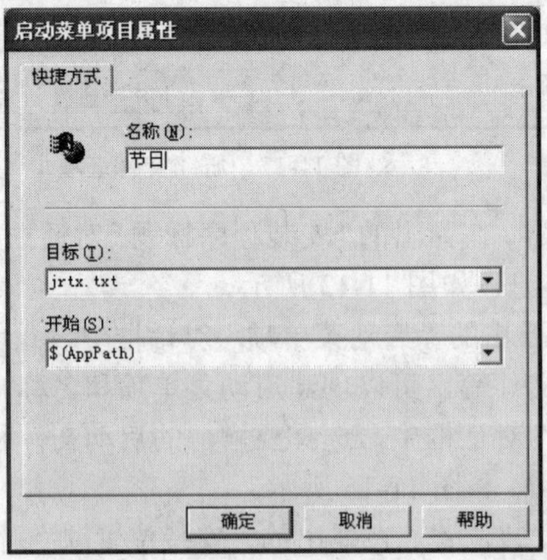

图 11-15　“启动菜单项目属性”对话框

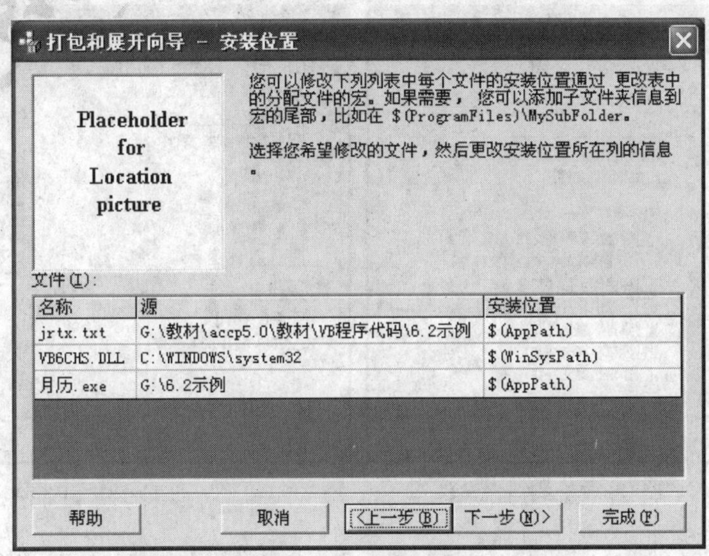

打包和展开向导 － 安装位置

Placeholder for Location picture

您可以修改下列列表中每个文件的安装位置通过 更改表中的分配文件的宏。如果需要， 您可以添加子文件夹信息到宏的尾部，比如在 $(ProgramFiles)\MySubFolder。

选择您希望修改的文件，然后更改安装位置所在列的信息。

文件(I):

名称	源	安装位置
jrtx.txt	G:\教材\accp5.0\教材\VB程序代码\6.2示例	$(AppPath)
VB6CHS.DLL	C:\WINDOWS\system32	$(WinSysPath)
月历.exe	G:\6.2示例	$(AppPath)

帮助　取消　<上一步(B)　下一步(N)>　完成(F)

图 11-16　选择安装位置

11）确定共享文件。本任务的文件不属于共享文件。按“下一步”按钮，在“已完成”对话框中按“完成”按钮。

打开步骤 5 创建的安装包文件夹，其中有：两个文件 setup.exe、SETUP.LST，一个压缩包“月历.CAB”，还有一个文件夹“Support”，里面有创建安装包所需的文件，创建好安装包后可以删除该文件夹。

用“记事本”应用程序打开“SETUP.LST”文件，在该文件的“[Setup]”一节中，将安装路径修改为：“DefaultDir=$ (ProgramFiles)\月历”，如下面代码所示。

```
[Setup]
Title=月历
DefaultDir=$ (ProgramFiles)\月历
AppExe=月历.exe
AppToUninstall=月历.exe
```

如果用户的数据文件、资源文件没有放在特定的文件夹中，而且在步骤 6“包含文件”时已包含在内，则安装包创建成功。任务 1 的图形图像文件放在“yl”文件夹中，向导无法将文件夹包含在内，因此还需要以下步骤。

12）使用 WinRAR 创建自解压安装包。首先把任务 1 中的“yl”文件夹和安装包文件夹复制到同一目录中，然后选中“yl”文件夹和安装包文件夹，打开“WinRAR”，选择“创建自释放格式档案文件”，如图 11-17 所示。

13）选择“高级”选项卡，单击“SFX 选项”按钮，如图 11-18 所示。在弹出的“高级自释放选项”对话框中设置安装位置和安装程序。在“释放路径”中填入与安装包一致的安装路径，在“释放后运行”中填入：“yueli\setup.exe”，如图 11-19 所示。然后单击“确定”按钮完成安装包的制作。

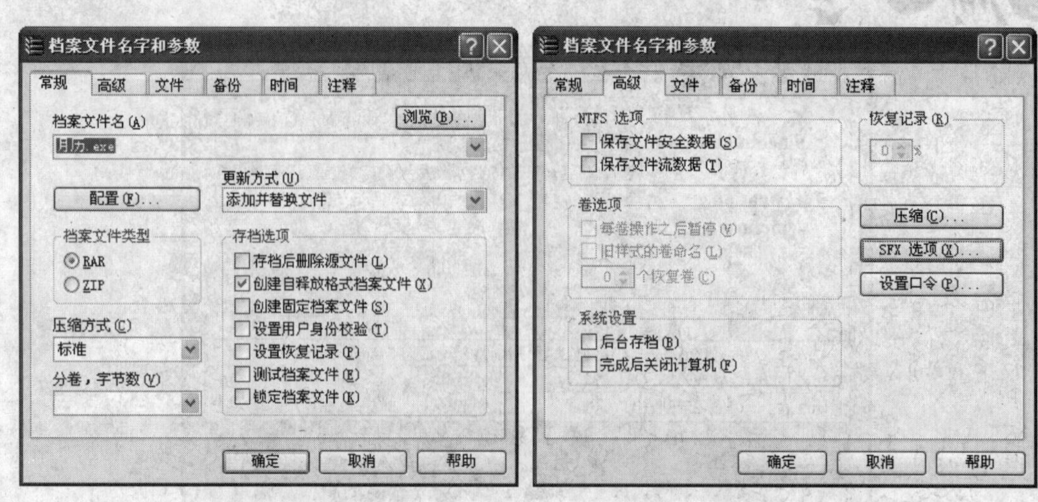

图 11-17　创建自释放格式档案文件　　　　图 11-18　SFX 选项

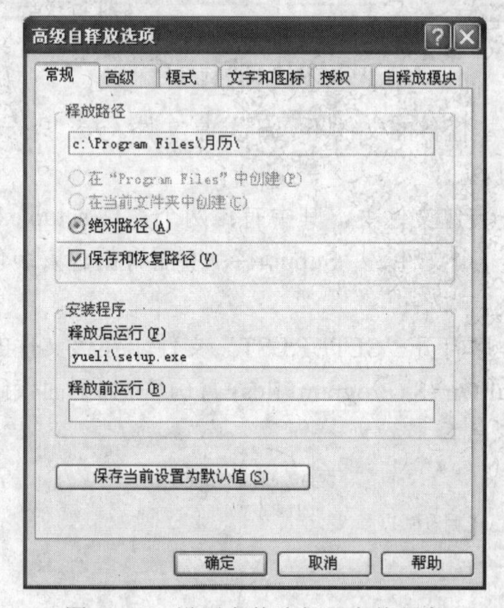

图 11-19　设置安装路径和安装程序

11.2.4　知识提炼

1）启动“打包和展开”向导的方法有两种，除了前面介绍的“外接程序”外，还可以在“开始”菜单中选择“程序→Visual Basic 6.0→Package & Deployment 向导”选项，运行“打包和展开向导”。

2）使用“打包和展开”向导制作安装包，不能压缩文件夹，需要 WinRAR 压缩软件配合制作自解压安装包。

3）选择应用程序的安装位置时，$ (AppPath) 的子目录是应用程序文件的典型安装目标目录，因为这样可以允许用户改变安装地点。$ (ProgramFiles) 应用程序通常所安装到的目录是“C:\Program Files”，不允许用户改变安装地点。$ (WinSysPath) Windows 系统目录。

4）共享文件是在用户机器上可以被其他应用程序使用的文件。当最终用户卸载应用程序时，如果计算机上还存在别的应用程序在使用该文件，则这个文件不会被删除。

日积月累　在“启动菜单”添加“卸载”命令

在“启动菜单项”对话框中，按“新建项”按钮，在弹出的“启动菜单项目属性”对话框中的“目标”栏中输入$ (WinPath)\st6unst.exe -n "$ (AppPath)\ST6UNST.LOG"，在“开始”项目中选择：$ (WinPath)，然后单击“确定”按钮，如图 11-20 所示。

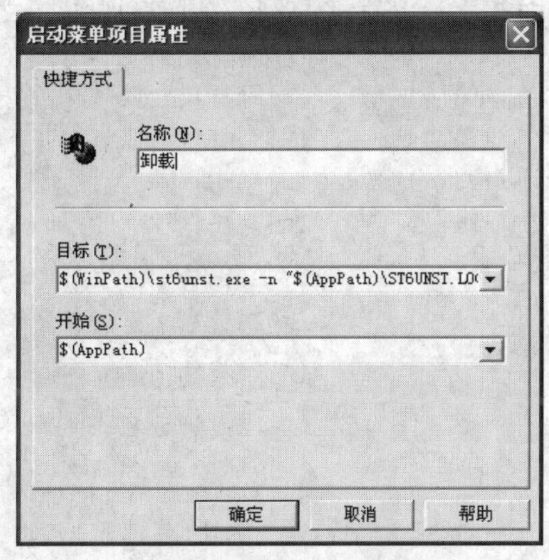

图 11-20　添加卸载菜单项

本章小结

本章内容主要介绍当应用程序设计完成后，对应用程序的编译、执行和发布的操作过程。经过两项任务的完成过程分解、介绍可知，可以将一个设计好的应用程序编译成可执行文件，并执行打包，最终获得一个压缩包。用户可通过下载和安装该压缩包安装该应用程序到自己的计算机上使用。

实战强化

1）将任意一个任务的应用程序编译成 EXE 程序。

2）创建第 8 章任务 2 中的学生信息管理的安装程序，要求以标准安装软件包的形式，压缩为单个的压缩文件，安装程序的标题为“学生信息管理系统”。确认安装进程要创建的启动菜单群组及项目为“开始→程序→学生信息管理系统”。

1．由于应用程序使用了数据库，因此在制作安装包的过程中需要按照提示添加数据库驱动程序：Jet 2.x 驱动程序。
2．用户的文件没有放在特定的文件夹中，直接使用“打包和展开”向导制作安装包。

3）将第 8 章任务 2 中的“学生数据库.mdb”文件放入 data 文件夹中，修改源代码，调试编译，将图像文件放入 Image 文件夹中，然后创建安装程序，具体要求同上。

数据文件放在了指定的文件夹中，需要使用“打包和展开”向导和 WinRAR 压缩软件配合制作安装包。

注意修改“SETUP.LST”文件中的安装路径，以便和自解压文件的安装路径一致。

参 考 文 献

[1] 郑阿奇，曹戈．Visual Basic 实用教程[M]．3 版．北京：电子工业出版社，2007．

[2] 闵敏，吴凌娇．Visual Basic 程序设计实用教程[M]．北京：机械工业出版社，2005．

[3] 范晓平．Visual Basic 软件开发项目实训[M]．北京：海洋出版社，2006．

[4] 刘海沙，银红霞，余连新．Visual Basic 程序设计实验教程[M]．北京：人民邮电出版社，2007．

[5] 邹丽明．Visual Basic 6.0 程序设计与实训[M]．北京：电子工业出版社，2008．